U0160155

人工智能在控制领域的理论与应用

主编 祝毅鸣 张 迪 蔡玉杰

中国原子能出版社

图书在版编目（CIP）数据

人工智能在控制领域的理论与应用 / 祝毅鸣，张迪，
蔡玉杰主编. --北京：中国原子能出版社，2023.11
ISBN 978-7-5221-3091-0

Ⅰ. ①人… Ⅱ. ①祝…②张…③蔡… Ⅲ. ①人工智
能–应用–智能控制–研究 Ⅳ. ①TP273

中国国家版本馆 CIP 数据核字（2023）第 213393 号

人工智能在控制领域的理论与应用

出版发行　中国原子能出版社（北京市海淀区阜成路 43 号　100048）
责任编辑　刘　佳
责任校对　冯莲凤
责任印制　赵　明
印　　刷　廊坊市新景彩印制版有限公司
经　　销　全国新华书店
开　　本　787 mm×1092 mm　1/16
印　　张　16
字　　数　260 千字
版　　次　2024 年 1 月第 1 版　2024 年 1 月第 1 次印刷
书　　号　ISBN 978-7-5221-3091-0　　定　价　**80.00 元**

前　言

当前社会，科学技术和现代化不断发展，我们走进了人工智能的时代。在现代化的社会当中，人工智能在生产和生活中的运用衍生出了很多智能产品，包括智能家电、智能学习工具、智能辅助软件等，已经成为人们生活中不可缺少的重要部分。但是网络的高速发展在带来便捷的同时，风险也随之而至。本书针对人工智能的网络安全防御进行了研究，介绍了人工智能背景下的计算机网络安全风险的影响因素、防范措施等。同时，人工智能时代网络意识形态安全的建设、网络安全防护系统、网络安全治理机制的变革等，都是本书中重点介绍的内容。

随着互联网技术和计算机技术的飞速发展，促使其与更多行业融合，将计算机技术应用于工业生产中，不仅有利于进一步完善工业生产的管理制度，还能使自动化控制系统更科学、更高效，再加上地理信息技术的助力可实现跨区域监控，为工业自动化奠定了基础。智能控制在工业自动化中的应用不仅是生产发展的大趋势，也是助力各大企业提高生产效率、提高市场竞争力、实现经济效益最大化的重要手段。本书在人工智能与电气自动化控制、人工智能与过程控制研究两部分内容当中，针对电气自动化控制系统的设计和实现、电气自动化控制系统的应用和发展、基于 PLC 的机械设备电气自动化控制和工业过程控制自动化中的智能控制应用等多个方面将人工智能与工业相结合，进行了深入的分析和阐述，并提出一系列的加强应用的措施。

中国的智能控制发展已经有很长一段时间的历史，早在 20 世纪 60 年代的时候就提出了智能控制的概念。但是智能控制的迅速发展却是在近些年，并且随着网络的普及和发展，智能网络控制系统的发展已经势在必行。随着 AI 技术和智能机器人的出现，智能控制与机器人控制的研究也是本书中提到的一个方向。

本书共分为七章。第一章为人工智能概述，介绍了人工智能的概念、人工智能的发展现状及未来趋势；第二章为基于人工智能的网络安全防御，介绍了人工智能背景下的计算机网络安全风险、人工智能时代网络意识形态安全的建设、基于人工智能技术的网络安全防护系统、人工智能时代的网络安全治理机制变革；第三章为人工智能与电气自动化控制，介绍了电气自动化控制系统的应用及发展、基于 PLC 的机械设备电气自动化控制、人工智能技术在电气自动化控制中的应用思路、智能化技术加持下的电气自动化控制系统设计与实现；第四章为人工智能与过程控制研究，介绍了基于人工智能技术的机械制造全过程控制系统设计、人工智能应用于水污染控制过程的研究进展、工业过程控制自动化中的智能控制应用；第五章为人工智能与质量管理控制，介绍了工业人工智能的关键技术及其在预测性维护中的应用、面向医药生产的智能机器人及关键技术研究、人工智能对我国食品安全监管的影响；第六章为智能控制的发展研究，介绍了中国的智能控制四十载、智能制造发展面临的问题及对策、智能制造的理论体系架构、面向 2035 的智能制造技术预见和路线图研究、智能制造评价理论研究；第七章为人工智能与自动化控制，介绍了自动控制理论发展及应用探索、人工智能在机械制造自动化领域的研究、人工智能与机器人自动控制的研究。

本书由祝毅鸣、张迪、蔡玉杰担任主编，其中祝毅鸣负责第二章、第三章、第七章的内容编写；张迪负责第四章、第五章的内容编写；蔡玉杰负责第一章、第六章的内容编写。

本书在创作过程中，得到了河南省民办普通高等学校专业建设资助项目的基金支持，是郑州西亚斯学院的专业建设的重要成果之一。

限于作者水平，书中难免存在疏漏及不妥之处，敬请读者批评指正。

编者

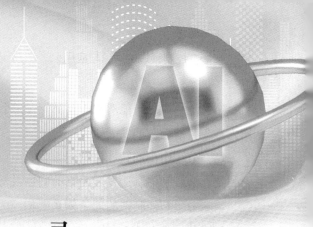

目　　录

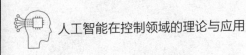

第一章
人工智能概述

第一节　人工智能的概念

一、人工智能的内涵及特征

（一）人工智能基本内涵

人工智能概念最早出现在 1950 年英国数学家阿兰·图灵的著名论文《计算机器和智能》中，图灵提出了人工智能的基础问题：机器能够思考吗？1956 年，在达特茅斯学院的会议上，以约翰·麦卡锡和明斯基为代表的一批科学家共同探讨用机器模拟人类智能问题，首次提出了"人工智能"这一术语，也因此被认为是人工智能诞生的标志。麦卡锡给出了他对人工智能的定义：制造智能机器、特别是智能计算机程序的科学与方法。

在此后的 60 余年发展进程中，人工智能作为一门前沿交叉学科，一直没有统一的定义。《大英百科全书》对人工智能的解释：数字计算机或者数字计算机控制的机器人在执行智能生物体才有的一些任务上的能力；《维基百科》对人工智能的解释：人工智能就是机器展现出的智能，即只要是某种机器，具有某种或某些智能的特征或表现，都应该算作人工智能；美国人工智能学会对人工智能的解释：科学地认识人类思想和智能行为，并利用计算机对其进行模仿和体现的学科等。尽管各种表述不尽一致，但核心思想趋同。即：人工智能的发展不是把人变为机器，也不是把机器变成人，而是"研究、开发用于模拟、

1

延伸和扩展人类智慧能力的理论、方法、技术及应用系统,从而解决复杂问题的技术科学"。人工智能研究的目标是使机器能够胜任一些通常需要人类智能才能完成的复杂工作,如会看、会听、会说、会思考、会学习、会行动。

(二)人工智能主要特征

与其他技术相比,人工智能技术具有独到的技术特征。一是自主性,这是人工智能的核心属性,意味着随着环境、数据或任务的变化,机器可以自适应调节参数或更新优化模型,甚至不排除演化"自我意识"的可能。二是进化性,人工智能技术具备学习知识、运用知识的能力,能在训练中快速进化升级,通过不断学习、获取各类知识,产生各种洞见,升级、改进原有状态,达到"终身学习"的完美状态。三是可解释性,人工智能技术有一个模糊的特质,即无法给出行为决策推理过程,虽然基于过去积累的大量数据,可自动分析总结,预测未来会发生的事情,但却往往会产生不可预知的结果,这种"黑盒"特性使可预测性问题复杂化,难以获得人类的信任。四是速度与耐力,人工智能技术克服了人的生理机能限制,可连续、长时间执行重复性、机械性、高危性任务,在超算能力的支撑下,人工智能的反应速度是人类的上千倍,工作效率远超人类。

二、人工智能不同发展阶段

从人工智能概念诞生至今,已有 60 余年,先后经历了推理期、知识期和机器学习期。在"两起两落"之后,特别是进入 2010 年以后,依靠大数据、GPU 并行计算、深度学习技术的发展,人工智能迎来了第三次复兴,相关技术领域的研究也取得了实质进展。

(一)机器博弈

2016 年 3 月,谷歌 AlphaGo 机器人在围棋比赛中以 4:1 的成绩击败了世界冠军李世石,下棋招法超出人类对围棋博弈规律的理解,扩展了围棋多年以来积累的知识体系。2017 年初,AlphaGo 的升级版 Master 横扫全球 60 位顶尖高手。2018 年,谷歌旗下 Deepmind 团队发布 AlphaGo Zero,该程序能够在无任何人类输入的条件下,三天自我博弈 490 万盘棋局学会围棋,并以 100:0 的成绩击败 AlphaGo。由于围棋被认为是非常复杂的棋类游戏，因此 AlphaGo Zero 被视为人工智能突破性的进展。

（二）模式识别

作为人工智能最具应用价值的技术之一，识别技术已发展成熟，甚至超出人类水平。在人脸识别方面，运用深度学习进行人证比对（验证证件持有人与证件照片是否一致），在万分之一的误识率下，正确率已经超过 98%；在图像识别方面，ImageNet 大规模视觉识别挑战（ILSVRC）要求准确地描述每张图片上是什么，结果显示，人类的误差率为 5%，而运用深度神经网络的统计学习模型的误差率从 2012 年的 16% 降低到 2015 年的 3.5%。2019 年，葡萄牙研究人员采用卷积神经网络模仿人类和其他哺乳动物大脑理解周围世界，证明了该网络可以自学并识别个体运动。其中，识别斑马鱼和苍蝇的准确率都在 99% 以上。在语音识别方面，2017 年，谷歌大脑和 Speech 团队联合发布最新端到端自动语音识别系统，将词错率降至 5.6%，接近人类水平。2017 年，苹果公司推出的智能私人助理 Siri 和微软公司推出的个人智能助理微软小娜已经能够与人聊天。

（三）机器翻译

深度学习将机器翻译提升到新的水平。2016 年 6 月，谷歌公司的谷歌神经网络机器翻译（GNMT）系统，采用深度学习技术克服整句翻译难题，使出错率下降 70%，在部分应用场景下接近专业人员的翻译水平。同年 11 月，谷歌多语种神经网络机器翻译系统上线，能在 103 个语种间互译。2017 年 4 月，谷歌翻译改用基于"注意力"机制的翻译架构，使机器翻译水平再创新高。同年 5 月，Facebook 公司依托先进图形处理器硬件系统，结合卷积神经网络，开发出新的语言翻译系统，处理速度是谷歌翻译的 9 倍。

（四）认知推理

2011 年，IBM 研制的深度问答系统（DeepQA）沃森超级计算机在美国知识抢答竞赛节目《危险边缘》中，以 3 倍分数优势战胜了人类顶尖知识问答高手，刷新机器认知极限。2015 年，美国马里兰大学研究人员开发出一种新系统，使机器人在"观看"YouTube 网站上"如何烹饪"系列视频后，无需人工干预，即可解析视频信息，理解、掌握示范要领，并利用新获取的信息识别、抓取和正确运用厨具进行烹饪，进一步提高机器对场景及事件的认知水平。

（五）社会计算

机器能够更高效、快速处理海量的数据。从 1997 年深蓝基于规则的暴力搜索战胜国际象棋冠军，到 2016 年得益于大数据提供了海量学习素材的 AlphaGo 攻克围棋，人工智能的计算能力提高了 3 万倍，远超人类计算能力。从现阶段人工智能的发展看，计算智能已超越人类水平；面向特定领域的感知智能进步显著，形成了人工智能领域的单点突破，甚至在局部智能水平的单项测试可以超过人类智能，应用条件基本成熟，但不具备通用性；智能认知发展尚处于初级阶段。总之，当前人工智能技术还处于依托数据驱动的感知智能发展阶段，总体技术水平与人类智能水平还有很大差距。

第二节　人工智能的发展现状及未来趋势

一、人工智能发展在国内外发展现状

（一）中国人工智能目前的应用状况

中国政府高度重视人工智能的应用与其本身领域的技术革新，已经将人工智能领域的建设提升到国家战略发展方向上。而且中国人工智能近期的发展已经达到了一定的高度，这可以说是国家重视的结果。早在《新一代人工智能发展规划》中，就已经提出了"到 2030 年，使中国成为世界上主要人工智能创新中心"。足以看出中国政府的重视程度与雄心壮志。而在近些年的发展过程中，各类人工智能的产生与发展、应用与融合，都对一些领域产生了较大的影响，加上 5G 时代的到来，通讯技术日趋成熟，未来的人工智能发展具有很大前景。

1. 中国人工智能发展的优势

中国目前已经成长为人工智能领域的大国，在世界上的话语权越来越重要。目前中国发展人工智能主要有以下 5 大优势。

（1）中国人口基数庞大。庞大的基数就必须有庞大的供给作为保证，因此

各种领域需求量都较大。在这样的现实状况压力下,有利于倒逼企业进行转型。就目前的各种转型方式来看,效率最高、最有意义的转型就是各种产业与人工智能领域的融合。这样的企业转型方式应该是最具有活力,也是最恰当合理的方式,它可以在提升产品或者服务质量的同时增加产品或服务的附加值。

（2）中国国家政府重视程度较高。2010 年以来,国家政府国务院先后出台了包括《新一代人工智能发展规划》和《教育信息化 2.0 行动计划》在内的十几条相关政策,并且其中对于教育领域的政策是比较多的,可见国家对于人工智能领域的重视程度。政府的重视一定会引发各类学者的积极参与,教育领域更会注重人才技术培养。从全国总体来看,人工智能的领域研究已经在各个省份都有涉及,其中比较典型的省份（如浙江）已经出台新高考方案,明确了将信息技术（包括编程）纳入到高考中的考察科目,还有很多地方中小学已经开设相关的编程课程,将人工智能的建设从娃娃抓起,从小培养学生的兴趣。由此可见,国家已经为人工智能发展在储备人才,当人才能够支撑起来的时候,就真正到了人工智能飞速发展的时代了。

（3）中国目前的数据优势明显。这也是人口基数带来的优势,只不过是从另一方面来看,中国目前是人口大国,并且手机用户群体巨大,可以说已经达到全世界领先地位,这些是得天独厚的优势。此外,移动支付的普及、物流平台的发展,加上大数据政策、医疗等方面的集合,都使中国拥有了庞大的数据流量,这一点优势是其他发达国家无法比拟的;大数据的核查方面,中国的优势显而易见。人工智能目前还没有脱离数据的处理与分析这一功能,因此,数据的优势在目前的研究领域和时代背景之下,是很容易看到效果的。

（4）中国职业教育的发展,加上大学的引进,目前拥有较大的青年人才优势。这样的人才不同于专业人才,更多的是技术领域的人才,而技术人才在岗位适配性上面更具有效果。另外,中国理工科青年学习较多,其中也不乏一些能力较强的实践性综合型人才,对于现在的人工智能建设来说,这些青年完全可以获得机会,成为未来人工智能行业的储备人才。通过对他们进行专门的教育,有助于其成为人工智能领域专业人才,为人工智能建设奠定好人才基础。

（5）中国仍然是世界上最大的发展中国家,其地位并没有变,但是中国一直处于发展过程中,并且以加速度冲向未来。在中国,庞大的人口、复杂的社会环境以及并不完善的基础设施都是劣势,但是这些劣势也给人工智能领域一个发展的机会，因为人工智能最终的目的还是将技术取之于民，用之于民。只有将技术应用到实际中去，去解决实际问题，这样的技术才是真正的技术。中国目前的发展规划，正好需要人工智能的辅助，而在实践中的辅助与应用，能够促进人工智能技术的完善与发展。

2. 目前人工智能领域存在的不足

从目前发展来看，中国人工智能领域发展平稳，追赶速度也较快，是世界上少数几个国家十几年才做到的。不过速度过快就容易"摔跤"，由于中国发展过程中也走过弯路，遇到过问题，有时候依旧存在不足与短板，而面临问题时，必须做好整体规划，认识缺点，明确改造目标。就整体而言，中国的人工智能技术在发展过程中主要面临以下 3 方面的问题。

（1）技术与硬件设施方面的短板

虽然能够在某些领域领跑，但是中国的技术硬件水平还较低，中国自己生产的专业零件占比不高，在技术与硬件方面容易被其他国家"卡脖子"。这样长此以往，需要看其他国家的脸色，对中国来说是非常不利的。例如，一些进行网络训练的芯片，中国生产商所占市场份额不足 30%，尤其是在软件行业以及处理器方面，这是亟需改变的。

（2）中国高端人才较少

人口基数庞大的弊端也显现出来，目前来说虽然中国青年人才较多，但高端技术人才与专家还远远不够。并且想要青年成才其本身的成长周期就很长。相较于其他国家，起步较晚，补齐人才短板的周期较长，欠缺专业人才，这样就导致目前人工智能领域需要的人才只能依靠"吃老本"。因此，现阶段的任务就是要建立专业人才队伍，培养出高端人才，想尽办法缩短人才培养周期，促进高端人才的培养，推进青年人才转化。

（3）中国起步较晚，基础理论与原创方面较薄弱

中国原始的积累量不足，目前深入研究的人较少，加上高端人才的不足，中国原创方面还是被"牵着鼻子走"。不过即使这样，中国还是取得了较高的成绩，未来随着人才成型，中国这种现状的改观将会很大。

（二）国际发达国家目前人工智能领域发展现状

美国重视芯片与计算机操作系统等软硬件开发。这和美国研究相关领域较

早不无关系，而且其芯片除了自己使用，还会选择出口到其他国家。另外，美国在人工智能领域起步较早，与其发达的科技实力不无关系。美国的人工智能在规划过程中主要是注重自动化的发展，注重其本身的经济效益。人工智能领域科研经费较多。美国著名院校较多，科研机构也更多，其优势高于中国。

另外，美国人工智能领域依托谷歌、微软、亚马逊等平台，迅速抢占了全球制高点。在人工智能开发过程中，美国对其资金投入居高不下，在2019—2020年度的财年财政预算中，美国政府已将人工智能、无人自主系统开发利用放在了政府预算的首位，这是有史以来第一个将人工智能、无人自主系统作为管理研发优先事项的财政申请。美国的硅谷对于相关硬件设施的建设，对于各界芯片研发都具有重要意义，因此美国的人工智能领域才有如此迅猛的发展。

德国重视人工智能立法、道德准则与应用。德国的做法可以为中国提供经验，德国工业发展一直处于世界前列，其人工高智能发展起初也主要是为了提高生产效率与精确制造。人工智能更加注重在高端领域的应用，并且能够利用大数据和人工智能技术进行产业链的升级改造。

德国对于人工智能的立法更加谨慎，也更加注重人工智能领域的人文关怀。例如，他们对于自动驾驶汽车有明确的法律要求，同时对于驾驶员的义务与权利进行了具体规定，确立人工智能的道德与法律边界，对中国甚至世界有着重要的借鉴意义。

欧盟等其他国家大同小异，在人工智能领域都有一些符合国情的建设方式，注重人工智能的基础研究以及对人类社会的影响，其对于人工智能的推动更加具有目的性。欧盟拥有近30个欧洲成员国，是一个大的经济联盟，他们在人工智能的发展领域具有重要的话语权。相对于美国主张的发展战略，欧盟成员国间更加相信人工智能对社会的影响大于对其他方面的影响。欧盟研究的内容不仅仅局限于人工智能的培养，更会注重网络安全、数据保护以及人工智能所谓的伦理道德方面。

（三）中国与欧美国家发展人工智能存在的不足

1. 中国人工智能领域道德关怀有待提升

关注人工智能应用中的隐性伦理责任，是不断深化人工智能伦理研究的需要。目前中国经济发展迅速，但其他方面的发展速度有待提升，一直发展新的人工智能，会导致一些新的问题产生，尤其是人文道德关怀领域。人工智能作为科技发展的产物，其道德与立法方面需要解决各种冲突。目前就中国对人工智能的研究来说，还需要重视其立法方面的问题，更需要提升道德关怀，例如AI的伦理问题、AI的研究边界等，甚至是人工智能立法方式以及责任判定，都需要一个具体化可视化的准则来限制。此外，还有监管部分的问题，如对与人工智能研究的审查监督该如何进行，对于违规行为的判定与处罚的度是否合适等，都是需要不断完善的。

2. 中国人才培养问题亟待解决

人工智能领域的发展离不开人才的支持。中国目前在人才培养方面存在欠缺，不能及时补齐人才缺口，中国人工智能领域就不能正常发展。另外，相关人才培养周期较长，需要学习的专业知识较多，人才缺口难以补齐，就需要国家充分利用现在的人才资源，把"人才用在刀刃上"才能渡过难关。中国的教育策略也需要转型，试图去寻找能够符合现阶段要求的教学方式，专门供给人才培养。其他还包括专业人才的待遇问题，以及相关的地位问题。只有社会尊重这类专业人才，形成人人尊敬、人人向往的风气，人工智能领域的建设才会更加顺畅。

3. 中国人工智能领域配套产业需要完善

人工智能发展需要配套的产业链与结构链，其本身需要的各个领域的支持。人工智能的发展需要使用更多更合理的方式进行，而配套产业的发展，能使有限的资源被合理化利用，优化资源配置结构，同时能够促进人工智能规模化、多样化的应用与发展，从而使得人工智能研发应用效率提高，为人工智能研究提供更多的操作空间。

二、人工智能领域发展对策及发展趋势

（一）人工智能领域发展的对策

1. 及时跟进国际前沿技术

目前，中国人工智能领域的空白需要及时填补，而其中比较直接的方式就是学习国际上的先进技术。欧美等发达国家在人工领域方面起步较早，有较多经验值得学习，并且也能够从成熟的经验中少走弯路，使得人工智能领域发展

步伐加速，跟紧时代前沿，逐步筑立中国人工智能的成熟体系。国际前沿的技术对于中国来说是一个巨大的宝库，也是中国想要快速发展的重要途径，其中不仅可以学习到先进经验，还可以领悟到国外相关的发展方式、研究方向，对于中国未来的建设意义重大。

2. 提高科研经费

中国人工智能领域要想发展，还需要较多科研经费的投入，这是无法避免的。一切问题都以经济为基础，只有充足的资金作为保障，研究工作才会健康发展。当下，中国研发领域的资金投入有进一步的提升，但是与发达国家相比还是有较大差距，这也就表明中国的相关政策需要不断完善，提升科研经费比例，促进人工智能领域的发展，带动科技进步与成熟。

3. 提升领域内学者待遇，吸引人才

目前，中国人工智能领域内的待遇较高，高的劳动报酬更容易吸引人才加入到相关领域。但是待遇高局限在专业研究领域，其配套服务方式存在一些过低的待遇现状。不过目前学者待遇并不完善，存在不平衡的现象，需要国家出面进行完善，提高学者待遇与社会地位，这样的方式增加人才引进是目前较为现实的方式，也是最为实用的方式。

4. 开展人工智能关键共性技术的研发

目前中国的人工智能的平台建设需要进行共性研究，即通过众多学者与企业相互合作，共同打造人工智能产品，推进研发技术革新，统一调度已经掌握的技术，惠及更多的人，以便于发展人工智能，从全局把握出发，对于重点项目进行全力攻坚，以达到成型、成规模化的核心技术研究体系，不断提升前沿技术引领能力、科技研发能力及链式布局。

这项工作在目前是很有必要开展的，在高端人才不足、处于人才真空期的现阶段，这项工作能够最大限度发挥人才优势，快速推进人工智能领域科学研究，并且由于集体研究平台建设，对于以后的科学研究已经奠定了平台基础，可促进相关产业协同化发展。

5. 加强人工智能开源平台建设，开展示范应用

加强建设中国人工智能自主可控的开源平台，能够促进各个地区研发机构对人工智能的理解，充分发挥国内有能力的企业以及科研院所的领头羊作用，积极推动国产开源项目研发工作与相关项目的及时应用，有利于化解来自国外

技术平台的封锁风险，推动从智能硬件到智能软件平台的全栈式产品研发体系，支撑更大的应用和模式创新空间，构建有利于创新的开放式、协作化、国际化的国产智能自主创新生态系统。平台建设与创新机制都能够让人工智能的领域焕发生机。

6. 注重人工智能与数据安全

人工智能数据安全问题目前是全世界所面临的难题，做好人工智能数据安全保护可以促进人工智能发展得更完善。人工智能所需要的是数据化建设，人工智能的发展必须做好隐私服务方式，让人们信任人工智能，积极帮助数据化建设。人工智能的发展走到今天，主要是依靠互联网和数据化建设，通过网络建设的方式就必须要做好安全隐私防护，不能步入某些国家窃取盗用隐私的后尘。

目前中国人工智能领域发展正在逐步摆脱国外的封锁线，从跟随者逐渐超越前者，正在走向该领域的领航者，对于人工智能的研究虽然还有所欠缺，但是相信在未来的一段时间内，中国的人工智能发展还是相当乐观的。在人工智能技术发展的当前阶段，可以思考建立属于自己的安全治理体系及配套化设施，为人工智能技术完美发展助力护航。

（二）人工智能发展趋势

人工智能经过 60 多年的发展已取得重大进展，但总体上还处于初级阶段。未来，在新一代信息技术发展驱动下，人工智能将进入新一轮创新发展期，呈现以下发展走势。

1. 感知智能向认知智能方向迈进

现阶段的人工智能依托大数据驱动、以芯片和深度学习算法框架为基础，虽在感知智能方面已取得突破，但存在深度学习算法严重依赖海量数据，泛化能力弱且过程不可解释等问题；同时，随着摩尔定律的失效，支持人工智能发展的硬件性能呈指数增长将不可持续。因此，依托深度学习的人工智能发展将会遭遇瓶颈，以迁移学习、类脑学习等为代表的认知智能研究越发重要，追求人工智能通用性、提升人工智能泛化能力成为未来人工智能发展目标。

2. 机器智能向群体智能方向转变

随着新一代信息技术的快速应用及普及，深度学习、强化学习等算法的不断优化，人工智能研究焦点已从单纯用计算机模拟人类智能、打造具有感知智能/认知智能的单一智能体，向打造多智能体协同的群体智能转变，这将是未来的主流智能形态。在去中心化条件下，通过"群愚生智"涌现更高水平的群体智能；计算机与人协同，通过融合人类智能在感知、推理、归纳和学习等方面的优势，与机器在搜索、计算、存储、优化等方面的优势，催生人机融合智能，实现更智能地陪伴人类完成复杂多变任务。

3. 基础支撑向优化升级方向发展

人工智能的发展取决于三要素，即数据、算法、算力。面向未来，万物智联。数据获取将超高速率、超多渠道、超多模态、超大容量和超低延时，数据形态从静态、碎片化转向动态、海量化、体系化；数据处理从大规模并行计算向量子计算、从云端部署向边缘计算扩展，机器运算处理能力高效去中心化；算法模型将是深度学习算法优化和新算法的探索并行发展。提升可靠性、可解释性以及无监督学习、交互式学习、自主学习成为未来发展的热点方向。

第二章
基于人工智能的网络安全防御

第一节　人工智能背景下的计算机网络安全风险

一、计算机网络安全风险影响因素及防范措施

计算机网络安全方面的控制主要针对各个软件、硬件以及相关数据方面，确保软件、硬件不会受损，信息能够实现安全存储与传输，不会被恶意篡改和截获，从而提升运行的安全性，保障数据完整。现阶段，计算机网络安全维护不再局限于云端层次，更在于物理网络系统的安全性，一旦信息暴露，不仅关乎个人利益，甚至还会造成企业、国家安全等风险，因此，针对计算机网络安全风险与控制措施应用的研究十分有必要。

（一）造成计算机网络安全风险的因素

1. 内部风险

（1）操作系统自身存在缺陷

操作系统是维持计算机运行的基础性系统，在整个运维过程中发挥着关键作用。现阶段，用户对计算机系统的质量需求越来越高，大部分主流操作系统中会配备一定的防攻击程序，能够实现自动防范功能，但由于其制造更加倾向于社会大众，缺乏有针对性的防范，这也是黑客攻击的要点部分。正因如此，由于自身存在的不安全因素，导致计算机运行过程中存在一定开放性。例如，在"接入层"会存在基站空口安全和终端设备安全两部分风险；"应用层"存在垂直行业应用系统风险；"网络层"则存在功能虚拟化安全风险和边缘计算安全风险。具体的风险操作包括一些文件的下载、复制以及硬盘拖动等，会导致系统崩溃或信息被窃取。此外，操作系统在研发过程中还会存在一些缺陷，尤其针对数据库存储部分，现阶段计算机所采用的系统大部分为 Windows 系统，安全系数和普及率相对较高，但难免会有一些其他漏洞。

（2）用户操作不规范

除了内部软件、硬件问题外，用户自身操作的不规范性也是导致计算机网络存在安全隐患的重要原因之一。造成该类型风险的原因在于用户安全意识淡薄，在操作过程中并未遵循相关规范，亦没有对应的安全措施。这将导致计算机网络运营存在潜在隐患，如尚未设置登录密码或密码过于简单，账号自动登录等设置，忽视计算机风险预警肆意下载软件，没有杀毒软件，这一系列行为均会导致计算机网络安全受到侵害。

2. 外部风险

（1）黑客入侵

黑客攻击是比较常见的计算机网络风险原因之一，在计算机应用领域中存在一批不法分子，公然挑衅网络安全，导致大范围的网络系统瘫痪、重要数据丢失等情况。这类群体精通计算机操作以及相关算法的模拟，并拥有一定高端设备，熟悉各类型计算机中存在的漏洞，从而获取密码攻击其网络，达到控制计算机的目的。这一行为严重违反了相关法律法规，其目的在于获取信息为己所用，或利用贩卖、篡改信息而牟利。随着时代的进步和计算机技术的普及，黑客入侵率也随之提升，带来一定负面影响。

（2）病毒侵害

网络病毒的侵害会对计算机网络中的相关程序、指令等造成影响，且病毒存在自我复制的功能，一旦侵入一台计算机，便会迅速传播并造成整个系统的瘫痪。从宏观角度来看，计算机网络病毒实际上是人为编写的一种针对性程序，且具有大范围传播的特点，在网络安全控制领域中属于一种"定时炸弹"，始终潜伏在网络中，对用户的日常工作和个人信息安全造成一定影响。除了病毒外，计算机网络系统还会受特洛伊木马程序和蠕虫的影响，虽然这两种并不属于计算机病毒，但同样具备传播范围广、速度快的特点。其中，蠕虫的存在形式以组合式为主，能够实现设备间的转换，且不需要特定的宿主即可实现传播。而特洛伊木马程序则会在技术人员编程过程中侵入，若用户此时启动计算机，则会造成病毒入侵，使得网络瘫痪。

（二）计算机网络安全风险控制措施

1. 优化 APT 识别加强网络安全防护

在大数据和物联网的影响下，网络已经无处不在。在计算机网络运行过程中，除了一些能够运用杀毒软件发现并查杀的病毒外，还存在一些程序复杂、攻击性高的病毒，对计算机网络安全造成严重威胁，尤其针对一些安全风险控制较弱的系统。在针对病毒进行检测时，仅仅依靠人工无法解决全部病毒问题，且速度十分缓慢。若同一时间入侵的病毒数量较大，相关操作则会更加力不从心。因此，技术人员想要在最短的时间内发现病毒入侵所带来的异常情况，并及时判断病毒类型采取相应措施，降低安全风险问题，可以通过提升 APT 识别的方式维护计算机网络安全。

在实际落实过程中可以借助人工智能提升计算机网络系统的安全防范功能，具体需要从数据采集层入手，利用流量监听接口获得数据，并通过 Web 界面提交可疑文件、pcap 文件等；再将信息传达至分析层，对流量异常情况和传输文件进行预处理，其中包括流量筛选过滤、文件格式识别、元数据、网络协议等；再由威胁检测层进行深度检测，包括异常行为、加密流量分析、关联分析以及文件特征等；最终将结果进行可视化交互处理，形成分析报告，从而使计算机免受木马和相关病毒的攻击。

2. 熟练掌握各种网络安全风险防范技术

（1）掌握文件加密和计算机密码设置技术

为有效提升信息传输系统和存储系统的安全性，谨防被恶意截获和篡改，需要根据文件的不同类型和应用途径设置密码，具体加密类型可以分为三种。① 数据传输加密，主要针对一些具有传输性的系统，如此一来数据流在流通时能够确保完整性。② 数据存储加密，采用密文存储的方式，对"存"和"取"进行控制，降低数据丢失风险。③ 数据完整性的鉴别，需要联合多项技术，包括口令、密钥以及其他身份认证等，需要采用人为验证的方式提升信息传输与取出的安全性。

（2）入侵检测技术

入侵检测技术（IDS）的应用需要以其他技术为依托，展现技术的联合性，从而实现全面监控。具体技术包括统计技术、通信技术和密码学技术，各自发挥其特征优势，实现对计算机网络安全的综合维护。一般情况下会分为主机型（HIDS）和网络型（NIDS）两种。该方式主动性相对较强，并不是等黑客入侵后采取维护措施，而是一旦发现网络中存在被入侵风险或网络环境风险系数较高时，便自动判断系统是否被入侵。一旦 IDS 察觉存在被入侵或恶意篡改信息的情况，会根据扫描网络活动监视流量并过滤信息，能够立即发出警报提醒用户采取应对措施，在同一时刻会自动阻断入侵源头，并对已经入侵的不良数据进行针对性处理。

（3）关闭服务端口

一些针对性的计算机网络所应用的服务器需要在所规定的协议端口上开放，不要随意在其他端口开放，以免给黑客更多入侵机会，如文件、设备、邮件等系统，可以关闭 ftp 和 http，保证内部计算机网络安全运行。

（4）科学设置防火墙

防火墙主要由软件和硬件共同构成，无论是外部网间、专用网间还是公用网间，均需要在其界面上构建安全保护屏障，从而维护用户信息安全，实现隔离，最大限度阻挡黑客入侵。尤其针对用网高峰期，不仅能够提升网络耐性，还能保证安全。

3. 提升用户防范意识

根据计算机网络安全风险内容来看，造成风险问题频发的主要原因之一在于用户使用过程中的安全意识不足，导致信息泄露风险扩大。针对这一问题，还需从用户意识的角度出发，加强网络安全知识宣传，拒绝访问非法网站或下载未经过扫描的软件。重点关注一些浏览网页中的信息安全判断窗口，了解其运行可行性后再继续浏览。针对一些风险网页需要立即关闭，并向系统举报。相关单位应当建立计算机网络安全的宣传通知，使用户了解风险因素对财产及个人信息安全所带来的危害，引导用户规范自身操作行为。例如，在使用计算机时第一步需要设置重复性的密码登录，切忌与个人身份证件号码等一致。除了基础密码外，还需设置访问密码和访问权限，利用 IP、口令等形式降低恶意入侵率。

4. 制定安全网络管理机制

网络安全运营系统的构建主要针对一些潜在的风险问题，在规避风险的同时进行病毒查杀和记录，防止二次入侵。单纯依靠基础性杀毒软件和维护系统并不能起到良好的控制效果，还需设置一些陷阱来提升安全性。例如，蜜罐系统是比较常见的计算机网络安全控制系统，能够在计算机运行阶段模拟一些常见的漏洞问题，给入侵者一种有"可乘之机"的错觉，从而引诱其主动入侵，同时隐藏真实服务器地址，在引诱过程中实现违法证据的收集。蜜罐系统模拟的漏洞大部分都属于"高危"级别，一旦模拟不当或存在被渗透风险，则会导致蜜罐系统被破坏，同时入侵者会获得更高权限，掌握系统控制的主动权。在计算机安全系统中，蜜罐系统并非独立，而是拥有多个联合，一旦入侵成功一个蜜罐，则会形成"跳板"效应，导致其他蜜罐系统接连受到破坏。因此，在构建安全网络运行系统时需要明确三个问题，即技术问题、隐私问题以及权责问题，做好 SP 补丁。在系统选择蜜罐时需要根据不同系统进行有针对性的选择，包括但不仅限于 Windows、Linux、OS 等。由于不同系统的核心存在差异，其漏洞也大有不同，在选择时需要明确"伪系统蜜罐"的概念。有时，尽管应用模拟的系统漏洞能获得 Windows 的权限，但无法获得 Linux 的权限，无法真正引诱入侵者进入"陷阱"，甚至还会提升其防范意识。

5. 及时更新杀毒软件，加强防黑客技术应用

随着科技的进步和计算机网络相关人才的涌现，现阶段杀毒软件领域的创新与优化也获得了显著成就，其功能更加齐全。相关杀毒软件不仅具备对病毒的拦截功能，还能实现对病毒的追踪与查杀，有效提升计算机网络安全维护等级。当前各类计算机系统中所应用的杀毒软件已经基本实现检测网络系统、全面扫描计算机、隔离与查杀病毒的功能。此外，还有一些软件能够起到预防效果，针对黑客的攻击进行自动抵御，同时进行数据拦截和恢复，避免造成重大损失。为保证计算机网络安全，用户需要定期进行系统扫描，找出隐藏在文件、邮件等内容中的风险因子，并根据软件的升级情况及时更新，采用最新病毒数据库，全面抵御病毒入侵，从而及时解决潜在风险问题，谨防运行过程中感染病毒。在计算机应用过程中还需加强防黑客技术，主要的风险来源在于黑客入侵或黑客设计的特定程序造成系统破坏情况，不仅影响一些重要文件的传输，还会窃取一些资金信息，如银行账号、密码等，并利用专业技术篡改用户个人

注册信息为己所用。为有效规避这一问题，需要加强安全防护力度，例如，建立外部网与局域网之间的防火墙，实现对用户 IP 地址的维护，避免黑客入侵。在防黑客技术应用上需要明确故障情况，如电脑频繁无故宕机、更新系统后死机频率提升、忽然无法运行并自动重启、网络不佳经常掉线、程序加载时间延长、磁盘莫名出现坏块、数据丢失内存空间变小、文件扩展名日期及属性被更改等。以上行为均属于病毒感染后的常见情况，需要用户及时扫描计算机和网络安全情况，明确中毒文件，删除不认识的启动项目。

综上所述，在新时期背景下计算机网络的应用途径更加广泛，极大地推动了相关产业的发展，在各个行业中均被视为重要工具。基于此，计算机网络安全风险问题发生率将更高，这无论对个人还是对企业来说均会产生严重威胁，需要不断加强技术应用，提升用户的安全风险意识，制定合规的控制措施，有效维护系统运行的安全性和私密性，提升社会效益。

（三）计算机网络管理中的安全风险及防范措施

随着社会的不断发展和计算机的创新，现有的信息化程度不断提高，计算机成了人们日常生活中不可或缺的物品，并逐渐改变着人们的生活。然而在计算机不断升级的过程中，整体结构越发复杂，从而滋生出了很多安全问题，威胁了人们对计算机的使用安全。尤其是在网络覆盖的过程中，开放性、共享性的网络使得用户的个人信息容易被泄露，同时还可能面对黑客、病毒等的攻击，因此必须重视计算机网络管理中的安全风险，并有针对性制定防范措施，才能保障计算机的使用安全。

1. 计算机网络管理及其作用

之所以要开展计算机网络管理，是因为在计算机发展过程中，网络结构也在不断更新换代，如果不能及时对计算机的硬件、软件以及系统等展开管理工作，那么很可能会导致计算机的运作效率下降，也容易产生信息安全问题，因此只有开展计算机网络管理，才能保障计算机的正常运作，为人们的生产生活提供便利。

在计算机网络管理工作的展开过程中，会遇到各种各样的安全风险，威胁着计算机的运转，而计算机网络管理正是为了显出这些安全风险而存在的。在计算机技术逐渐普及的当下，越来越多的企业、个人开始将其应用于办公过程中，通过发送信息、邮件等方式来实现不同区域之间的信息交互，从而极大地便利了工作的开展，有利于工作效率的提升。然而一旦出现安全漏洞，不仅用户的私人信息会遭到窃取、泄露，同时企业的机密文件也可能遭到丢失、损害，那么将对整个企业的发展产生不可估量的影响，因此一定要开展计算机网络管理工作。国家及相关部门在打击网络违法犯罪的过程中，也提出了相应的条款来引起人们对计算机网络管理的重视，不仅个人要提升网络管理意识，同时企业也要积极研发计算机网络管理系统，从而保障企业信息安全。只有通过计算机网络安全管理，才能将计算机信息安全落到实处，不断提升计算机网络安全意识，从而自觉遵守网络规则，从源头处遏制计算机网络安全风险，为社会创造良好的网络环境。

2. 计算机网络管理中的安全风险

计算机由于其自身具有的开放性特征，使得计算机网络管理工作难度提升，不仅因为存在计算机网络风险而影响对计算机的使用，而且也因为计算机本身的特点而造成一系列的安全隐患。其次，由于使用计算机的人员操作水平参差不齐，从而在使用的过程中，专业水平不足、风险意识不强的人员容易出现操作不当的情况，导致计算机网络管理风险的出现。根据计算机网络管理问题产生的原因，可以对计算机网络管理中的安全风险做出划分，其主要可分为以下几点。

（1）信息泄露

在计算机网络不断发展的过程中，大数据技术被广泛应用于各行各业当中，其通过计算机网络技术来开展对数据的搜集、整理、分析工作，能够有效根据用户需求进行数据检索，然而正是大数据的兴起，也滋生了更多的信息安全问题。当人们运行大数据进行数据分析的过程中，不可避免会泄露个人信息，而这些信息会以低价的形式卖给各种商家，造成个人隐私信息的泄露。就像人们在使用软件的过程中，其推送的内容正好是自己感兴趣或想要搜索的，这实际上就是在使用计算机的过程中个人信息被泄露。同时从另一个方面来说，计算机网络的使用者通常不具备专业的计算机知识，只会简单的使用操作，因此在使用的过程不会注重对个人信息的维护，从而更加容易遭到不法分子的侵害。信息泄露是计算机网络管理中的突出问题，必须采取措施加以管制。

（2）违规搜集信息

在我国的计算机网络安全保护条例中，明确指出了任何单位及个人不得以任何形式对计算机网络的使用者进行信息搜集，从而来打击各种违规搜集信息的行为。然而在实际的执行过程中，仍有商家利用各种漏洞对使用者进行引导。例如，我们在使用软件的过程中，通常会要求使用者勾选用户使用协议并绑定手机号，否则软件是无法正常使用的，这实际上就是变相地在对使用者的信息进行搜集，从而便利软件开发者进行广告推送。这类行为屡禁不止，严重损害了用户的个人隐私权，也对计算机网络管理造成了较大阻碍，因此一方面要加强对违规搜集信息行为的处理，另一方面用户也要增强自身的个人信息保护意识，才能从根本上禁止这类违规行为。

3. 网络恶意攻击

网络恶意攻击行为主要来源于黑客、病毒及一些流氓软件等，黑客能够通过入侵计算机的形式，对使用者的电脑进行破坏，并对用户的数据进行窃取，对用户的网络信息安全造成较大威胁。尤其是对于一些企业、单位而言，其公司计算机内部储存了大量的重要数据，关系着企业未来的发展，一旦发生数据被窃取的问题，必将对公司的发展方向造成重大影响。除了对数据的窃取之外，木马病毒等一系列的电脑病毒，会对计算机的系统造成损坏，从而导致计算机系统瘫痪，并形成无法挽回的影响。因此在开展计算机网络管理的过程中，还要注重对网络恶意攻击行为的防范和打击。

4. 计算机网络管理中的防范措施

针对目前计算机网络管理中存在的安全风险，必须有针对性地采取防范措施，从而防止安全漏洞的产生，维护用户的网络使用安全。目前而言，可以从以下几点来进行防范。

（1）完善管理制度

在开展计算机网络管理的过程中，一方面是管理者对计算机网络安全的重视不够，从而没有制定完善的管理制度，另一方面管理制度中没能做到明确的权责划分，从而导致管理过程中秩序混乱，因此首先必须促进计算机网络管理制度的完善。在完善管理制度的过程中，第一步就是要促进管理者对计算机网络安全的重视，从上而下地实行，从而促进用户对网络安全的认识。政府及相关机构要完善对计算机网络安全管理的相关条例，确定在开展管理工作中的重要准则，从而为企业、个人的管理工作提供指导性意见。在网络管理工作中，要涵盖网络监测、故障维修、故障记录等多方面的内容，并将其划分到具体的人当中，定期对管理人员的工作记录进行检查，从而保障管理工作的效率。一旦发生网络安全事故，能够及时地找到问题源头，并对其负责人进行一定的处罚措施，才能使计算机网络安全管理牢记于心，不断提升管理人员的积极性与责任心，促进管理工作的发展进步。

（2）设置访问权限

设置访问权限是指将有权力访问设定网络的用户纳入规则之中，不符合访问要求的用户一律拒绝访问，从而对使用者的身份进行限制，避免不法分子的侵入。在设置访问权限的过程中，首先要确定符合访问条件的具体标准。例如，在个人计算机的使用过程中，一般只有本人才具有访问权限，而在企业中，可以依据连接企业公共网络的用户才能进行计算机访问，从而从外部禁止非法用户的进入。对于计算机内部而言，可以采取应用设置密码的方式来对访问进行限制，或者编写一些安全程度较高的程序代码，以此来减少计算机被侵入的概率。总的来说，设置访问权限是对计算机网络管理安全中的基本防护措施，并且能够隔离大部分的非法用户，是一种行之有效的防范措施。

（3）安装杀毒软件

对于不具备专业的计算机管理知识的用户而言，安装杀毒软件是最为有效的防范方式。杀毒软件能够对计算机进行扫描，从而筛查出风险项目并进行清理，以此保障计算机的网络安全。在选择杀毒软件的过程中，要到正规网站下载正版软件，才能保证软件的杀毒效果。目前在市面上有许多的流氓杀毒软件，在下载的过程中会附带许多的其他应用，并且不能进行强制卸载，这些应用会不断占据计算机的应用空间，并弹出大量的广告，从而阻碍计算机的正常运行，长期发展下去还会造成计算机卡顿甚至瘫痪，因此在选择杀毒软件的过程中一定要小心谨慎。除此之外，要及时对杀毒软件进行更新，从而才能防范新的病毒的出现，保障计算机的使用安全。同时，计算机的使用者一定要树立正确的网络安全意识，积极主动地安装杀毒软件，并定期利用软件对计算机进行清理，保持计算机的运作效率。在使用计算机上网的过程中，要时刻保持警惕，辨别网上的虚假信息，尤其是对于一些赌博、黄色软件、网页等，坚决不要点进去，才能防止受到病毒的侵入。下载软件、应用时，要关注其来源，学会从正规渠道下载应用，才能保障应用的安全性。在目前的计算机网络管理的过程中，只要积极使用杀毒软件，就能隔绝大部分的电脑病毒，维护电脑的健康。

（4）防火墙及加密技术的应用

防火墙能够在计算机与信息之间构筑一道防线，从而将重要的信息纳入防火墙的保护范围之内，从而保障计算机的网络信息安全。防火墙的使用方式较为灵活，既可以当作硬件设施安装在计算机上，同时也能以软件的形式依托于硬件智商，能够对电脑病毒、不法分子等起到防护作用。而加密技术是作为计算机内部的防范措施，在网络设备日渐发达的现在，人们开始习惯于通过密码的形式来保障设备的安全，例如计算机需要开机密码，手机也需要开锁密码，从而来确认设备的归属。然而在加密技术的使用过程中，部分用户出于侥幸心理，对于密钥的设置十分简单，这就使得在面对黑客等的入侵时，能够迅速对密码进行破译，加密技术的应用效果十分有限。因此在应用加密技术时，用户要有意识地将密码复杂化，以多种符号的组合来增加密码的单位，从而使得密码具有较高的安全级别，在面对入侵时的破译概率也会相对较小。计算机使用者要树立应用防火墙与加密技术的意识，注重计算机网络安全风险的防范，从而减轻计算机的运行风险，为计算机的使用提供良好的环境，也能够保护数据、信息的安全。

（5）加强入侵检测

随着计算机结构的日益复杂，在运行中面临的问题也更加多样，因此在使用计算机的过程中，要注重对网络监控软件的使用，从而对计算机的使用情况进行监督，也能够第一时间发现入侵迹象。目前在计算机入侵监测的软件中，"电脑管家"是一类常用的监控软件，其能够通过弹窗的方式对用户进行提醒。例如，当计算机内存不足或者下载的软件、文件存在安全隐患时，都能够检测出来，从而减少了计算机受到入侵的可能性。同时，注重对计算机的入侵检测还能及时检测出计算机运行过程中的非法程序，例如篡改计算机设置、窃取用户个人信息等，都能够被检测程序阻止，从而消除了计算机网络中可能存在的安全隐患，保障计算机的安全运行。

在计算机应用越加广泛的今天，更需要注重对计算机网络管理，确保计算机网络环境的安全。虽然国家已经严厉打击网络犯罪，然而仍然有不法分子为了谋取高额利益而进行网络违规、违法行为，违规搜集私人信息、发送垃圾短信或邮件的形式，因此更需要个人树立正确的网络安全意识。本书主要探讨了计算机网络管理中的安全风险，并提出了可以从完善管理制度、设置访问权限、安装杀毒软件以及加强入侵监测等多方面进行防范。通过从计算机硬件、到软件与系统，并强化使用者的安全意识，就能够全方位地对计算机网络风险进行防护，从容保障计算机网络使用安全，为人们提供良好的使用环境。

二、人工智能背景下计算机网络安全风险出现的原因及造成的后果

（一）人工智能时代下计算机网络安全风险出现的原因

1. 计算机网络本身的特殊性

由于计算机本身需要大量的数据构成，这些庞大的计算机网络信息数据所建立的数据库就像诸多个密封性极好的盒子。但同时，这些"盒子"极易受到恶意攻击和破坏，使原本的密封性能被破坏，逐渐出现一些漏洞，从而降低了数据的安全性和可靠性，出现各式各样的错误和语义偏差，使这些"盒子"不再完整。此外，计算机网络信息数据在传输的过程中，本身缺乏安全性以及来自外部的恶意攻击，导致信息泄露，加重了网络安全风险。

2. 自然环境方面的制约

计算机网络安全风险出现的原因是多方面的，除了计算机本身的特殊性之外，还受自然环境的影响，尤其是突发的恶劣天气，如雷雨、地震、台风等，这些都会对计算机网络安全相关设备带来一定的损害。这些硬件设备如果受到损伤极易造成信息数据的丢失和断层，将会难以检测计算机网络信息数据的完整性和准确度。

3. 传统网络安全防护方法比较落后

以往比较清晰明了的内外网边界已经越来越模糊，各种设备、各种网络接口既实现了万物互联，也实现了万物可破，可能被入侵攻击，人们需要保护的安全防线越来越长，更长的安全防线有很多时候反而成了无用的马其诺防线，接近于有防而无用。当前还如果单纯使用传统的网络安全防护方法与手段，已经远远不能满足人们的需求与技术要求，可以说网络安全的实现已经到了必须要有质的突破阶段。

（二）人工智能时代下计算机网络安全出现风险的后果

随着计算机网络技术的快速发展，信息技术网络系统不断趋于完善。但是在当下计算机网络信息技术安全部署上，仍然存在诸多不完善和缺陷的地方，这种不完善造成了计算机网络信息技术的漏洞，为计算机网络安全带来了严重的风险。另外就是网络病毒，网络病毒伴随计算机信息技术的发展，也是人类智慧的结晶。差别在于，网络病毒存在的目的在于攻击和破坏系统，再加上网络病毒本身具有传播性与感染性较快的特点，这些都增加了计算机网络安全风险的控制难度。

1. 造成个人信息泄露的风险

在人工智能不断发展的背景下，人们也越来越受益于网络和科技带来的诸多成果，但是也应该注意到计算机网络信息技术的不利影响。计算机网络信息技术能够帮助人们提高工作效率，但同时其开放性和快速传播性的特点，也为网络黑客提供了可乘之机。网络黑客和不法分子为了谋取一己之力，非法盗取他人的电话、住址、财产等信息进行交易，他们通过发病毒性图片、邮件和视频，致使手机和电脑中毒，导致无法正常工作，严重者会影响他们财产安全和人身安全等。例如，近几年，我们经常听到身边的人或自己接到诈骗电话和莫名的中奖短信，这说明了我们的信息在不知不觉中已经泄露，或者被人盗取，个人信息在不自知的情况已经完全被暴露在大众面前。另外，新闻上经常报道有的人收到短信或视频，一打开就发现自己银行卡的余额已被转走。由此可见，计算机网络信息安全问题在一定程度上为个人的隐私权和财产权带来隐患。

2. 为国家带来的安全风险

无论是人工智能时代下的今天，还是以往的各个时期，国家稳定发展才是第一位的。只有国家繁荣昌盛，我们个人才能得到更好的发展和提升，才会更加幸福地生活。在全球经济化趋势不断扩展的今天，国与国之间的交流也更加密切，相互之间的合作机会也在增加，计算机网络技术的发展促进了国家之间的沟通与交流，提供了更多的合作机会，很多国际交流和项目都是通过互联网的沟通实现的。但是，计算机网络技术安全一旦受损，黑客和不法分子便会对国际事务进行蓄意干扰和攻击，甚至投放病毒，这在很大程度上导致国际网络系统遭到严重的破坏，为国家经济的发展造成严重的影响。

三、人工智能背景下的计算机网络安全风险控制重要性及影响因素

（一）计算机网络安全风险控制的重要性

1. 防止个人信息泄露

移动互联网和人工智能的快速发展，使各类设备和网络接口越来越多，用户的个人信息和日常活动在网络上留下了大量的数据足迹。若网络安全出现问题，则可能导致用户个人信息泄露，危害个人隐私权和财产权。如今电子商务日益普及，网上交易成为人们常用的交易手段，这要求交易信息传递安全且完整，还必须能够充分确定交易双方的身份。若在这过程中发生网络安全事故，就有可能导致信息丢失、信息被盗用、交易内容被窃取、资金被非法使用等问题，对交易双方造成损失。由此可见，网络安全问题会对用户个人隐私和财产造成侵害，加强相关风险措施十分重要。

2. 维护国家信息安全

计算机网络安全风控不仅对维护用户个人权益十分重要，对于保障国家和社会的正常发展也有着重要意义。从整体而言，计算机网络的快速发展已经改变了社会形态，对整个国家、社会有着巨大的影响。这也意味着，计算机网络的安全与国家信息安全息息相关。如今经济向全球化方向发展，并与信息技术深度融合，国家之间交流与合作日益密切，并且许多项目需要通过互联网沟通实现。而国内许多领域的重要信息数据也均涉及计算机网络，企业的生产经营活动向数字化方向发展，企业之间的交流合作也主要依托于互联网。

（二）人工智能背景下计算机网络安全的主要影响因素

1. 人工智能的发展

近年来，人工智能应用日益广泛，其技术的迅猛发展和日趋成熟使计算机网络越来越智能化，增强了计算机网络的便利性，也放大了计算机网络的系统性、复杂性和开放性，导致网络安全漏洞增多，增加了风险控制的难度。

2. 计算机本身设备问题

计算机病毒入侵是计算机使用过程中常见的安全问题，若计算机本身硬件和软件设施存在缺陷和漏洞，则更容易受到病毒入侵。如今的网络病毒种类很

多，且有较强的传播性和感染性，为计算机网络安全带来威胁。病毒入侵可导致信息泄露、计算机系统运行故障等问题，对计算机用户的利益造成巨大损害。计算机病毒种类多样，部分可长时间潜伏于某一应用程序中，表面与计算机和平共处，实际慢慢对计算机造成损害，最后出现大面积爆发，致使计算机系统崩溃。有的病毒则可在侵入后立即大量复制，快速扩散，短时间内迅速爆发，使计算机系统无法运行，数据信息被破坏，甚至导致计算机核心组件受损。因此，计算机自身的软硬件设备欠佳，数据库密封性、安全性不足，就更容易受到病毒攻击，导致信息泄露和系统崩溃，在一定程度上加大了计算机网络的安全风险。

3. 人员操作和管理不当

在计算机网络安全中，人为因素导致的安全风险不可忽略。如今计算机用户的数量不断增多，但在计算机使用技能和安全知识的普及方面仍存在严重不足。这造成用户没有信息保护意识，使用计算机网络过程中经常出现违规操作，埋下了较多的安全隐患，导致计算机更容易受到网络病毒的攻击。在企业中人员操作和管理不当引起的后果将更加严重。许多工作人员不注重网络安全防护问题，平时操作不规范，计算机被病毒侵入时也没能进行及时、有效的处理，使系统的运行受到影响，带来安全隐患。

4. 黑客的非法攻击

外部人为的非法攻击也是计算机网络安全中面临的常见问题。黑客的非法攻击主要是指黑客在利益驱使下对计算机网络进行恶意攻击。常见的攻击手段有植入木马病毒、网络钓鱼、口令攻击、网站控制等。黑客是网络系统破坏者的代称，这类人凭借高超的计算机技术寻找计算机网络系统的缺陷，在未获得授权的情况下对内部网络进行强行访问，对计算机内部的软件、信息进行浏览、盗取和破坏。

四、人工智能背景下计算机网络安全风险控制措施

（一）优化计算机硬件设备

在计算机网络安全管理中，改善硬件设备十分重要。硬件设备是计算机系统运行的基础，需要及时进行维护和升级，提高计算机系统负载能力，否则将

导致系统运行不稳定、卡顿甚至崩溃。在计算机网络中，信息数据的传输和储存都受到硬件设备的影响和制约，若硬件设备出现问题，计算机网络系统将难以正常运行，其中储存的信息的完整性和准确性也将受到影响，出现数据丢失、信息处理异常等问题。计算机系统过老，其运行能力就会比较低下，漏洞较多，甚至无法支撑部分软件运行，在遭受病毒攻击时更容易被侵入，导致不良后果。因此，人们需要好好保养计算机硬件设备，定期检查其运行环境和储存状态，及时发现硬件老化或损坏情况，进行维修更新和优化升级，为网络系统正常运行提供保障，降低安全风险。

（二）对网络信息进行加密

在人工智能背景下，计算机网络中信息数据的传输量和储存量大大增加，保障信息数据免受干扰、窃取和破坏十分重要。在信息数据的网络传输过程中，对于重要的文件信息，应采取加密技术进行加密，降低信息数据在网络交互过程中被解析、盗取的可能性，减少信息泄露事故的发生。在选择加密技术时，应充分考虑信息重要程度、加密难度、加密周期、解析难度等因素，在确保信息数据安全的同时，尽可能地减少计算机网络的负载，使其能够正常进行数据交互和日常运行。为了保障信息安全，在计算机网络系统内部管理中，也应合理设置用户权限和口令，对计算机用户进行分等级管理，结合信息技术、统计技术、密码学等技术，实现信息传输加密、储存加密。应对不同等级用户给予不同的权限，并注意密匙交接过程的加密，以免密匙丢失或泄露，从而确保计算机网络信息安全。

（三）优化防火墙设置

外部的恶意攻击对计算机用户的权益构成极大威胁，而防火墙的设置是让计算机系统不被非法访问的重要防范手段。在外网与局域网之间架设防火墙，能够将内外网隔离，对局域网信息进行过滤，拦截非法访问和不安全服务，只向外释放安全信息，确保隐私信息不外泄，实现内外网安全交流，提高内部网络的安全性。在优化防火墙设置的同时，还可结合杀毒软件系统提升计算机的防护能力，科学防范外部攻击和病毒入侵。杀毒软件能够实时检查计算机设备的病毒入侵情况，监控网络系统，识别病毒并强力杀毒，部分软件还有数据修复之类的功能。由于目前杀毒软件种类较多且良莠不齐，应结合实际运用需求，合理选择和运用杀毒软件，并做到及时更新，确保软件能够充分识别各类病毒，并能有效处理。

（四）完善计算机安全管理制度

对于企业、学校等集体组织而言，计算机网络安全更为重要，涉及许多人的信息、财产安全和集体利益。因此需对网络安全问题予以足够的重视，及时完善计算机安全管理制度，成立专业网管队伍，加强计算机安全防控措施。应重视提高管理人员的防范意识，使其正确认识网络安全问题，树立正确的工作态度。定期对网管人员进行专业培训和实操训练，使其充分掌握最新的网络理论和相关技术，提高其网络安全维护技能水平，保障计算机系统安全、稳定地运行。

（五）提高用户信息安全意识

计算机网络的普及和广泛应用，让计算机用户数量暴增，但许多用户缺乏网络安全意识，在使用计算机系统的过程中操作不当，如文件不加密、记录银行账户密码、随意上传证件信息等，导致计算机网络安全风险增加。因此，加强用户信息安全意识十分重要，可通过视频广告、短信宣传等各种方式进行网络安全的宣传教育，使用户充分认识到信息安全的重要性，有意识地规避风险操作，学会定期清理计算机，对病毒进行查杀，及时删除浏览痕迹，不轻易上传证件和银行密码等重要信息，从而降低计算机网络安全风险。

（六）合理运用人工智能系统

人工智能技术的发展使网络安全防控的难度增加，却也为其带来了先进的技术支撑。正确认识并合理利用人工智能技术，对网络安全技术的进步有促进作用。如今网络环境复杂，各类病毒和恶意代码种类繁多，数量庞大，而人力有限，逐渐难以满足网络安全维护的需求。若仅依靠技术人员的知识和经验去检测比较复杂的恶意代码难度较高。

在计算机网络安全管理中，可合理运用人工智能系统。如利用神经网络系统进行计算机病毒检测，提高病毒检出率和准确性。利用人工智能收集相关信息数据，建立知识库，为技术人员提供蓝图，并在处理攻击事件的过程中不断更新知识库，以应对当下不断变化的智能化网络攻击。而技术人员只需找到此类安全问题的处理方法，而不必一一处理单个攻击事件，有效减少工作量。人工智能技术衍生出来的指纹识别、面部识别、声音识别等身份识别技术，也为信息加密提供了多层保障，降低了计算机网络中信息泄露的风险。目前，将人工智能运用于网络安全风险控制还存在一定的争议和问题，因为网络环境处于不间断的动态变化中，安全管理的难度较大。如何更好地利用人工智能技术提高计算机网络运行的安全性，仍需进一步探索和研究。

人工智能的发展使计算机网络的应用普及越来越广泛，用户数量呈爆炸式增长，接入的媒体数量也越来越多，增加了计算机网络的负载，使其运行变得更加复杂，也导致了网络安全风险的增加。人们应当认识到计算机网络的安全隐患，提高网络安全意识，重视对计算机网络安全的风险控制，从硬件、软件、人员管理、个人安全意识等多个方面进行防范，对网络安全影响因素进行有效控制，降低风险，确保信息数据安全和计算机系统运行安全，充分保障个人、集体的利益，尽可能地避免网络安全事故，使计算机网络得以健康发展。

第二节　人工智能时代网络意识形态安全的建设

一、人工智能时代我国网络意识形态的理论、现实与实践

伴随大数据、云计算、计算机技术的快速发展，人工智能作为引爆"第四次工业革命"的重要技术形式，已经广泛介入到我们的生活空间，人工智能时代已经来临。作为计算机科学的一个分支，人工智能是指"研究、理解和模拟人类智能、智能行为及其规律的一门学科。"美国学者杰瑞·卡普兰指出："在未来几年内，机器人与人工智能给世界带来的影响将远远超过个人计算和互联网在过去三十年间已经对世界所造成的改变。"人工智能时代境遇下，互联网与人工智能耦合程度加深，基于互联网日益发展而形成的网络意识形态也面临前所未有的机遇与挑战。由此，从理论、现实和实践的三重逻辑展开，深入分析人工智能时代我国网络意识形态建设的理论可能、面临的新形势和路径选择便成为一项重要课题，从而为助推我国主流意识形态建设更好发展提供新视角

和新的建设思路。

（一）人工智能承载意识形态功能的理论溯源

理论资源的发掘与回归是研究的关键起点。随着人工智能深度嵌入各个领域，人工智能不再只作为促进生产力的工具，同时还承载着意识形态的功能。人工智能时代我国网络意识形态建设何以可能，需要回到马克思主义经典作家关于科技与意识形态的内在关联性分析理论和西方马克思主义流派法兰克福学派的科学技术意识形态论中去寻找理论之根。

1. 马克思主义经典作家的科技异化思想

马克思在《资本论》中写道："在工场手工业中，是工人利用工具，在工厂中，是工人服侍机器。在前一种场合，劳动资料的运动从工人出发，在后一种场合，则是工人跟随劳动资料的运动。在工场手工业中，工人是一个活机构的肢体。在工厂中，死机构独立于工人而存在，工人被当作活的附属物并入死机构。"这段论述体现了工具成为了统治甚至奴役工人的异己力量而存在，这也是马克思科技异化思想的生动体现。马克思认为，科技异化的根源不在于技术本身，而在于科技的资本主义应用，即资产阶级利用科学技术达到自己追求高额剩余价值之目的。在资产阶级统治下，科学技术与资本主义合谋，压榨工人剩余价值、破坏自然环境、操控政治，更有甚于控制人的精神世界。

马克思所处的时代虽然没有人工智能，但是，有学者基于对《资本论》中机器观的解读，认为机器和人工智能具有功能相似性，都是体现了马克思所揭示的技术本质，即对人的能力的技术化延长。正是这一共性，《资本论》中对机器的阐释同样适用人工智能，使得我们对人工智能与人的技术关系可以从机器与人的技术关系中去理解。由此，人工智能如果被资本家大肆滥用，同样存在异化的危机，也存在干扰人们精神意识的可能性。

2. 法兰克福学派的科学技术意识形态论

法兰克福学派对于科技与意识形态关系的阐释可谓独树一帜，建立了科学技术意识形态论。法兰克福学派创始人霍克海默认为科学技术通过完备的工具理性，让人们徜徉于巨大的物质财富中，阻碍人们发现社会危机和批判社会危机，从而发挥其意识形态功能。之后，作为法兰克福学派最激进的思想家之一的马尔库塞认为，作为一种新的控制形式的科学技术绝不是价值中立的，它们具有鲜明的政治倾向性和执行意识形态的职能。他提出在新的意义上社会控制的现行形式是技术的形式，并且伴随这种控制的不断加深，人们的思想也被单向化了。法兰克福学派第二代重要代表人物哈贝马斯进一步发展了马尔库塞的思想，提出了"科学技术即意识形态"的理论。首先，他认为国家干预为科学技术"意识形态化"提供可能性。其次，他又深入分析当代资本主义社会中科学技术的作用，提出了"科学技术成为第一生产力"的论断。从其一系列论述中我们可以看出，"科学技术化""科学与技术之间的相互依赖"是科学技术成为第一生产力的重要标志。最后，他论证了科学技术能否成为意识形态，"科学技术借助高速增长的物质财富，满足人们的需要，俗化人们的心灵，使人们在潜移默化中认同统治秩序，接受社会操纵并向社会投入忠诚这样科学技术就为资本主义国家的合法性提供了意识形态论证，达到了为资本主义国家政治统治辩护的目的，因而科学技术成了意识形态。"

　　法兰克福学派对科学技术与意识形态关系的认识不断创新发展，大致经历了从"科学技术承载意识形态"到"科学技术通过控制社会发挥意识形态功能"再到"科学技术即意识形态"的演变过程。总而言之，无论是马克思科技异化思想抑或是法兰克福学派的科学技术意识形态论，置于今天的人工智能时代，依然可以带给我国网络意识形态建设一些理论启示。因为伴随人工智能技术不断发展成熟，其早已不仅仅是做为提高生产力的工具，其与我们的日常生活乃至精神世界深度互嵌成为时代新表征，这就致使人工智能有可能承载并发挥着意识形态功能。

（二）人工智能时代我国网络意识形态建设的现实必然

　　我国网络意识形态建设应用人工智能既是顺应人工智能发展大潮的时代必然，也有其现实原因。一方面，我国网络意识形态建设的创新发展需要借助人工智能；另一方面，人工智能有效助推我国网络意识形态建设水平提升。以上构成了人工智能时代境遇下我国网络意识形态建设的现实逻辑。

　　1. 我国网络意识形态建设的创新发展需要借助人工智能

　　何为网络意识形态呢？目前国内对于其内涵定义莫衷一是。李怀杰等认为："网络意识形态是指国家及各级管理部门基于多元互联网平台进行文化生产、思想教育、价值传播、舆论引导的社会主义意识形态的总称。"华锋、王永贵指出："网络意识形态衍生于现实政治领域的价值观念，借助于网络信息技术平台，与互联网舆情紧密结合。"综上，我国网络意识形态是指存在于网络虚拟空间中，以马克思主义为指导的，对广大网民的理想信念、价值观念以及思维方式具有引导与规范作用的主流意识形态的数字化表征。就其本质而言，我国网络意识形态仍属于社会主义意识形态；从形式上来讲，其是现实世界中主流意识形态在网络虚拟世界的延伸与呈现。换言之，我国网络意识形态就是指存在于网络空间的主流意识形态。

为何我国网络意识形态建设的创新发展需要借助人工智能呢？首先，在过去，囿于技术水平有限、人们的智能素养不足和相关法规不完善等原因，导致人们信息甄别意识欠缺，甚至致使一些有违社会主义核心价值观的思想观念在网络领域横行，我国网络识形态宣教效果大打折扣。其次，网络空间具有虚拟性与便捷性等特征，导致信息快速传播的同时，也成为了意识形态斗争的角斗场。伴随中国日益走近世界舞台的中心，以美国为首的西方资本主义国家对我国意识形态渗透愈演愈烈，并不断变换手法，在网络领域与我们争夺阵地。"自互联网兴起以来，西方国家将其视为瓦解社会主义中国的有效手段，通过在华培植'网络大V''反动公知'，并在网络空间散播各种诋毁、丑化党的领导和社会主义制度的言论，为西方的政治制度、经济模式、价值观念做吹鼓手。"

这些暗隐西方价值观的言论在网络空间大肆传播，极易导致不明真相的网民信以为真，消解其对我国主流意识形态认同、民族认同与国家认同。

2. 人工智能有效助推我国网络意识形态建设水平提升

人工智能技术的赋权有助于提升我国网络意识形态建设水平，主要包括在人工智能加持下，我国网络意识形态传播更加智能化与我国网络意识形态治理更加精准化。

一方面，我国网络意识形态传播更加智能化。"传统的媒体传播模式是根据受众的多样化需求来生产大量的内容，受众只能从信息海洋中找到自己感兴趣的内容。如果产生的信息内容不能在第一时间吸引到受众，那么就会被受众抛弃。"在人工智能主导的传播境遇下，作为其核心要素的算法推荐依靠精准匹配的技术优势，将内容用户进行颗粒度更细分的匹配，可有效提升主流意识形态信息在网络空间的分发效率和传播效果，降低信息噪声，让有价值的内容匹配到更精准的用户。同时，相较于传统媒体线性传播模式，在该技术加持下的内容会根据用户反馈做到及时调整，让信息更"懂你"，网络意识形态传播更加智能化。另一方面，我国网络意识形态治理更加精准化。网络意识形态治理是我国网络意识形态建设的重要方面。作为人工智能底层逻辑，大数据技术一定程度上解决了人或物的行为数据的分析难题，通过对不同数据的抓取和分析，实现对特定对象的准确画像。在我国网络意识形态建设领域，大数据技术的在场，可以基于对网络平台海量数据的多维度、多层次、全天候抓取和汇聚关于意识形态的信息并对其加以数据化呈现，做到直观体现、全面分析、准确把握网民的思想状况，有效提升我国网络意识形态治理精准化。"同时，在以数据为基础的信息全球化背景下，大数据也破除了空间界限。"这有利于拓宽我国网络意识形态传播覆盖面。

（三）人工智能时代加强我国网络意识形态建设的实践路径

面对机遇与挑战并存的人工智能浪潮，要积极采取引导人工智能价值取向、培育人工智能主体素养、完善人工智能法规监管和认清人工智能社会本质等举措，在促进人工智能健康发展的同时助推我国网络意识形态建设取得更大进步。

1. 引导人工智能价值取向，彰显我国网络意识形态建设的本质属性

人工智能作为新一轮科技革命的典型代表，具有溢出带动性很强的"头雁"效应，推动经济、社会和网络意识形态建设向智能化方向转变。与此同时，要正确引导人工智能价值取向，推动人工智能在赋能我国网络意识形态建设领域健康发展。首先，加强党的领导，保证人工智能发展的正确方向。人工智能的快速发展和广泛应用深刻影响并改变着经济机构、社会结构、文化结构等各领域的同时，也带来了前所未有的挑战。人工智能的"双刃剑"属性揭示了一个事实，那就是掌握人工智能发展权关乎生死存亡。我国网络意识形态建设的本质属性是党性与人民性的统一，坚持人工智能始终在党的领导下进行，有助于在人工智能赋能我国网络意识形态建设过程中彰显我国网络意识形态建设的本质属性。

其次，坚持发展人工智能为人民服务的价值取向。"人民的需要和呼唤，是科技进步和创新的时代声音。"人民的需求推动着科技进步，在人工智能赋能网络意识形态建设过程中应更多地关注增进民生福祉、保护人们隐私等方

面,将技术优势转化为价值优势,让人们更多更好地享受人工智能带来的好处。

2. 培育人工智能主体素养,丰富我国网络意识形态建设的人文内涵

在智能化时代,人工智能的工具理性不断扩张,甚至僭越价值理性,成为网络信息社会新表征。当下,应积极培育人工智能主体素养,为我国网络意识形态建设注添人文内涵。

一方面,培养"智""慧"兼备素养。从本质而言,人工智能依然是模仿和提高人某种能力的现实存在。换言之,人工智能有高效能力,但缺乏人类的智慧,即人工智能有"智"无"慧"。这里的"慧"指品德。因此在人工智能时代,既要利用有"智"的人工智能来提高工作效率,也要用自己的"慧"规范指导人工智能应用,"善用"人工智能赋能我国网络意识形态建设。另一方面,锻造人机协同创造素养。伴随人工智能快速发展,智能机器人日益融入我们的生活,推动生活智能化的同时提升了工作效率,人与机器人的关系正在被重构。智能机器人有着我们人类无可比拟的能力,但是在学习能力与创造能力方面其依然存在不足。由此,锻造人机协同创造素养,将智能机器人高效的执行能力与我们人自身的思考与创新能力相结合,"巧用"人工智能赋能我国网络意识形态建设。

3. 完善人工智能法规监管,创设我国网络意识形态建设的法治环境

面对人工智能导致的网络意识形态建设困境,应当从"德治"与"法治"两方面完善人工智能法规监管,创设我国网络意识形态建设的法治环境。就"德治"而言,建立健全相关行业规范,强化行业从业者的道德自律。一方面,政府可以通过制定人工智能从业者道德准则,建立人工智能道德伦理问题委员会,以维护社会公平正义为目标导向,保护公民个人隐私,保障网络社会健康发展。另一方面,人工智能从业者要主动提高自身道德水平,加强自律性,消除偏见与歧视,用一技之长推动网络意识形态建设更好发展。就"法治"而言,加强顶层设计,建立健全法律法规。一方面,国家应加快制定并不断完善人工智能发展规划,抓紧制定网络意识形态治理立法规划,为人工智能赋能网络意识形态建设提供依据,指明方向。另一方面,政府要顺应人工智能发展大势,根据现有《互联网信息服务管理办法》《网络安全法》《互联网信息内容生态治理规定》等相关法规,将我国主流意识形态的内容与研究制定人工智能技术健康发展的指导意见相融合,为主流价值观指导人工智能技术提供依据。同时,

应积极开展人工智能应用法律责任认定、隐私安全保护、技术应用权限等法律问题研究，建立健全追责问责制度，明确人工智能发明者、使用者等相关主体的法律责任，为人工智能嵌入网络意识形态建设提供法律保障。

4. 认清人工智能社会本质，筑牢我国网络意识形态建设的现实基础

实质而言，人工智能技术带给网络意识形态建设的现实挑战是人在现实生活中社会问题的数字化反映。人工智能只有更多关注并着力解决现实中人的问题，才是筑牢我国网络意识形态建设的现实基础的根本之道。

首先，着眼民生实际，维护社会公平正义。在人工智能时代推进网络意识形态建设，既需要借助先进技术实现网络意识形态建设良性发展，也需要做好线下了解民情、化解矛盾的工作。在信息的选择和发布上，应该更多地关注中国的国情，以满足人民日益增长的美好生活需要为立足点，借助大数据与算法推荐技术更多筛选和传播一些反映人民难点问题的信息，在满足网民个性化需求的同时也在网络空间凝聚共识，让大家以主人翁的态度积极投身网络意识形态建设。其次，摒弃技术决定论，始终坚持以人为本。从现实情况看，我们尚处于弱人工智能阶段，技术成熟度还不够。不能把信息把关权全权交由机器来决定，要增加人的参与力度。同时，相关主体要树立技术为民的理念，尊重人的主体地位。

总而言之，人工智能正在成为形塑我国网络意识形态建设的新境遇，成为影响我国网络意识形态治理效能的新因素。通过探析人工智能时代我国网络意识形态建设的理论、现实与实践三重逻辑，正视人工智能视域下我国网络意识形态建设面临的现实挑战，认真探索优化路径，以期为更好推进新时代我国主流意识形态建设提供新视角、新方法、新内容和新的建设思路。

二、人工智能时代网络意识形态安全建设

当前，在"两个大局"交织互动的背景下，随着自然语言处理、机器学习、算法推荐和人机交互等人工智能技术的快速发展与应用，人类正快步迈入计算智能、感知智能和认知智能的"人工智能时代"。人工智能颠覆性重构了网络意识形态的信息生产主体、传播载体和传播效果，并逐渐成为影响各国政治生态和社会稳定发展的重要变量。党的十九届四中全会提出，"更加重视运用人工智能、物联网、大数据等现代信息技术提升治理能力和治理现代化水平。"

在这一维度来看,系统把握人工智能时代网络意识形态安全建设的新机遇与现实图景,实现二者的同频共振,对于打赢网络意识形态阻击战,维护国家安全和实现网络强国的战略目标具有重大的时代价值与现实意蕴。

(一)人工智能时代网络意识形态安全建设的发展契机

马克思曾指出,"工业的历史和工业的已经生成的对象性的存在,是一本打开了的关于人的本质力量的书,是感性地摆在我们面前的人的心理学。"人工智能的发展重塑了网络空间的技术样态、信息数据的传播业态和意识形态的政治生态。这一技术的实质是对人脑组织结构与思维运行机制的模仿,是人类智能的物化。各类人工智能技术依靠大数据、算法和算力等核心要素对海量数据进行"算法化重构",使得基于用户精准"数字画像"的分众化和个性化意识形态传播成为现实,主流意识形态安全建设的精度、温度和效度实现整体跃升。

1. 信息生产精准化:提升网络意识形态安全建设的"精度"

不同于以往无序化和随意性的网络信息生产模式,算法推荐、语音识别和智能翻译等人工智能技术的不断嵌入有效实现了主流意识形态内容的个性化生产和信息的精准分发。通过在互联网场域持续推送各类正能量信息,及时屏蔽和剔除低俗与虚假信息,有效提升了网络意识形态安全建设的精度。一方面,在网络意识形态信息生产过程中,算法推荐技术的智能辅助使得大量"懂你"的主流意识形态信息直抵用户手中,真正实现从大水漫灌向分众精准滴灌的转变。算法推荐助力我们从浩如烟海的网络信息来源中精准捕捉用户的思想轨迹与价值偏好,不断对用户进行"精准画像",打破了过去在互联网中"人找信息"的被动局面。通过更有针对性地推送个性化主流意识形态信息,破除"官方话语"与"民间话语"的圈层壁垒,保障了意识形态安全。以新华社"快笔小新"等为代表的新闻媒体通过文本挖掘和信息聚类等方法实现了智能化信息生产,并借助机器学习技术进行智能写作,独立进行新闻舆论生产,最终实现对主流意识形态内容的"个性化"订制,积极传播主流价值观。另一方面,以计算机视觉技术为代表的人工智能知识应用能够实现"利用机器自动识别人类视觉系统的功能",在互联网中全景采集网络舆情信息、自主洞悉负面舆论热点和全过程监测网络舆情动态,极大地提高了阻击网络谣言传播的效率。计算机视觉识别技术通过深入挖掘非主流意识形态信息的图像特征与行为模式,识别与统计在互联网中广泛点赞和转发的文章与视频,自动捕捉用户的"瞬间情绪",并伙同算法推荐"精准推送""智能侦查""智能追踪"线上线下涌动的各类社会思潮和舆论热点,最终聚类形成数量巨大的舆情信息资源库。这就有效缩短了网络谣言与澄清真相的"时间差",起到了防止非理性情绪扩散和化解网络舆情危机的关键作用。

2. 叙事感性化:提高网络意识形态安全建设的"温度"

人工智能技术构建的智能化场景正逐渐成为广大用户参与、互动与分享的社会交往空间,生活化、场景化与沉浸式体验衍生出网络意识形态话语权的转移。跳脱出传统意识形态在传播过程中呈现的宏观、理性与结构化叙事方式,人工智能在认知领域对传统计算和推理功能的迅速迭代使得具象化、感性化的智能叙事成为可能。这就进一步拉近了互联网主流意识形态与现实生活的距离,帮助其以潜隐化的方式弥散于生活空间,使其更具"温度"。在智能算法、知识图谱和人脸识别等技术的赋能下,小爱同学、Siri 和 AlphaGo 等以智能交互为主要特点的智能化叙事软件迅速席卷网络空间。这些软件往往以"情感"为突破口,以智能识别、智能分析与智能推演为立论基础,以"感性叙事""娱乐叙事""微观叙事"与智能交互体验融合为主要表现形式,最终营造出"重共鸣轻真相""长情绪短记忆"介于真相与谎言之间背离客观公正的"第三种现实"。在这一背景下,重视互联网多元价值主体的个人情感和主观感受正在逐渐成为人工智能场域在叙事中关注的焦点。通过利用深度学习、机器学习等技术收集掌握互联网话语逻辑和语言特点,模仿和拼接各类涉及网络意识形态的内容,成功构建了以此为内核的智能模型。大量互联网用户以个体身份与自媒体视角展开微观化、生活化的感性叙事,他们在微博、微信、抖音和知乎等社交媒体或解读或重新编码互联网主流意识形态,立体化塑造出意识形态的生活化状态,并在这一过程中极易形成价值共鸣,为凝聚主流意识形态的价值共识奠定基础。智能叙事的科学性、逻辑性与感性叙事的生动性、交互性互补并存,跨越了主流意识形态严肃表达和受众现实生活之间的鸿沟,他们共同构成了人工智能时代网络意识形态传播特有的表达方式,使其焕发出新的生机与活力。

3. 呈现场景立体化：提升网络意识形态安全建设的"效度"

"在以大众传播的发展为特点的社会里，意识形态分析应当集中关注大众传播的技术媒体所传输的象征形式。"人工智能技术的深度赋能突破了网络意识形态传播和宣传过程中地域限制与信息不对称的梗阻，能够让用户迅速进入传播主体设置的主流意识形态场景中，这不但有效拓展了网络意识形态的辐射范围，提升其话语引领力，而且无形中提高了网络意识形态安全建设的效度。进入人工智能时代，以 VR/AR/XR、人机交互和语音识别为代表的智能技术与穿戴式设备以其超强社交、深度沉浸与自由创造的功能打破了传统网络意识形态的二维呈现方式，听觉、姿态和触觉等多样态交互的沉浸式感官体验横空出世，内容呈现的"在场感"不断增强。技术模拟可以将实体空间与虚拟空间重新聚合生成虚实并存的智能空间，实现 360 度全场域呈现，帮助用户获得"立体化"体验。近年来，央视、乐视和搜狐等网站多次推出"VR 带你观两会""全景看两会"等板块，沉浸式展示"两会"盛况；2018 年，共青团中央"青年大学习"活动中的 VR 作品《梁家河全景带你走近青年习近平》上线互联网，深受青年学生好评；2020 年全球首位 3D 版 AI 合成主播亮相两会，通过量化生产新闻播报视频，为用户带来全方位和立体化的新闻资讯体验。新兴数字技术既改变了传统的"拟态环境"，也打破了单向输出的意识形态传播方式。在智能交互技术的助力下，互联网主流意识形态能够更加真实有效地攫取场景要素，以更强的"沉浸感"极大满足了大众在虚实空间的情感倾向、价值期待和心理需求，并通过进一步的观点分享与群聚，增加了主流意识形态的扩散度和影响力。广大用户在互联网场域讨论之余能够自发形成情感共鸣，自觉接受网络意识形态的价值引导，从而增强对主流意识形态的心理认同和情感认同，这也是维护网络意识形态安全的重要手段之一。

（二）人工智能时代维护网络意识形态安全的潜在风险

"不确定性总是伴随我们，它决不可能从我们的生活（无论是个人还是作为社会整体）中完全消除。"人工智能时代，敌对势力利用网络空间作为政治工具、信息载体和社会纽带的特点对国家价值观念与人民信仰信念进行无形的"软杀伤"，加之人工智能自身带有的数据算法偏见和迎合用户特点，直接导致网络意识形态领域的风险不断暴露，并严重影响了意识形态引领、整合、凝聚和解释功能的实现。

1. 西方错误社会思潮耦合智能技术进行隐蔽渗透

人工智能时代，以民粹主义、历史虚无主义、享乐主义和恐怖主义等为代表的西方错误社会思潮耦合智能技术深度融入网络空间。它们不仅利用机器学习、数据爬虫、信息深度伪造和海量过滤等技术在线上进行舆论诋毁和社交渗透，还以舆论战和心理战等形式在线下远程操控"新式颜色革命"，打造"反华包围圈"。这些卑劣行径既破坏了网络信息生态环境，又消解了主流意识形态感性认同的基础。西方敌对势力或利用机器学习技术在 Twitter、Facebook 等社交媒体上大肆炒作涉"疫"话题，制造"信息疫情"，他们通过广泛散播并借机制造"中国病毒论""中国赔偿论""侵犯人权论"等负面舆论，污名化国家形象和社会制度，挑动人民的极端化表达；或站在"西方中心论"立场上，利用跨媒体分析推理技术大肆推送以《闪电侠》《行尸走肉》为代表的热播美剧，以价值偏见预设与文化入侵的手段对资本主义制度下腐化奢靡的生活、色情恐怖的场景大写特写，为享乐主义、极端个人主义和拜金主义等错误思潮摇旗呐喊；或利用算法推荐技术在 Instagram、微博和抖音等国内外社交软件进行信息精准推送和价值渗透，灌输带有历史虚无主义的错误观点，严重消解群众的民族认同感和自豪感；或利用自然语言处理和深度伪造技术通过国内外呼应和网上网下煽动等手段远程操纵境内外民族分裂势力，大肆传播恐怖主义，企图达到破坏民族团结、颠覆政权和改旗易帜的卑劣目的。这些错误思潮以主观唯心主义的虚幻特性为基础，熔铸于智能社会勾勒的现实轮廓中。其自身对现实问题的价值指向性、政治发展的内在趋向性和群众心理的外在诱导性直接导致了"意识形态真空""信仰乱象""意识形态淡化"等现象产生，既造成广大群众对中西方政治制度和法治制度的认知偏差，又瓦解公共政治认同，稀释政府权威，严重威胁国家文化安全和政治安全。

2. 新兴智能技术扰乱互联网场域导致"技术利维坦"的风险

马克思指出，"自然科学却通过工业日益在实践上进入人的生活，改造人的生活，并为人的解放作准备，尽管它不得不直接地使非人化充分发展。"技术是科学的应用，技术变革具有两面性，人工智能也不例外。人工智能的两面性导致网络意识形态安全建设存在滑向"技术利维坦"的潜在风险，即人工智能的双向赋权与其异化所带来的技术失控风险。具体表现为：① 算法推荐技术对互联网主流意识形态的疏离与分化。算法推荐基于信息协同过滤系统为用户提供"私人订制化"内容，用户自身的异质思想被消弭，其对真相的探索必然出现"管中窥豹"的结果，"信息茧房"效应不断加剧，主流意识形态被迫陷入"数据孤岛"。② 机器学习技术制约弱势群体意识形态表达，加剧"新型数字鸿沟"风险。信息利益集团通过机器学习、绘制知识图谱等手段控制数据、掌控算法，最终将技术弱势群体排除在政治参与之外。这些"数字精英"严重制约了基层群众的意识形态诉求表达，人工智能技术俨然掌握网络意识形态领域的"话语霸权"。③ 智能识别技术对用户隐私的侵犯严重威胁国家安全。智能设备终端利用机器识别技术在指纹识别、语音识别和人脸识别过程中必然要求用户让渡部分隐私权，用户的私人行为、个人信息和兴趣偏好深陷在"全部暴露-精准监控"的"全景监狱"中。大量用户数据存在着被不法分子无底线地采集、抓取和滥用的风险。"剑桥分析丑闻"正是这一技术威胁国家安全的典型例证。④ 人工智能技术深刻影响议程设置和议题选择，无形中消解了主流意识形态的话语权威性。"聚类算法"对信息的多重过滤与分化打破了主流意识形态的话语威信，主流媒介的议程设置权和议题选择权不断弱化。这些议题经过舆论发酵、话题嫁接和观念引导，极易诱发人民的非理性宣泄，形成舆论的风险态势，为国家政治安全带来极大威胁。

3. 资本与人工智能技术合谋对网络意识形态领域的宰制

人工智能技术最大程度激发了市场经济蕴藏的资本趋利性和资源侵占性。"一旦有适当的利润，资本就胆大起来。"资本的无序扩张使其逐渐成为影响和改变社会秩序的"软性权力"。在商业化逻辑的驱动下，各类自媒体刻意发布耸人听闻的言论来赚取流量和热度。资本与技术的"合谋"为泛娱乐现象带来巨大的流量效益，也为敌对势力占领数字空间提供了土壤。一方面，泛娱乐化现象挟持技术肆意挑战法律权威和道德底线，稀释互联网主流意识形态的凝聚力。资本的增殖特性决定它"永远的不安定和变动"，资本通过挟持人工智能技术迎合用户需求博取"眼球效应"，智能识别与算法推荐技术所具有的智能筛选功能为庸俗、媚俗和低俗的泛娱乐内容滋长加装了"助燃器"，以泛娱乐为中心的"信息茧房"迅速形成。这不但扰乱了人们对主流意识形态的价值认知，并且在泛娱乐现象导致的信息致瘾机制下，部分青年极易陷入世俗化的"精神狂欢"中，"有意义"的主流意识形态内容被"有意思"的戏谑内容取代。

这些"精神鸦片"打造的娱乐虚拟世界牢牢抓住用户的感性心理，最大程度和最长限度获取资本增殖效益，这就进一步加剧了互联网主流意识形态被边缘化的风险。另一方面，资本的天然逐利性和空间扩张性驱使其利用人工智能技术迅速占领"数字空间"操纵网络舆论导向，严重威胁国家安全。从国际社会来看，国际垄断资本集团通过数据掌控和数字痕迹等智能技术明目张胆地窃取抢夺用户数据、打压别国技术发展，进而夺取智能世界势力范围。例如，美国商务部就曾多次借国家安全之名，对华为、腾讯等公司进行打压与限制。就国内情况而言，所谓的"数字精英"利用深度伪造和智能过滤技术扭曲社会热点事件的事实真相，影响政治决策，引导民众政治倾向，对维护国家安全埋下隐患。

4. 网络意识形态供给侧在"拟态环境"中的结构性失衡

中国特色社会主义进入新时代，同时也面临着更为艰巨的发展任务和更为严峻的发展环境。"问题就是时代的口号，是它表现自己精神状态的最实际的呼声。"人工智能时代下，大量碎片化信息涌入社交圈群，多元化的网络意识形态在大众传播形成的信息环境即"拟态环境"中交流、交融、交锋以至交战。一方面，网络意识形态供给内容的碎片化和浅表化削减了主流意识形态的传播效力。"人类思维中的意识形态成分总是与思考者的现存生活状况密切相联的。"大数据和云计算等技术加剧意识形态内容生产的碎片化趋势，碎片化信息大量涌入网络空间，信息流向和信息流量面临失控风险，加之网络热点议题的设置也常围绕日常生活领域的感性认知与感性实践而展开，碎片化与无序化的网络信息直击用户，使其思维停留于表面，用错杂紊乱的感性用语来表达。在形式和内容上更具通俗性和鼓动性的各类非主流意识形态乘虚而入，强烈的感官刺激极易使用户感到"价值契合"和"精神满足"。另一方面，网络意识形态供给主体的非单一性和非协同性导致其对多元价值观念的整合能力较弱，主流意识形态面临"失语"困境。多元价值取向同时并存是人工智能时代社会发展的普遍现象。在互联网意识形态的传播过程中，政府、企事业单位以宏大的叙事方式作为传播的供给主体，但是在传播的手段和方式上趋于单一化。特别是在人人都掌握"麦克风"的自媒体条件下，广大网民这一供给主体也不容小觑。这其中既不乏网络"大 V"的"呼风唤雨"，也不乏"乌合之众的喧嚣"，同时还有"大多数的沉默"。当这一群体在现实中遇到关于收入分配等"社会存在"问题未得到合理解决时，他们极易在网络空间作出价值判断和价值选择性的失误，引发舆论的决堤与溃坝，马克思主义信仰面临着被误解、肢解、曲解和消解的重大危机。

（三）人工智能时代网络意识形态安全建设的调适进路

人工智能作为引领世界新一轮科技革命与产业变革的关键力量，其自身带有的应用风险和衍生风险为网络意识形态安全建设带来严峻挑战，这也成为关涉国家安全屏障的重大战略命题。因此，要在正视人工智能所蕴含主体性力量的基础上，以主流意识形态驾驭人工智能，在核心技术变革、制度体系保障、内容与形式供给等层面构筑起网络意识形态安全的"智能防线"，将"智能变量"转化为"治理增量"，最终释放"最大正能量"。

1. 强化价值引领，增强互联网主流意识形态的"智能融渗"

人工智能时代，互联网传递的信息内容早已超越了单纯的信息本身，其背后蕴藏着深刻的意识形态和价值观念的导向性。互联网中的各类思想观念、价值倾向和利益诉求沿着人工智能的发展界限不断衍生、耦合并渗入社会关系转变为变革现实的力量。在这一形势下，加强互联网主流意识形态的价值引领，突出和巩固马克思主义在网络意识形态领域的指导地位，使其智能融渗进入互联网中就显得尤为关键。一方面，要始终坚持以社会主义核心价值体系引领人工智能时代网络意识形态安全建设，并将其融入网络空间的智能应用场景中。通过综合运用知识计算、跨媒体智能和虚拟现实智能建模等人工智能技术调整、吸纳、转化和融合互联网中具有积极与正面属性的观点表达、社群规则与道德观念，积极宣传社会主义意识形态的"正能量"，营造培育和践行社会主义核心价值观的社会氛围。坚持以马克思主义的立场、观点、方法引领网络舆论，使人工智能成为巩固主流意识形态建设的"最大增量"。另一方面，要警惕西方错误思潮借助人工智能在互联网的"反向"渗透。人工智能的生活化拓展运用为西方错误思潮在全球网络空间迁移、渗透和衍化提供了可乘之机。因此，我们要善用海量过滤和算法推荐等技术剔除和屏蔽带有恶意攻击中国共产党的领导、煽动推翻我国社会主义制度和危害国家安全倾向的西方错误思潮。借助人工智能揭示威胁国家安全的西方错误思潮本质，归纳其典型叙事手法和常见议题，思考错误思潮向日常生活融渗的内在逻辑。"加强对各种社会思潮的辨析和引导，不当旁观者，敢于发声亮剑，善于解疑释惑。"

通过智能化分析甄别虚假意识形态的"虚假外衣",真正揭穿西方敌对势力利用互联网进行"和平演变"的政治图谋,切实提升主流意识形态在互联网的辐射范围和吸引力。

2. 增强技术赋能,推进网络基础设施与核心技术的"智能变革"

"科学技术作为'背景意识形态'构成意识形态整体结构中的隐性层面,以潜移默化的方式发挥作用"。人工智能时代网络意识形态安全建设的重要前提是对智能技术的合理开发和运用。通过加强全球网络空间基础设施安全建设、加快对核心技术的自主研发、强化技术监管来合理规制人工智能的应用边界和场景,能够为网络意识形态安全建设的积极走向提供坚实的技术支撑。首先,要加强全球网络空间基础设施安全建设,打破网络发达国家的数字技术壁垒。人工智能技术的发展助推社会加速向"比特化世界"转化,不同国家和地区的"技术鸿沟"不断扩大。以"数字丝绸之路"为代表的新型全球化数字桥梁为弥合不同国家数字鸿沟、打破数据孤岛与制约西方网络发达国家的"技术霸权"提供了新的可能。通过加强网络空间基础设施安全建设,可以使其自身避免沦为他国谋求利益的战略工具,维护国家网络安全和政治安全。其次,要加快对人工智能核心技术的开发与掌握。"网络安全的本质在对抗。"在攻守双方的较量中,对核心技术的掌握是决定胜负的关键。习近平指出:"努力在人工智能发展方向和理论、方法、工具、系统等方面取得变革性、颠覆性突破,确保我国在人工智能这个重要领域的理论研究走在前面、关键核心技术占领制高点。"

利用云计算、边缘计算等技术与网络监督预警、网络舆情危机处理技术的深度融合与创新,可以精准预判和处理重大网络意识形态风险,维护意识形态安全。最后,要加强对人工智能技术的监管。人工智能驱动下,非主流意识形态的生成、传播与走向更具隐蔽性与欺骗性,通过加强对算法透明化监管、严格限制未经同意的数据采集和建立"实名认证—匿名使用"的网络安全防护等手段可以有效防止用户信息和兴趣偏好被窃取利用,从而真正保障国家安全与网络安全。

3. 加强制度建设,完善网络意识形态安全建设的"智能保障"

"制度影响了策略选择,并因而影响了社会结果"。制度要素深刻影响了各安全主体开展意识形态实践活动的根本规则和行为边界。换言之，唯有从制度之维度为网络意识形态安全建设"保驾护航"，才能从根源上阻断资本逻辑对技术的"绑架"，真正打破"泛娱乐"幻象，实现对网络舆论的引导与纠偏。依托风险预警、舆情应对、法治监管与多主体协同共治四大机制全程追踪网络风险元素，智能管控不良娱乐信息，截断资本与技术的勾连，主流意识形态得以牢牢占领思想舆论阵地。具体而言，首先，利用人工智能技术积极构建网络意识形态风险预警和舆情应对机制，维护国家互联网数据安全，引导民众政治意愿的正确表达。通过将算法和大数据识别技术内嵌至网络意识形态生产、传播、呈现和反馈的各个环节，智能识别、过滤和抽取意识形态风险数据，精准锁定国内外突发舆情事件和网络热点事件的数据流向和发展走势，筑牢网络意识形态风险预测的"数据宝库"。合理分级网络意识形态领域的各类风险，因地制宜制定应对措施，防止网络舆情风险裂变爆发。其次，以智能化网络意识形态法治保障体系合理规制资本，制约资本逻辑对娱乐产品的过度宰制。依托算法推荐、深度学习等技术精准截断社交媒体与泛娱乐现象的网络链接，精确打击与严肃追责社交媒体和娱乐产品中危害国家网络安全和道德底线的违法行为，构建起一整套娱乐生态的智能维护机制。最后，通过智能技术搭建数据共享与应用平台，聚合多方力量形成"党委领导、政府管理、企业履责、社会监督、网民自律"等多主体参与协同共治机制。通过充分发挥各级党委的核心领导力量，协同各部门间的联动，打破网络意识形态治理过程中的部门壁垒，及时阻断资本与技术"同流合污"，形成以资源共享和互通合作方式引导多元主体参与算法共治的良好局面，共同营造风清气正的智能网络生态。

4. 深化意识形态供给侧改革，保证互联网

主流意识形态的"智能供给"人工智能时代下，借助智能技术全面深化意识形态供给侧改革，以供给侧结构优化带动需求端结构调整，能够有效解决互联网主流意识形态面临的内容偏移、话语失声与传播形式失调困境，最大程度激发内容共鸣与情感共鸣，提升主流意识形态的感染力和穿透力。即利用智能识别、知识引擎和算法推荐等技术充分挖掘高融渗性和互动性的"正能量"互联网内容，智能创新网络意识形态传播方式，拉近主流意识形态与用户间的情感距离。

一方面，要在内容供给上"做文章"，即依托人工智能技术全面增加个性化、有深度的网络意识形态优质内容供给。"理论是灰色的，而生活之树是常

青的。"鲜活生动的网络意识形态内容是受众对主流意识形态感性认同的催化剂。主流媒体要广泛借助大数据、算法推荐和机器识别等技术定向抓取、靶向推送用户感兴趣的"个性化"内容，积极转化智能技术在网络交往中获取的网络热词热梗，将其融合到主流思想舆论的内容中去，以更具亲和力的内容阐释主流意识形态的核心诉求，有效增强互联网主流意识形态的传播效力，筑牢主流意识形态的内容根基。

另一方面，要在方式供给上"下功夫"，即要综合运用虚拟现实和知识计算引擎等技术，以"感官沉浸""感性共情"的沉浸体验式传播方式来积极回应受众关切，将差别化、多向度的用户价值诉求有序融入到网络意识形态安全建设过程中，鼓励用户以点赞、评论和转发等方式讨论公共舆论议题，推动互联网主流意识形态传播互动化发展。通过协同整合和多频共振等手段来整合优化各供给主体，深入挖掘网络阵地的意识形态功能，扩大主流意识形态在网络空间的辐射版图和影响力。

在以智能化生产、制作、分发与呈现为主要特征的人工智能时代下，智能技术的迅猛发展和实践场景的丰富拓展使得网络意识形态安全建设在信息技术基础、主客体关系与过程发展方式等层面发生巨大转变，并在信息生产、内容传播与呈现场景等环节实现了精准化、感性化和立体化发展。然而，在前所未有的发展契机下也面临着错误社会思潮渗透蔓延、"技术利维坦"、资本挟持、供给侧结构失衡等风险，这些内生和外生风险极易聚合形成瓦解公众政治认同的风险隐患。因此，在充分考量发展机遇与现实困境的基础上，要坚持党管意识形态，以价值引领为根本，以技术研发为抓手，以制度建设为保障，以供给侧改革为关键，推动人工智能这个"最大变量"向释放"最大正能量"迈进。

第三节　基于人工智能技术的网络安全防护系统

一、人工智能技术在网络安全防护中的应用优势

人工智能技术（AI），对人类的生产生活方式产生了深刻的影响。从本质上讲，人工智能，即计算机模拟人的感知能力、思维过程和智能行为的过程，让计算机拥有自然语言处理、语音识别、计算机视觉等能力，可以像人一样看、

听及理解事物。

围棋世界冠军柯洁、李世石均与智能机器人 AlphaGo 对决,人机对决吸引了众多人的目光和思考,比赛结果均以 AlphaGo 强势获胜告终。由此证明人工智能技术愈加成熟,其发展速度超出人们的预期。事实上,伴随人工智能技术的不断发展,已然与诸多行业、领域产生了碰撞融合。其作为基于网络和大数据的新技术应用,网络和数据的安全,是人工智能稳定发展的重要前提,而把人工智能技术应用到网络安全防护中,更是有待进一步的开发和探究。

(一)网络安全防护中人工智能技术的应用优势

1. 协作能力较强

伴随着互联网规模的不断扩大和愈加复杂的网络架构,网络安全防护工作的难度不断上升,单一管理者很难快速及时地处理大范围的网络风险,要借力系统性的协助处理才能达到最佳效果。同时,网络安全防护中若只采取简单化的防护模式和单一化的处理方式,很难取得理想的整体防护效果。对此,为加强网络安全防护,应尽量采取层次化的防御方式。引入人工智能技术,能使防御模态层次化和模块化,如此,有助于彼此之间展开高效协作,取得更理想的网络安全防护效果。在人工智能技术积极作用下,能形成较为完整的一个多层监测体系,从而实现网络安全的有效保障。

2. 有效处理模糊信息

计算机用户在使用网络时,常常会受到未知风险的影响,或是不同来源的网络病毒攻击,这些既会给用户体验产生负面影响,也可能出现重要数据泄露、丢失等情况。而人工智能技术具有处理模糊信息的功能,将其应用到网络安全防护中,通过对模糊信息的处理,实现信息来源与类型的有效识别,并能对未知来源展开模糊信息推理,从而获得更为精准的信息报告。

3. 学习与推理能力

网络安全问题呈现类型多样化的态势,单纯地依靠人工解决很难甄别,但人工智能技术却能做到各类风险的精确和高效识别。同时,能够围绕相关问题展开高效化的管理,从而实现网络安全防护成效的提升。这是因为人工智能技术的推理与学习能力突出,可对关键性的信息做全面、精准识别,使得相关资源内容得到良好整合,从而保证做出的决策判断具有科学性。

4. 资源消耗更低

不同于传统安全防护技术的高资源、时间投入，人工智能技术耗资、耗时少，且能使网络安全得到更好的保障。传统网络安全防护算法是逐条写出，且得出结论需由工程师计算，匹配成功才能检测出病毒。人工智能技术对算法与模型做了优化，能帮助工程师更高效工作，进而使网络安全得到有效保障。

（二）网络安全防护中应用人工智能技术的必要性

虽然近些年关于网络安全问题，社会上展开了热烈讨论，关于网络安全防护的措施、手段被不断提出，但所面临的形势依旧严峻，主要体现在如下几点。

1. 信息数据泄露问题较为严重

当前，国内应用计算机的群体数量庞大，这也使得信息数据传输量和信息数据整体交换速率均惊人，但信息数据泄露问题也随之而来，且信息数据泄露方式多种多样。为使信息数据的整体安全得到良好保障，使信息数据传输成效得以优化，就需要对信息数据泄露的关键点展开全面、精准地剖析，因此，需要加强对人工智能技术的有效应用。就当前实际情况而言，人为因素是导致信息数据泄露的重要因素，部分不法分子会通过种种技术攻入私密网络，以实现非法数据的获取，尤其是部分涉及企业核心资料或国家机密的信息数据。在一定程度上，人工智能技术能够做到预设诊断挽救，若出现信息被破坏或泄露的情况，会做出快速的防御行动，以免损失严重。

2. 网络安全问题对经济的威胁大

诚然，随着互联网技术的突破、创新，当前人们的生活、工作及学习得到了较大程度的便利，而且也使信息传输的整体效率得到了很大程度优化。但需要认清的是由网络安全问题所引发的一系列后果，常常使人难以承受。就拿经济损失而言，除了直接造成的经济损失，还会产生难以估量的后续影响。目前每 20 秒便会出现一起网络安全事件，而很多时候这些事件的目的便是获利。例如，2017 年 5 月 12 日 WannaCry 病毒暴发后，使上百个国家与地区电脑系统被攻击，感染病毒的用户需要在一周内支付 300 美元或同等价值的比特币，否则将破坏用户的电脑数据，同时这些数据无法恢复；而通过人工智能技术，既能实现网络安全管理工作的高效化，又能实现网络安全风险的良好防范，直接降低由网络安全造成的经济损失。

3. 网络安全技术人员质量参差不齐

在以往网络安全防护中，要确保网络安全管理工作的成效，需要高素质的网络安全技术人员参与。唯有在素质过硬的网络安全技术团队发力下，才可保证安全管理实效理想。但事实上，安全技术人员的素质、能力不相同。在网络安全防护工作中，受限于其自身多方面因素，难以对网络风险和漏洞做全面精准识别，进而也就很难保证网络的运行足够安全。对此，为了保证人工管理实效，良好规避人为作业的不足，应借力人工智能技术的自动化功能。

二、人工智能技术在网络安全防护中的应用

（一）当前网络安全主要存在的问题

1. 非法入侵数据信息

非法攻击者的目标信息，一般指利用计算机存储器或控制系统自身可能存在的缺陷，对互联网实施攻击。如在相关数据库和控制系统中，事先种植病毒和网络后门，在与我国安全利益发生冲突后，事先种植的病毒和后门便被顺利激发，并积极进入我国灵敏的网络系统，篡改网络数据，扰乱系统操作，从而在信息传播过程中进一步地截获和读取我国涉密情报。

2. 计算机病毒

计算机病毒主要是由一些精通互联网技术人员和电脑编程人员，开发的带有破坏性、传染毒病程序，对网络或电脑实施入侵。计算机病毒能使网络的电脑崩溃、丢失数据或文档，给网络使用者造成很大的损失。比如，最近发生的勒索病毒正是使用多种加密算法对文档实施密码，被感染者通常无从破译，需获得破译的私钥才有机会破解。

3. 拒绝服务攻击

分布式拒绝服务攻击也称为洪水式入侵，是个很常用的入侵手段，其目的就是让目标计算机系统的网络或操作系统资源完全枯竭，使业务暂时性间断甚至停机，致使真正的应用系统无法访问。分布式拒绝服务入侵的方法也多种多样，一般包含大规模的耗费网络宽带、空间、CPC 时间等各种资源、损坏或修改配置信息、使用物理损坏或修改网络配件、使用服务程式中的处理错误，使业务失效等方法。

4. 对计算机使用过程中个人信息缺乏保护意识

许多用户在使用电脑时对网络安全并不关注，往往从自身的便利需要出发而出现很多忽略维护信息的行为，更不会设想在个人信息泄漏后所带来的结果。许多不法分子，往往也抓住这一点来窃取用户信息，从而进行欺诈。当用户对自身的私密信息保护不到位时，犯罪分子才有机可乘。这体现在目前社会很多网友对电脑安全不能引起充分注意，有些重要信息很易泄漏，同时也给他们造成了不少困扰。目前许多公司都拥有公司独立的网络系统，以至在网络系统中都记录着企业的财务流水以及某些关键信息。在公司安装网络系统过程中，如技术措施没有搞好，又或因工作人员的过失而未能受到充分注意，当公司计算机网络遭受入侵时，就会对公司产生重大危害；另外，如公司技术人员未能及时对内部网络端口加以防护，则许多不法分子也会利用这一漏洞入侵公司内部的网络系统，从而窃取公司内部秘密资源。

（二）人工智能技术在网络安全防护中的应用

1. 人工智能杀毒引擎技术

人工智能杀毒软件引擎就从大量病毒数据资料中总结出的智慧计算，具有自主掌握和发掘病毒规律的技术能力，无需不断更新特征库，就能 90%有余的加壳和变体病毒免疫，不但查杀力量遥遥领先，而且从根源上攻克我国传统杀毒软件引擎不更新病毒库就杀不了新病毒的科技难关，从而具备避免病毒发生率高、查杀效果快的优势。

2. EDR 和 NDR 协同联动技术

EDR（端点检测与回应）方案主要是用适应对更有效的端点防护和监测潜在问题的需要。EDR 软件一般会记录一些端点和网络安全问题，把相关资料存储在端点自身和中央数据库中，并利用已有的攻击指导器、行为分析和机器学习方法的资料库进行检索，进一步发掘网络系统中早期问题和内在风险，并迅速作出反应；NDR（网络安全监测与回应）方法则主要是用来开发新型的智能网络安全防火墙，该网络安全防火墙不但能实现包过滤，还能监测客户网络来访目的，并利用云端服务器资料的驱动与云地资料的联系，协助互联网使用者精确地命中外部危险，从而使危险迅速瓦解。由于将 EDR 与 NDR 协同连接，可对云端环境服务一键求助，因此可全程自主发现和处理环境安全问题。

3. 用户和实体行为分析技术

用户与实物的行为数据分析利用机器学习技术来发现高级威胁，并进行智能化模拟，对使用者与实物进行关联数据分析，以及时发现异常的使用行为和应用异常情况，使危险的监测工作变得更加精准、高效。而使用者和实物行为分析科技则可监测到这些行为，并将它们确定为必须进行研究的复杂性行动。同样，使用者和实物行为分析科技对于持续渗透尝试、好奇风险等特殊行动，也具有很强的辨识与阻止功能。

4. 深度学习神经网络技术

学习神经网络是新一代人工智能技术发展中的一个关键支序，它基于海量的训练样本，并具备搜索非法代码中可疑属性的力量，使互联网应用免遭非法入侵。使用学习神经网络侦测新型恶意软件时，模型能迅速辨识攻击行为，并精确鉴别良性和恶意软件，有效保护存放在网络系统中的个人信息资料安全。而学习人工神经系统在个人网络安全中的广泛使用，可较为提高管理员在应对新网络攻击后的处理速度。

5. 人工智能防火墙

智能防火墙技术作为现代化的网络安全防护技术，在具体利用过程中有极其丰富的类型。但在实际中，具有明显保护效果的防火墙技术却极其局限。人工智能防火墙技术以及传统的防火墙技术两方面体现出差异性的特点，主要是能通过记忆以及决策等智能化的方式对各项数据信息进行全面性的分析及控制，以便于促进网络数据安全性效果的提高，有效地防止网络系统受到相关病毒信息的侵入而影响网络系统的安全性。另外，预判性和智慧型都是人工智能技术的重要特征。以神经网络和大数据挖掘等辅助信息技术为核心内容所组成的新一代人工智能技术系统，已越来越被国家安全防范研发等领域关注，而相应的研发产品也在不断出台，其中尤以新一代人工智能防火墙系统为杰出代表。

人工智能防火墙技术是近年安全防御领域盛行的新兴技术，其以神经网络、专家制度和大数据挖掘等人工智能技术为内核架构，可高效地预测恶意网络攻击，同时利用神经网络和专家制度科技剖析互联网上恶意攻击者的家族特性，并通过大数据挖掘方式计算常见的互联网上恶意攻击者种类，预知其进化倾向，从而达到防火墙的提前防范功效。目前，市场上已有部分的安全科技公司研发下一代人工智能防火墙产品。比如，在 2016 年 10 月，美国知名的安全科技公司 Spark Cognition 开发了采用 AI 为控制核心的 Deep Armor 防火墙管理系统，可预知互联网黑客攻击的时机和走向，从而智能化维护互联网免遭非法入侵。2018 年 3 月，思科公司开发 Firepower NGFW 型下一代智能应用网络安全防火墙，内含恶意入侵的大数据采样管理系统，可很有效地预防和统计网络攻击。

6. 入侵检测技术的应用

基于人工智能技术所发展而来的入侵检测技术本身体现出良好的应用效果，很多网络用户在应用的计算机系统中已安装入侵检测技术软件，使传统人工智能技术的应用范围得到相应的拓展和丰富。将其用于网络安全防护方面，已体现出更加良好的优势，能对网络信息进行更加准确地监测，使网络中的信息类型能快速获取，有效地降低在网络信息系统发展过程中存在的中毒概率，通过多个环节的互相配合工作，使网络安全防护的水平得到进一步的提高。

7. 对垃圾邮件的监测以及阻断

由于现代科技的稳步发展，有关网络软件的信息日益丰富、数量也日益增多，当网络用户在使用一些较现代化的网络软件或网络时就产生一部分垃圾文件，从而对其应用的效果产生负面影响，若不能及时对这些内容做好相应的安全保护，则必然会引起垃圾文件对网络系统的攻击，产生一些不必要的安全风险。一些黑客对计算机实施入侵后，会通过电子邮件的方式来向使用者发出一些垃圾广告，使用户无意中遭受网络系统病毒。因此，必须通过人工智能技术对网络安全做出相应的保护，并利用智能软件对垃圾邮件数量做出准确的评估和大数据分析，并做出相应的监测，及时阻断垃圾文件的传输，从而能为用户提供更加良好的智能化安全防护效果。

8. 人工智能安全动态感知

网络安全动态感知也是安全与防御领域研究的主要方面，在这里融入人工智能科技的元素。其功能表现为：运用人工智能分析与数据挖掘等方式，完成对网络安全隐患的数据挖掘、智能分类和可视化管理，而这种处理过程也是动态呈现的，不仅可更有效地预见网络安全的变化，也提供实践预警与防护保障，还可动态地形成设计人机交互方式的用户界面，既便于技术人员对安全数据实现可视化管理，也增强对安全防范管理的体验。

（三）人工智能技术在国家安全防御领域的发展趋势

1. 聚焦投入式发展

随着市场上对人工智能技术关注热度的提升，越来越多的网络安全机构和企业将资本研发投入的重心放在人工智能领域。例如，2017 年 2 月，全球安全产业年度盛会 RSA2017 年大会上，人工智能网络安全技术被列入大会重点探讨项目，受到来自全球各国网络安全机构和企业的关注。2017 年 5 月，微软公司耗资 1 亿美元收购以色列人工智能网络安全产品研发企业 Hexadite，便是看中了该企业在人工智能网络产品研发上的优势和已取得的成就。

2. 创新型成长

如何在目前已实现的人工智能技术基础上，进一步发掘人工智能技术可以给予安全保护的潜在价值，是将二者融合以实现创新的切入点。目前有两个高新技术正在引起热点研究，一是单克隆选择的模糊聚类算法测试高新技术；二是人工神经网络以及模糊辨识测试高新技术，由于以上两个高新技术都采用以人工智能技术的核心，且具备较高的创新价值，很可能成为人工智能安全防御产品的首选。总而言之，人工智能技术在网络安全防护中的应用体现出重要性的价值，能够促进传统网络体系的完善以及发展，在这个过程中需要进一步探讨人工智能技术的科学应用方式，使网络安全管理的效果更加明显。

三、基于人工智能技术的网络安全防护系统设计

如今社会已经进入网络信息数据时代，网络凭借其高速性、共享性、便捷性、智能性等特征，让人们的生活、学习以及工作更加便捷与高效。伴随着互联网络信息共享程度的提升，给人们的生活、工作也带来了较大的安全隐患。在计算机的使用过程中，会面临一些网络信息数据丢失、破坏，计算机死机、关机，病毒恶意篡改信息等网络信息的安全事故，对于一些较为机密的信息，甚至会遭到泄露。这就需要提升所有单位及个体对网络安全的重视程度，保护自己信息不遭到攻击、破坏，甚至泄露。到目前为止，对网络信息安全的防护技术远远达不到足够高的安全标准，对形式多样的网络安全攻击、入侵问题做不到全面的防护，还没能适应网络信息数据时代的要求。基于以上背景，通过研究一种以人工智能技术为基础的网络安全防护系统，希望可以为网络安全提

供一种技术参考，保证网络信息共享的安全性与可靠性，推动我国信息技术安全的长久稳定发展。

（一）网络安全防护系统硬件设计

在网络安全防护系统的设计中，以 Windows 平台为基础，搭建系统平台。网络安全防护系统的硬件设计及其运行环境情况如表 2-1 所示。

表 2-1　系统硬件设计及其运行环境

设计项目	硬件设备版本/型号	配置
交换机	Windows XP/2003.07	CPU：1 GB；硬盘空间内存 50 GB；开设 Capwap 数据处理模块
用户控制台	Windows 2003 Server	CPU：1 GB，硬盘空间内存 50 GB；64 位操作系统；连接 PTK-5500 控制器
高性能传感器	Amphenol	微处理机驱动
网络适配器（NIC）	Intel 82546	1 000 M；网卡驱动程序
带宽	思科 10 Mbp	处理设备；传输设备
处理器	CY8C24533	程序内存 8 KB；包含数字模块、模拟模块
数据存储器	SRAM, Red is	256 B
数据库服务器	MySQL Server 8.0.12	开设 Docker 服务

基于以上硬件构成防护系统的基础硬件平台，应用 jupyter 开发工具，系统后端采用 python 为开发语言，实现系统内部基础的交互逻辑，以及相关算法。从网络安全的防护系统总体设计出发，在系统网络的中间层，组建网络的硬件设施结构。在整个系统的运行中，采用 MySQL 数据库，对防护系统相关数据信息进行存储。在系统的服务器中，添加串行编程功能，在系统的存储器中，添加多重的保密程序，为网络安全防护提供保密基础。

（二）网络安全防护系统软件设计

1. 设计系统的功能层次

基于上文安全防护系统的硬件设计，进行相应的功能设计，在网络信息的安全防护中，要求系统可以智能处理分析遭到的网络攻击，进行预警报警措施，起到安全防御的目的。为提高系统的稳定性与有效性，需要设计智能追踪病毒，以及恶意攻击等行为，实时地保护网络的安全。系统采用 Web 模式，实现用户端与系统之间的交互。在系统的前端模块，搭建 Vue 以及 Echarts 组件。现通过系统网络的中间层与网络的应用层，分别进行相应层次的功能设计。网络的中间层是网络信息数据的输入与输出的过程，在此过程中，需要将信息数据进行合理的分配与管理。在分配网络信息数据时，需要保证传递的对应性与有效性，是网络信息数据安全的基础环节，可以为安全防护系统的实现提供基础的防护节点。在该网络层次，需要设计相应的功能，确保有网络攻击、网络入侵行为时，能够智能、有效地将有害信息拦截，做出相应的调整，对入侵行为做出有效的处理。网络的应用层主要是为使用用户提供相应服务的层次，可以实现用户注册、用户登录以及用户对网络信息进行访问的功能，是设计防护系统最核心的网络层次，这是基于应用层是与使用者直接联系的部分。因此，为了网络用户的正常使用，保护使用者网络信息数据的安全，需要对该网络层次进行防护设计，使网络可以实时地、智能地对网络入侵、攻击进行处理，提高网络系统的安全性与稳定性。

根据上文对网络相关层次的分析，采用人工智能技术，进行网络安全防护系统的功能设计，设计的主要功能节点如图 2-1 所示。

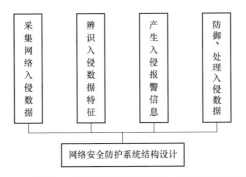

图 2-1 基于人工智能技术的网络安全防护功能设计

基于图 2-1 所示的整体防护步骤，进行防护功能系统的设计。

2. 提取与处理网络入侵特征

在网络系统运行过程中，基于人工智能技术，采集网络信息数据，从大量的信息中，识别并提取网络、攻击及入侵，识别后发起安全报警，为网络防护系统的防御提供数据、预警基础，使系统能够实时、有效地防御入侵，以及进行后续的修复处理，保证网络系统的安全。提取、处理网络攻击的特征，并实时发出警报，对应高性能传感器的硬件设施，可以有效提高处理攻击、入侵特征的准确率。基于上述功能信息，设计网络入侵数据的提取、处理方法。采用神经网络 BP 算法，对网络信息数据进行采集，进行高效训练，从而检测到异常信息数据，提取出入侵信息特征。对于神经网络算法中的一个神经元，将其在网络中输入的信息设为：$net = \{a_1 \eta_1 + a_2 \eta_2 + \cdots + a_n \eta_i\}$，该集合中 x_1，x_2，$\cdots$，x_i，表示相应神经元接收到的输入信息，η_1，η_2，$\cdots$，η_i 表示输入信息所对应的联结值，可以得到神经元的输出结果，表示为 $\alpha = \gamma(net)$。为了对提取到的网络数据信息进行训练，并提取异常数据，需要循环训练，基于误差向量，进行初始数据的调整。设输入样本节点的集合表示为 $\phi = \{(m_1, n_1), (m_2, n_2), \cdots, (m_i, n_i)\}$，根据神经网络 BP 算法，对 (m_1, n_1) 数据节点进行计算，计算出实际结果 C_1，以及对应误差向量 D_1，对数据信息 x_1，x_2，$\cdots$，x_i，进行调整加权。基于此，再对 (m_2, n_2) 数据节点进行计算，计算得出实际结果 C_2，以及对应误差向量 D_2，对数据信息进行再一次的调整加权……重复计算，设为网络神经 BP 算法的精度控制向量。直至 $\Sigma D_k <$ 时，提取到网络入侵特征的信息。根据以上算法，基于线性阈值神经单元，对特征信息进行辨识，根据误差向量对信息进行调整加权，提取到特征信息，并开启网络入侵警报，为网络防护系统提供数据支撑。

3. 安全防护功能

基于上文对异常信息的提取与预警，建立网络信息安全的防御功能模块。采用人工智能技术，建立一种动态机制的入侵信息防御机制。该部分需要建立在 Component 基础上，将模块的不同组件进行整合连接，将不同模块共同接入同一个处理器，将各部分独立的程序、特定的功能相结合，实现信息的实时交流。防护功能模块的组成主要是对报警数据分析并进行相应的处理措施，使网络处在一个安全的运行环境中。设网络防御的过程为一个三元组，防御机制的主要算法为

$$\theta = \frac{E \mid s \mid p}{\beta} \tag{2-1}$$

式中：$E \mid s \mid$ 表示入侵侧与防御侧的共同参与数据；表示参与数据的对应防护计算式；p 表示入侵侧与防御侧的效用计算式。将入侵数据进行自动追踪与拦截，

考虑入侵数据携带的噪声污染，引入泛化误差算法，对置信度的误差进行泛化误差估计，计算方式为

$$u = \frac{1}{n} \sum_{(a,b)} s\left(\mathrm{con}(a)\right) \tag{2-2}$$

式中：n 表示数据集 X 内包含的数据个数；u 表示泛化误差。根据以上误差估计，若误差值大于 1，则需重新进行置信度计算；若小于 1，则表示其误差不足以影响最终计算结果，可忽略不计，进行下一步骤。从数据库中匹配合适的防御机制，由中央处理器的控制单元下发控制指令，控制对应的防御机制运行，并将本次的数据结果和信息存储在存储器中，完成数据处理，可以实现系统实时、智能地对网络入侵进行处理，提高网络安全的防护效果，为网络提供一个安全的运行环境。

第四节　人工智能时代的网络安全治理机制变革

一、人工智能时代网络安全治理机制变革背景

作为依托于网络架构的数字智能技术，随着人工智能在各行各业的渗透和应用，网络空间安全治理迎来了无限机遇，同时也面临诸多风险挑战。近年来，各国政府纷纷对人工智能进行战略布局和政策部署，积极推动人工智能在治理领域的普及应用。美国、英国等国家加大人工智能战略布局力度，成立专门机构统筹推进人工智能战略实施，并通过与私营机构和科研单位联合，加速实现人工智能与国家治理资源的有效整合，为国家安全和发展增效赋能。人工智能本身为网络数字技术，其依托于网络空间，同时又服务于网络空间的建设。网络安全治理研究的内容既包含网络自身的生态系统安全，也包含网络技术对现实社会中的公共安全生态系统的治理作用，侧重人工智能对网络安全治理赋能的机制研究。随着人工智能、物联网和大数据等新兴网络技术在国家安全和社会治理中的快速普及，公共安全威胁来源正日益从传统的社会安全向网络空间转移，公共安全与网络安全的联系更加紧密。人工智能技术的应用普及给国家网络安全治理带了前所未有的机遇，同时也需警惕人工智能技术滥用和非法使用对国家安全和社会安全的危害。

以往关于人工智能与国家治理的关系研究主要涉及人工智能本身的网络技术安全和人工智能在公共安全领域的政策解读等,很少有研究从治理机制视角探讨人工智能对网络安全的影响。徐辉认为,人工智能通过提升网格化管理水平实现了社会治理的"协同共治"和"人机共治"。彭祯方等认为,人工智能通过全面的数据采集和算法模型能够对政府公共网站的用户行为、访问记录以及时空信息等数据进行全方位分析,并能够动态检测用户操作状态,实现对恶意行为的精准定位和实时预警。人工智能还可以实现对计算机网络的智能化管理,使政府数据存储更加安全可靠,进而为部门间的信息交换创造良好的网络环境。Singh 认为,人工智能和区块链技术的融合正在彻底改变智慧城市网络架构,以构建可持续的城市公共安全生态系统。

人工智能如何影响网络安全治理、如何变革网络安全治理机制和治理效能,是目前亟待研究的现实问题。随着公共安全问题的网络属性不断增强,人工智能与网络安全治理问题的结合,将成为未来网络安全治理研究的重点和难点。目前,人工智能在网络安全领域的应用还处在测试和迭代的螺旋式发展阶段。研究人工智能对网络安全治理的作用机制以及对治理带来的公共风险进行辨识,对于今后利用人工智能技术保障公共安全和社会稳定、推动国家治理体系和治理能力现代化,具有重要的理论意义和现实研究价值。

二、人工智能推动网络安全治理机制的变革研究

人工智能是未来网络安全治理的重要工具。人工智能在不断变化的威胁环境中的作用,对未来安全治理至关重要,这反映了人工智能在信息时代通过智能学习所产生的更广泛的影响。网络安全的治理机制主要涉及事前威胁认知、事中安全防御、事后信息控制等。人工智能通过对网络安全认知机制、防御机制和控制机制等的变革和完善,能够有效提升政府的网络安全治理能力。

(一)人工智能在网络安全治理中的风险识别

人工智能是一把"双刃剑"。对于网络安全治理,人工智能可以为政府筑起网络安全治理的有效屏障,抵御各类网络风险,提升国家治理能力。同时,由于人工智能主体多元、技术复杂、相关制度法规滞后以及政府对人工智能安全风险管控能力不足等,人工智能过度使用和违规使用问题突出。

1. 人工智能主体多元化弱化政府网络安全管控能力

人工智能将推动国家产生更加包容和多层次的治理需求，增加世界的复合化，包括权力的去中心化和行为主体的多元化。人工智能时代，数据即代表着竞争力，算法即是权力。掌握数据和算法的主体既有国家行为体，也有个人、企业团体、社会组织等非国家行为体。人工智能在技术层面的风险主要是"技术依赖"风险。

在国际层面，由于人工智能技术最初是基于商业用途研发的，因此，其核心技术也主要掌握在国际商业巨头手中。目前，全球最核心的人工智能技术成果主要来自谷歌、微软、IBM、亚马逊等互联网巨头，这些互联网巨头通过不断兼并其他企业壮大规模。目前，由于人工智能的国家安全应用层次不断扩展，政府在一定程度上也需要与互联网巨头进行合作。此外，许多商用人工智能程序必须经过重大修改后才能为政府服务，但一些人工智能企业出于商业机密或其他原因，不愿意与政府合作。未来，跨国公司将利用资本优势和技术优势，掌握更多关于人工智能的前沿技术和标准规则。这意味着互联网巨头在人工智能领域拥有举足轻重的话语权力和技术权威，这有可能会侵蚀国家的传统管理优势。算法、智能芯片和数据资源等，是人工智能运转的重要基础。目前，芯片的核心技术主要掌握在国外企业手中，网络数据的获取则更加依赖互联网巨头掌握的用户数据、企业数据以及公共机构的数据等。算法则更是集中在人工智能巨头手中。人工智能技术一旦被私营集团和不法分子利用进行网络恐怖主义等极端活动，将会给国家和社会造成不可估量的损失。

在国内层面，政府并不是人工智能与网络安全技术和规则的唯一控制主体。国家行为体主要进行的是顶层设计和法治监管，人工智能技术和标准的制定权主要掌握在互联网企业、行业协会和私营团体手中。这意味着对人工智能应用于网络安全的全方位管控需要多元化主体协同参与。目前，由于协同机制和法规等不够完善，多元化主体的存在反而弱化了政府的网络安全管控能力。人工智能目前广泛用于网络安全防御和犯罪侦查等领域，但是不法分子同样可以利用人工智能的机器学习优势改进攻击方法和策略。人工智能能够每秒做出成千上万个复杂的决策，如果被不法分子利用，也有可能成为公共安全和社会稳定的祸患。未来，人工智能在网络安全治理领域的运用，需要建立公共机构和私营部门之间的资源统筹、部门协作、信息共享等合作机制，同时应不断加强行业自律，引导企业制定人工智能伦理规则和内部审查机制，实现自我监管和外部规制力量的有效整合。

2. 人工智能技术鸿沟使意识形态安全面临严峻挑战

人工智能对国家政治安全的影响主要有两点：一是政府在决策系统中的智能算法和数据分析技术水平，将影响政府的整体决策质量；二是个别技术强国可能通过算法和大数据有针对性地对他国进行舆论和政治事务的干扰，影响他国政治稳定。人工智能既可以用来识别和筛选虚假信息，也可以成为意识形态渗透的工具。在新闻和知识生产、传播的过程中，人工智能算法和学习能力的差异将造成国家间意识形态互动的结构失衡。在人工智能时代，虚假信息传播将更远、更快、更深、更广，特别是在政治新闻领域，将加剧全球信息安全风险。

在政治领域，人工智能可能成为加强意识形态渗透的工具。传统媒介时代，记者和传媒机构是信息发布的"把关人"，民众所认知的信息环境是一种被信息媒体处理和筛选后的"拟态环境"。智能算法引入传媒领域后，信息传播模式发生了巨大变化，信息可以通过算法推荐被智能分析和精准传播，"信息投喂"更加符合用户的思想和行为偏好。控制全球网络传媒和社交传媒的个别国家，则可能利用算法技术实现对受众群体的思想引导和干预，甚至会带来不同群体的认知偏执和思想极化，以致动摇主流意识形态的认同建构。未来，人工智能或可导致国家间产生诸如"算法战"和"意识战"等新型大国政府战略对抗模式。人工智能可以通过算法将含有欺骗性和隐蔽性的内容"子弹"通过个性化的"靶向"推送，对受众人群进行密集型的信息"轰炸"，从而成为影响他国国内舆论、甚至是分裂社会的"超级武器"。因此，必须警惕他国利用人工智能对我国社会舆论和政治事务的干扰和破坏行为。

3. 人工智能的过度使用加剧个人隐私安全风险

人工智能应用的初衷是服务人类社会，服务国家治理和国家安全。但如今，人工智能的滥用和违规使用问题频繁发生，增加了网络安全风险。在数字信息时代，用户的信息类别可以分为两种：一种是身份信息，例如登录密码、指纹、虹膜和用户名等信息；另一种是内容信息，如引擎搜索、网购、娱乐消费等信息。人工智能通过信息识别和超级算法不断地获取用户的个人资料和行为偏好，通过算法分析有可能会勾勒出用户的思想和行为动向，构成对用户隐私甚至是人身安全的侵犯。目前，视频监控系统普遍嵌入了人工智能技术，通过智能分析比对监控视频、音频和图片等，公安机关能够快速识别和发现违法犯罪行为，高效维护社会治安。但是，人工智能监控设备的成本越来越低，如果被不法分子违规使用，则有可能会盗用公民的隐私数据以牟取暴利，危害公民隐私安全和人身安全。同时，一些大型企业和机构利用人工智能算法，通过捆绑服务和针对性的定位营销等手段，对用户信息进行恶意识别和身份定位，损害用户隐私权益。

2021 年 7 月，因"滴滴出行"App 存在违法违规收集个人信息的行为，中国网信办要求全网应用商店下架"滴滴出行"App，并要求其全面整改，彻底完善用户信息的安全合规使用规则。隐私权是公民享有的合法信息权利，未经本人允许，任何机构和个人不得违规使用、披露和公开他人的隐私信息。滴滴公司利用人工智能和大数据分析技术，通过用户出行数据，能够轻而易举地掌握用户的行为动向。机构或企业如果不能妥善保管和合理使用用户信息，用户隐私权益将会受到侵害。

人工智能的发展不仅是国家经济转型和产业发展的重要推手，更是维护国家安全和提升社会治理能力的重要抓手。人工智能本质上是依托于网络架构的数字技术，国家在人工智能领域的战略布局说明人工智能对公共安全的重要战略意义。面对人工智能带来的机遇与挑战，完善人工智能战略布局是管控人工智能风险，更好地利用其服务国家安全治理与发展建设的关键一步。近年来，我国在人工智能领域积极进行战略布局。但与美国等西方发达国家相比，我国人工智能战略布局仍较为松散，可操作性和协同性较弱。同时，人工智能产学研方面的协同整合能力还不足。未来，我国人工智能战略布局需要解决人才、资金、体制和产业链之间的协调配合问题，以形成发展合力。在公共安全领域，要加快人工智能与国家安全、城市安全、社会安全等治理要素的有机整合，扩展人工智能战略布局。在体制机制、机构设置、产学研合作、人才培养等领域加快综合布局，进一步扩展人工智能在公共安全治理中的应用。针对人工智能滥用的问题，需要完善相关法律法规、健全体制机制，同时加强人工智能使用效果和结果的评估体系建设，消除人工智能安全隐患，推动人工智能在公共安全治理领域的可持续发展。

（二）人工智能推动网络安全威胁的自主认知机制变革

1. 自主感知机制变革

认知机制变革的前提是感知机制的变化，只有感知能力提升，才有可能提升对网络安全威胁的认知水平。人工智能在网络安全领域的首要作用就是自主感知。数字化时代，仅仅依靠传统的人工情报很难快速实现对外来威胁的感知。在 2018 年世界人工智能大会人工智能安全高端对话分论坛中，腾讯公司发布的《人工智能赋能网络空间安全：模式与实践》报告指出，网络安全威胁已经全面泛化和渗透，如何利用好人工智能技术防范各种未知网络威胁，是各国政府提升网络安全治理能力的关键。Gartner 公司将网络安全治理过程分为感知、防御、检测、响应四个维度，其中感知维度被放在了安全治理的首要位置。传统意义上，政府对网络安全威胁的判断往往是从感知安全威胁的动向开始，主要是基于经验知识的分析，并针对威胁形态做出一系列决策。人工智能时代，威胁感知能力通过机器自动化和机器学习技术得到了成倍提高。通过人工智能技术，人类对威胁识别的自动化作为交互式人机分析工作流程的一部分，能够对批量收集的数据进行快速过滤、标记和分类，显著减少了人工操作员处理大量数据所需的时间，大大提升了政府对网络安全威胁的推理能力和预测水平，提升了感知的自主化水平，从而显著提升了对外来威胁的防御水平。

2. 自主认知机制变革

对风险和威胁的认知是网络安全治理的关键问题，是感知之后的重要阶段。人工智能是提升网络安全威胁认知水平的重要手段，能对感知信息进行自主分析，是对网络安全威胁感知能力的进一步提升。只有实现从感知能力到认知水平的提升，才能更好地应对网络安全威胁。人工智能自主认知外来风险的机制是以海量数据输入和算法为支撑，自主感知外在环境，然后通过环境数据的聚类和算法分析，做出最优的认知决策。只有快速认知和识别威胁类型和具体位置，才能为后续快速执行和辅助决策、为系统实现网络安全防御，打下坚实基础。2020 年英国防务智库发布的《人工智能与国家安全》报告中提到，基于人工智能的防御软件可以主动地对网络中最易受攻击的目标进行优先级排序，反复适应目标环境，并通过一系列自主决策进行自我传播，从而有效消除潜在公共威胁。例如，在公共卫生安全领域，利用人工智能建立的"新冠病毒疫情预测模型"能够精准地分析和预测地区疫情变化，为政府和医生提供科学的防疫治理方案。对威胁信号的自主认知和学习应对，是人工智能提高网络安全防御能力的先决要素，对于未来的网络安全治理具有极其重要的意义。

（三）人工智能推动网络安全威胁防御机制的变革

1. 自主防御机制变革

人工智能拥有自我进化和学习机制，通过对数据的深度学习，不断进行自我完善，不断提高对威胁的自主防控能力。人工智能在情报领域的发展应用带来了一场史无前例的"情报革命"。政府并不缺乏公共安全方面的数据，缺乏的是快速、自主分析数据信息并进行自动化防御的核心能力。对比传统的数据信息处理模式，人工智能在海量数据挖掘和动态分析方面具有绝对的优势。生物识别技术和深度机器学习能够对所收集到的图像进行高速分析处理，高质量地实现图像自动识别和目标提取，从而全方位感知外来威胁。

基于人工智能系统的"智能动态防御"技术，可以实现防御手段的实时自主修正和防御策略的灵活机动改变，弥补了政府传统网络防御模式对网络漏洞被动防护的技术缺陷，建立起了动态环境下破坏外来攻击进程和阻断攻击路径的机制。美国国防部已开始在国家安全体系中运用人工智能技术进行自主防御和主动打击网络恐怖主义，防范公共安全威胁。同时，人工智能可以生成新的干扰和通信手段，预设欺骗性的网络防御信号来迷惑对手。例如，网络安全事件发生时，人工智能的机器学习可以通过反向数据模拟来诱导攻击者，以保护更有价值的政府公共数据资产，并避免系统遭受致命攻击。基于人工智能的网络防御将成为未来提升政府网络安全治理能力的关键抓手。目前，世界各国政府都在积极部署人工智能战略，试图抢占国家网络安全防御制高点。

2. 协同防御机制变革

人工智能给国家网络空间安全治理提供了新的思路。人工智能系统巧妙地将人类的创造性和灵活性与机器的逻辑性和稳定性相结合，实现了优势互补。人工智能在提升网络安全协同治理水平方面主要分为两个维度。

（1）人工智能在公共安全领域的应用能够推动跨部门、跨地域、跨领域的数据共享和业务联动，推动治理模式的扁平化和高效化。人工智能对威胁的全维感知能够提升各部门之间对数据整合和协同的现实需求，推动网络安全防御的协同治理。人工智能对网络安全防御能力的提升是以数据和算法为基础的，因此，为了实现对网络安全威胁的全维感知和精确预判，数据的整合和协同至关重要。人工智能在网络安全领域的应用提升了网络化管理能力，推动了"共治群体"的壮大。

（2）人工智能的系统性和复杂性将促进国际社会的治理协同。人工智能从技术研发、设备部署到运行维护，是一项庞大的系统工程，需要各个环节在技术和标准领域的协同支持。由于人工智能涉及物联网、云计算、数据挖掘、智能算法等多种数字化技术，涉及即时感知、科学决策、智能监管、数据分析、机器学习和精准算法等各项技术资源，治理要素广泛分布于网络巨头、科研机构、政府部门和用户群体之中。因此，网络安全治理更加需要跨领域、跨国界、跨部门的资源整合和协同应对，以扩展治理体系的延展面。

（四）人工智能推动网络信息安全控制机制变革

1. 网络舆论引导机制的变革

人工智能时代，算法已经成为新的网络信息权力来源。算法与政治的结合已经形成一种全新的政治形态，即"算法政治"。掌握最前沿的算法就意味着掌握了网络信息的优先主导权。在人工智能背景下，基于深度学习的情感预算和自然语言处理技术的超前发展，给国家意识形态治理带来了新的机遇和挑战。首先，人工智能有助于政府建立公共安全治理"智能"整合机制，对信息收集、处理和分发等过程进行算法整合，能够有效提升信息传播和控制的效果。网络信息通过算法推荐，能够根据个人的偏好被精准推送至特定的受众人群。其次，人工智能有助于政府建立对政治议程和走向的引导机制。基于人工智能的算法技术，最终解决的是"知识发现"问题，是对信息的智能挖掘和处理。建立针对个人价值取向、政治观点、行为动向等在内的诸多数据观测点，通过数据训练建立行动与思想的某种关联，利用人工智能就有可能预测和掌控意识形态流向，从而强化对网络舆论的引导和控制。但由于人工智能是基于给定的数据信息进行运算和学习，数据资源的真实性和完整性往往无法得到全方位保障，"算法偏见"难以避免。算法本身并不会说谎，但是数据资源收集必定渗透着算法使用者的主观价值。在国家层面上，"算法偏见"可能会导致政府在信息获取和决策执行环节的偏差，从而引发社会舆论动荡。

2. 网络信息甄别机制的变革

首先,人工智能的应用可以有效降低网络舆情的传播效率。尽管技术日新月异,但是目前没有任何技术能够完全解决虚假信息传播对国家政治安全的影响。人工智能通过算法和自主学习不断形成对虚假信息的甄别和剔除机制,能够有效剔除虚假舆论和不良信息。甄别和控制网络虚假信息是国家意识形态建设领域的重要议题,不仅关乎国家信息安全,更影响社会政治稳定。传统的网络虚假信息甄别主要是采用人工手段对网络信息进行人为辨别和剔除,繁琐耗时是其主要劣势。在 2016 年美国大选期间,借助人工智能技术,推特软件通过对大量虚假信息和真实信息的识别和分析对比,发现了两者传播模式的差异,进而找到了更快发现虚假信息的技术路径。

其次,人工智能抵御虚假信息的另一重要优势,就是其建立的快速舆情反馈机制。面对紧急突发事件和重大政治新闻,人工智能凭借天然的技术优势可以快速自动生成对应新闻,并在第一时间进行报道,自主快速地占据主流舆论制高点,从而有效降低后续虚假信息的生存空间。人工智能对虚假信息的技术甄别正处于发展阶段,未来人工智能在甄别虚假信息和防范意识形态渗透等方面具有广阔的治理应用和发展前景。

第三章
人工智能与电气自动化控制

第一节　电气自动化控制系统的应用及发展

一、电气自动化控制系统介绍

电气工程自动化控制技术系统内融合多种技术，具备更高的先进性，符合多种条件下使用的需要。其主要包含如下几个学科：计算机、控制技术、电子技术、电器技术、智能技术、机电一体化技术等。此外，电气自动化技术属于综合性技术类型，主要表现在强电与弱电融合、电器与机器融合、软件与硬件结合、电子与电工技术融合等。因此需要加强专业技术人员的培养，学习先进技术，提高专业技能和水平，才能达到生产要求，以满足系统控制的需要。电气功能自动化技术已经广泛的应用到多个领域内，与人们的日常生产、生活存在着直接的关系，对于现代社会高质量的发展产生重要的意义。电气工程及其自动化控制技术，通过使用网络系统完成信息的接收和使用，提高系统工作效率和质量，从而满足电气工程的使用需要。电气工程及自动化控制系统，达到智能化控制的要求，满足正常使用需要，为系统运行和控制产生积极的意义。

（一）电气工程以及自动化控制系统的特性

1. 先进性

电气工程自动化控制技术的应用水平对于工程是否可以达到使用的需要产生直接的影响。通过控制系统可以完成系统监控与测量，一旦出现了不合格的情况，系统会自动化剔除，从而保证工程的质量合格。在生产工作计划结束后，为了能够提升生产效率和水平，通过控制系统随时监控与管理，取代传统人工方式，促进工作效果和质量的提高。

2. 适用性

目前世界上所应用的电气自动化的控制系统，计算机、网络技术是核心，也是控制的关键，对于系统的控制水平的提高产生积极的作用，从而满足人们使用的需要。在实际应用中，操作更加地方便，人工成本也会有效地降低，对于生产效率全面提升产生积极的意义，为人们生活以及工作质量提高奠定基础。

3. 安全可靠性

电气工程自动化系统的控制中，系统本身的运行更加可靠与安全，而且机械设备的自动化水平也比较高。在目前的工业生产领域内，机械设备自动化安全性是核心，首先要做好各个元器件的定期检测和分析，其次落实机械设备运转过程的监控与管理，最后是针对不同自然环境的检测和控制，才能提高机械设备的运行效果，为系统运行效果提升产生积极的意义。企业在电气工程设备选择的环节，不能盲目跟风，应该结合实际情况需要选择，从而提高电气工程系统的运行质量，减少资金投入，为现代设备的发展产生积极的意义。

（二）电气自动化控制系统的自动化控制方式

1. 集中控制系统

电气自动化控制系统具有集中监控的特点，所以设备在运行时可以通过集中监控实现系统管理，操作和维护也更加地方便。但由于该系统在运行过程中能够保证自身的运行，因此不需要建立监测站保护机制，可以在工作过程中进行自我监控。然而，该方法的技术应用可以将其系统的所有功能结合成一个整体。基于此，需要大量的内部信息处理空间，才能在不影响自动化生产线生产速度的情况下应付繁重的工作。另外，在对所有的电气设备进行监控的过程中，由于监控设备数量的增加导致监控主机出现信息量过大而卡顿的现象，为了解决这一问题，只能是增加设备的数量才能满足要求，这样一来企业的成本也将会大大的提升。与此同时，电缆数量的过多以及电缆长度的增加，对于电气自动化控制也会产生一定的影响，导致出现对设备干扰以及故障等问题的出现。

因此在线路的铺设过程中，设计人员要合理地规划线路，避免由于干扰对监控设备造成不良的影响。

2. 现场总体监控

根据目前的现状来看，在工业发展的过程中，利用智能化的电气设备可以有效地促进其发展的速度。而在科学技术不断提升的同时，智能化设备的技术也得到更进一步的提升。当前将计算机技术运用到电气设备中，已经成为了电气自动化发展中的趋势。此外，在实际应用的过程中，也获得了相关的经验，使这项工作得以开展。同时，在现场任务过程中进行监控，可以使系统设计更具针对性，在不同的申请的时间间隔应用中执行不同的功能。因此，系统可以根据实际间隔进行合理设计，从而达到远程控制的效果。

在上述应该方式的使用过程中，还可以节约大量的隔离设备，这样一来在设备的安装中整体性和协调性都能展现出来。与此同时，在建立监控系统连接的过程中，同样可以采用网络技术应用来减少电缆设备的数量，不仅可以节约成本，还可以减少维护的费用。在电气自动化控制系统中，各个设备之间也是存在着一定的关联的，不需要电缆的连接，通过网络就可以轻松地实现信号的连接，最终形成有效的网络连接系统。既可以保证系统的运行的可靠性，还可以提高运行的效率。除了上述的优点之外，当电子化控制系统中的任何一个设备出现故障的情况下，对于其他设备是不存在任何影响的，不会出现由于一个设备故障就造成整个系统瘫痪的问题。因此，在电气设备自动化控制的过程中实施现场总线监控的方式是具有可行性的，而且还可以为企业未来的发展方向提供帮助，最重要的是可以进一步的提升电子自动化控制系统的服务质量。

3. 实现远程监控

有效地利用远程监控系统，可以节约电缆敷设的总数量，从而降低安装成本。然而，远程观测系统的应用也可以提高系统可靠性与运转效率，从而保证其各种设备的稳定运行。此外，由于线路原因造成的通讯不够快，无法进行现场通信等一系列问题时，可能导致企业电气设备及控制系统通讯量的大幅度增加。因此我们在设计过程中，相关人员要严格控制项目的整个范围，并根据设计要求选择合适的内容，发挥出电气自动化系统的优势，切实提升系统运行效果和质量。

（三）电气自动化工程控制系统的发展前景

1. 开放化发展

在信息时代的推动下，我国计算机技术水平不断提升，推动了企业自动化水平的提高。想要全面满足时代发展需求，扩大计算机和电气自动化控制系统的应用范围，就必须要做好有效的集成处理工作，并建立统一的控制平台，为电力自动化系统的发展提供便利。在对电气自动化控制系统应用范围进行扩大的过程中，还必须要对各个领域对于生产成本和劳动成本的降低要求进行考虑，根据具体情况进行电气自动化控制系统平台的建立工作，推动工业电气自动化相关产品的转型和升级。要从各个方面满足发展需要，必须采取以下 3个措施：首先，加强工业电气自动化的产业转型升级，各部门员工应根据用户的实际需求进行设计方案的制定工作，并且明确电气自动化控制系统的主要目标；其次，还需要做好电气自动化控制系统人工和运行成本的评估工作，全面解决平台建设的细节问题；最后，应当以各行业的实际要求为依据，进行平台功能的完善，并提供可靠的保障，对电气自动化控制系统的运行环境进行保证，确保能够为相关工作的开展提供充足的资源集成和共享。

2. 智能化发展

在电力自动化控制系统的研究领域，可以集中精力进行智能化开发，建立一个完善的共享网络平台。做好电气自动化控制系统共享网络平台的构建工作，能够提升实际问题解决的针对性，对所收集的信息进行优化和分析，确保不同行业之间的信息能够进行高效、便捷的交流。在对共享网络系统进行建立的过程中，各方专家需要开展共享网络系统总体架构、功能参数以及应用领域的科学设计工作，全面提升共享网络平台的安全性和可靠性，并且这一平台的推出还能实现各个领域之间的有效沟通，为自动化控制系统的建设提供保障。目前在人们对于质量要求和市场需求不断提升的过程中，怎样才能对电气自动化系统的安全性进行保障，已经成为了众多企业需要重点考虑的问题。智能电气自动化系统不仅能够实现实时的控制，同时还能降低增长率，保障安全性，在未来电气自动化控制系统必将朝着智能化方向进行发展。

3. 规范化发展

规范化发展不仅实现了电气自动化系统数据的标准化连接，同时还对相关数据的传输效率进行了保障。对于电气自动化控制系统来讲，数据标准化已经成为未来发展的中心，不仅能够对电气自动化控制系统的体系结构进行优化，同时还节省了网络平台的建设周期，能够对平台推广过程中的运行成本进行有效控制。

4. 创新化发展

从电力自动化的整体发展来看，与其他发达国家相比，我国电力自动化控制系统的发展存在较大差距。通过这种方式，电气系统之间的应用可以在一定时间内发展得更好，从而改善此类情况。不断完善系统管理人员的工作形式，积极开展系统的研发工作，促进整体技能水平和实践能力得到提升，为后期电气自动化系统的科学应用奠定基础。

5. 市场化发展

自动控制系统这种技术是可以用来买卖的。只有满足市场需求，才能促进自动控制设备的发展。从高控制设备本身来看，必须要提高其成本效益，同时降低其自动控制系统的应用成本。此外，还需要对电气自动控制系统进行改造和集成。这不仅有利于系统的完善，也能满足市场的需求。

6. 统一化发展

现阶段市场上还缺少多元化的电气自动化控制系统和统一的行业标准，系统的组件、接口和软件存在不兼容性，一旦系统发生故障，维修和更换的难度就较大，无形中增加了成本负担。自动控制系统的设计标准将逐步统一，所用部件的规格将更加通用。制定行业标准和规范需要付出很大的努力。

7. 安全化发展

使用电气化系统时，安全至关重要。因此，在电气化系统的研究过程中，必须要对电气自动化系统的安全性进行重视，这也是电气自动化系统未来发展的主要方向之一。在对电气自动化系统进行研究的过程中，需要做好电气自动化系统与安全系统的集成控制工作。另外，由于我国电气自动化的应用范围在逐渐发生变化。现场变更后，相关电气研究人员就需要对电网设备的架设工作进行重视，做好软件和硬件的研究工作，全面保障系统运行的安全性和可靠性。

8. 通用化发展

在共享时代到来的推动下，电气自动化已经朝着通用化方向进行发展。相关研究表明，在进行电气自动化系统研究和发展的过程中，需要加强相关产品的设计和调试工作，全面提升系统系统的完整性，实现电气自动化系统的日常维护。另外，还要开展电气自动化系统的规范化设计工作。之前自动化系统经常使用独立的连接接口，在规范化设计后能够实现系统的通用，为具体使用提供便利。

二、民营企业中电气自动化控制系统的应用及发展研究

（一）电气自动化控制系统在民营企业中的应用现状

1. 民营企业电气自动化控制系统中引入集成信息技术

民营企业的电气自动化控制系统引入集成信息技术后可以整合流程的各个工序，利用中央控制室、可编程逻辑控制器（PLC）现场、智能化仪表、计算机以及电缆等实现各环节的分布控制。在企业实际生产过程中，计算机可以对企业生产指令进行模拟和计算，进而结合计算机技术、信息技术、电气控制技术等进行控制，从而使企业生产更加安全、更加专业，实现万物互联。通过这种集成化的控制方式，可以在确保企业正常生产的前提下实现对信息的随时随地采集、存储、读取、分析，确保生产过程的合理分配、相互协作，进而提高产品生产工艺水平及产品质量。

2. 民营企业工程控制系统的运行需求在一定程度上无法正常满足

随着信息技术的进步，大多数民营企业会选择采用电气自动化控制系统来提高产能和效益。但在企业实践中，控制方式大多数情况下需要对接分散控制系统（DCS）。此系统具有一定的安全稳定性，基本可以保证各项电气设施可靠运行，为企业信息的处理提供了一个良好环境。但传统仪表一般作为 DCS 系统的主要运行部件，经常会出现一些问题，而且检修的难度较大，势必会导致民营企业电气工程控制系统的运行需求无法得到满足。

3. 民营企业电气自动化控制系统逐步实现了智能化

随着信息技术的不断迭代，电气自动化控制系统逐渐趋向智能化。民营企业为了提高产品生产的专业性和精度、降低维修检修成本、提高工作质量，必然会引入电气自动化控制技术。民营企业人工控制可能会在某些时刻出现部分失误，导致安全事故的发生。但所应用的电气自动化控制系统功能比较完善，计算机控制几乎没有盲点，只要在机械设施设备灵敏度良好的情况下向计算机

输入正确的指令,基本可以保证生产的自动化控制,实现整个企业的生产自动化。在企业运营过程中,必须依靠大量的电控系统维持机器设施设备的正常运转。例如,如果对电触点的控制不稳定,必然会影响生产进程。要想降低故障率,解决此问题,可以利用 PLC 进行交换,即借助编程软件及输入相应的参数,对 PLC 进行有效的控制调节。为进一步提高产品生产效率,民营企业尝试将控制技术与人工智能结合起来,对企业生产进行电气自动化智能控制。这样不仅可以解决对复杂生产过程的远程控制问题,还可以集成处理数据,实时监控企业机械设备以及信息系统情况,第一时间提供预警信息和解决方案,及时实施辅助生产工艺改造和创新。与此同时,人工智能技术的科学性、自我学习、自我推理能力可以使企业管理者对电气自动化的控制策略和分析方法趋向于精准化,更加符合企业实际,大大提高了民营企业生产效率。

4. 民营企业电气自动化控制系统使用、检修与维护相对简易

民营企业采用的电气自动化系统主要通过工序自动化进行控制。在产品生产过程中,只要企业各部门的技术人员对生产工序中各步骤制定配套的基准计划,然后将电气自动化设备与控制系统、机械设备进行互联,从原料加工到输出最终产品的所有工序基本上都可以进行自动化控制。企业工人操作起来相对简单,而且自动化控制系统的引入将企业实际中可能存在的一些高风险和高质量要求的工作任务从单纯依靠人工操作中分离出来,改为通过计算机系统发出相应的指令,控制生产设备完成相应操作。这样既可以在很大程度上避免企业工人造成的安全隐患以及可能带来的产品质量问题,又可以保证企业产品的质量达标。当下在民营企业中使用的电气自动化控制技术大多采用的系统相对标准化,拥有统一的专业化语言和操作规范,检修及维护相对简易,人员操作方便灵活。技术人员也可以通过 PC 人机界面,更加便捷地操作电气自动化控制系统。

(二)电气自动化控制系统在民营企业中的发展趋势

1. 全集成自动化系统应运而生

民营企业借助互联网技术进行远程控制,利用中央控制室、PLC、智能仪表、计算机技术以及变频器等,将生产过程中的具体工作内容分发给各分布系统控制的设备,于是全集成自动化系统应运而生。这种全集成自动化的

控制系统能够充分保证企业生产各个环节的合理分配与协作，促进了生产工艺和企业产品质量的进一步提升，很好地保障了民营企业电气自动化控制系统的安全性能。

2. 进一步满足差异化系统管理的需求

民营企业控制系统逐渐趋向于电子化、智能化，而且搭建了统一的平台，可以降低企业在管理、设计、使用的运行控制周期和消耗，从而降低民营企业电气自动化控制系统的运营成本。在实际运行中，电气自动化控制系统的各功能相互协调，又相对完善和独立，可以服务于不同类别的自动化项目。各民营企业可以鉴于控制对象、行业、工况等的不同，结合本企业实际选用合适的监控设计方法，充分展现自动化控制系统在各层面的功能优势。这既保证了系统运行的可靠性和安全性，又可以一定程度上满足民营企业中的差异化管理需求，从而实现客户需求和企业设计生产制造的无缝连接，实现高效管理。

3. 加强投入，实现系统创新

目前，我国经济驶入持续发展的快车道，供需市场不断发生变化，企业与企业之间的竞争日益激励。民营企业要想在行业中立足，必须提升自身的核心竞争力。要想塑造核心竞争力必须加大投入，实现系统性创新。当下我国整体科技水平明显提升，电气自动化控制技术也获得了一系列新的突破。在这种环境背景下，民营企业必须结合企业自身发展实际引进先进生产设备，借助自动化控制技术现代化助力生产发展。例如，将应用于过程控制的对象连接与嵌入（OPC）技术、大数据技术与电气自动化控制技术紧密结合，确保数据监控、采集、保存、分析与处理的科学性，一方面持续提高产品的质量，另一方面尽可能降低相关生产成本，抢占行业市场份额。民营企业现代电气自动化控制技术的应用搭建了网络控制平台，向智慧型转型升级，不断提高控制的稳定性和高效性，使人员与控制系统协同发展。企业必须整合一切资源突破技术局限，同时政府需要提供相应的资源支持，如技术、资金、人力等方面的投入，助力企业提升电气自动化控制系统的综合性能，并通过科研成果的转换实现整个电气自控化控制系统的创新，争取实现全面升级迭代。

4. 电气自动化控制系统接口标准化

民营企业中电气自动化控制系统未来的目标是在降低成本的基础上有效缩减系统的运行时长。其突破口是系统接口的标准化处理。例如，OPC 就是将 Microsoft 的标准及技术与电气自动化系统的应用相联系；制造执行系统（MES）系统、企业资源规划（ERP）系统、办公自动化（OA）系统与企业实践数据相联接，构建了统一、标准的系统，实现信息共享，确保信息传递的准确性、及时性，使生产实现标准化操作。在实际管控企业过程中，管理者借助系统对生产各个关键点进行数据采集，并将数据上传到系统。每一个部门都有查阅权限，可第一时间更改存在的不足，及时调整确保产品高质量，真正发挥数据共享的价值。下一道工序接到生产指令后进行生产制造，确保产品质量零缺陷，真正做到无缝连接，实现即时制生产。民营企业通过电气自动化控制系统可以实现对企业的全面质量管理。一方面，可以在降低库存成本的同时减少企业电气自动化控制系统的成本，解决一些生产过程中存在的问题，确保生产有序进行；另一方面，可以使企业电气自动化管理向标准化方向发展，进一步提升企业整体效能。

5. 电气自动化产业的优化发展

在市场竞争日益激烈的环境下，电气行业必须采取措施创新优化发展。加之系统与机器之间的界限越来越模糊，势必会对信息的集成提出更高要求。通过对电气自动化控制系统的研究，可以进一步提升网络系统构建的科学性，如可将人工智能技术也融入民营企业自动化控制中，加之电气自动化控制系统本身的自适用性和自组织性的进一步提升，在企业实践中与其他机械设备的联合效应将逐步扩大。在民营企业电气自动化控制系统中引入虚拟化，可减少产品制造过程中出现的废弃物过量、库存过大、无效配置等问题。例如，工作流程的再造即重新构造工作本身、重新设计工作各环节的先后次序，重新定义各环节的关系，一切以顾客导向出发，引导员工科学运用电气自动化控制技术，实现即时制采购、即时制生产、即时制配送，达到适应快速变动的环境的目的，趋近于企业追求的零库存的目标。总之，电气自动化控制技术将会进一步改善民营企业的管理水平，提高民营企业整体效能，也可以优化电气行业。同时，结合企业实际通过各类技术创新可以打造民营企业电气自动化控制系统的核心竞争力，从而开创民营企业电气自动化控制发展的新局面，促进该产业的优化发展。

电气自动化控制技术被广泛应用到民营企业生产活动的各个环节，是生产领域的重要代表。在当前时代发展背景下，民营企业管理人员必须高度重视电气自动化控制技术的价值，利用一切资源加大技术开发与创新。该技术的应用有利于民营企业提高自身的应对风险方面的能力，促使企业转型升级和可持续发展。

三、电气自动化在汽车领域的应用

（一）汽车自动化的概念

自动化的概念是没有人力的干预下，机器依靠指令和程序自主完成作业。同时，越来越多的用户随着生活水平的提高，对于汽车在更加智能、舒适、方便的使用体验上需求越来越大，虽然随着科技的不断发展，传统的机械制造业在汽车生产中增添了一些创新元素，但是随着消费者的要求的提高，机械工程提供的稳定性远远满足不了用户的眼球，而依托电气自动化技术产生的自动化、智能化的汽车理念成为满足用户需求的重要突破点，无论是在汽车制造领域还是用户驾驶体验中，电气自动化技术的发展正在快速的探索和实践中。

不断改朝换代的产品技术，以及人们越来越多的汽车产品需求是当前汽车制造业的现状。可以清醒地看到，汽车电气自动化技术行业的发展对汽车制造产业至关重要。引导汽车电子产业向理想发展方向有效发展，研究方式应当多元化、精细化。具体发展趋势是，在汽车设备中积极开展电气自动化技术应用研究，积极研发更为先进的自动化设备及系统，全方位优化汽车电子产品制造，全面提升产品性能，使汽车电子行业的智能化生产水平不断提升。

当前，电气自动化技术应用更加频繁和广泛地应用到汽车制造行业中，利用电气自动化技术，工作人员可以精准地生产汽车零部件。与此同时，将电气自动化技术直接应用于汽车生产线，使得多元化汽车零部件生产效率大大提升。尤其是可编程控制器的存在，使得电气自动化技术在汽车行业零部件生产中，生产效率和精准度又有了质的提升。近些年来，随着人工智能发展，电气自动化技术发展迎来了新的发展机遇，在汽车行业设计和制作中体现尤为明显。未来电气自动化技术，在人工智能助力下，将会在汽车领域中取得更加辉煌业绩。

（二）电气自动化控制技术在汽车制造中的广泛存在

1. 机器学习视觉成像技术在中国汽车零件制造行业中的广泛使用

我国在改革和开放以前，一般都采取人工和尺寸检测的方法，对于汽车产品质量做出严格的评估。这种综合计算测量方法所设计得出的测量计算结果与实际测试的数值之间的计算误差很大，偏离了实际工作状态。状态稍微有点偏离，很容易就会导致安全事故再次发生。因此，为了更好地做到能够大大提升现代汽车的使用性能和生产质量，我国先后大量引进了汽车机器人的视觉学和电气人工自动化制造技术。它在其自身原有技术基础上，将先进的汽车机器人人工视觉制造技术充分地整合融入到我国现代电动汽车的组装制造当中，这项先进的电气自动化制造技术极大地减少了人工的操作时间和机械工作量，提高了质量检查的操作精确性，保证了我国现代电动汽车的批量生产和组装制造过程质量，从而更好地满足了人们源源不断地融入生活和生产购买现代汽车的各种需要。

2. 对集成化系统的使用

由于传统汽车生产制造所运用的主要控制系统分别为自动控制与通信，所以使用该两个控制系统时所存在的缺点就是由于汽车内部各种设备的组合很容易出现混乱的情况，加大了其组装、维护的困难。但是自从我国开始针对电气工业自动化技术展开研究，渐渐地对于通信以及控制系统都实行了集成化的管理，使得二者都能够有效地相互结合，在设备的安装这一环节中也就能够精细化地进行处理，从而改善和提高了汽车的工作效率和性能。

3. 对安全 PLC 系统的使用

我们所说的安全控制 PLC 监控系统也就是一种对于保证汽车内部各个方面的正常汽车运行和驾驶状态都可以进行实时监测的安全控制管理系统，它对于保证汽车的正常驾驶运行和保证驾驶员的性能也都是起着非常重要的保障作用。这个监控系统已经成功实现了全面的工业自动化危险管理，在我们非常需要及时应对各种危险和紧急情况的关键时刻，可以及时主动采取措施，做出最安全的危险防范和应急保护措施，以利于达到功能最大化的防护效果，并及时保护我们的生命人身安全。另外，它对于提高汽车电脑整体安全性能的后期保养和日常维修都可以有着很大的辅助促进作用，将各个组成部分的电子设备与汽车电脑网络进行了更好的连接协调，从而使得实现对功能的最大化。

（三）电气自动化技术在汽车领域的优势

1. 增强生产和驾驶安全性

在目前传统中的汽车安全驾驶中，汽车几乎所有的安全操作都需要汽车驾驶员作为操作者来完成，因此汽车驾驶员在驾驶汽车的整个过程中通常需要注意保持精力能够高度集中，否则很容易出现意外。而通过自动安全防撞和碰撞防护技术，则由于能够有效地减少意外事故发生的最大可能性，提升汽车驾驶员在驾驶传统汽车的过程中的驾驶安全性；除了传统汽车在驾驶的过程中汽车可能也会出现危险外，传统的电动汽车在车辆出现意外故障时，也不能预先对车进行安全提醒，因此传统的汽车在行驶路途中出现意外故障、威胁汽车驾驶员安全的意外事件时有发生。通过综合应用汽车电气安全自动化监测技术，则由于能够对传统车辆上的相关安全数据系统进行实时分析监测，及时发现各类汽车安全故障，减少汽车安全事故发生的最大概率。

2. 提高生产效率和质量

在目前传统的智能汽车制造生产服务过程中，大部分控制工作都主要是由人工控制完成，整体生产效率比较慢。不仅如此，人工控制测量传统汽车制造生产服务过程中，其生产数值往往也达不到十分精准，难以有效提升传统汽车的制造生产服务质量；而通过现代电气工业自动化汽车技术的广泛应用，汽车厂在制造生产过程中，大量人工控制工作被电气自动化汽车生产线路所代替。一方面，大大提升了传统汽车制造生产线的效率，节省了汽车企业的大量人力生产成本，另一方面，智能汽车生产也能够更加精准地通过测量生产数据、判断产品所需要原材料的使用量。这无疑对逐步提升我国汽车生产质量水平具有很大的促进作用。

（四）汽车制造领域当中电气自动化系统的应用

1. 集成系统

自动化系统在汽车制造领域应用的前期，由于技术水平相对较低，生产的汽车存在系统较为混乱的问题，一个系统当中存在多个电子产品，不仅系统的复杂性相对较高，而且在实际使用的过程中，一旦某一个电子产品出现问题，难以及时确定故障位置和相应原因，导致系统的维修较为困难。由于汽车本身功能的要求，汽车系统当中的电子产品功能以及结构等都相对较为复杂，而且不同的产品之间的差别也相对较大，在此情况之下，汽车的系统操作缺乏一定的规范性和便利性，严重影响了汽车制造领域的进一步发展。随着电气自动化系统的不断发展和进步，集成系统逐渐在汽车制造领域当中得到良好应用，不仅能够将不同部分的独立操作系统进行集成化管理和科学融合，有效提高了系统操作、管理以及监控和维修的便利性，同时还实现了多个系统功能一体化管理和操作，解决了传统自动化系统在汽车制造领域当中应用的主要问题，不仅极大地提升了汽车的生产效率，同时还有效提高了汽车的性能，为用户提供更好、更加优质的服务，满足不同用户对于汽车的多样化需求。

2. 机器人视觉系统

机器人视觉系统是当前电气自动化技术在汽车制造领域当中的新型应用，对于进一步提升汽车生产的质量、效率，优化调整汽车生产制造体系等方面都有着重要的作用和效果。机器人视觉系统在汽车制造过程中的主要应用表现在以下两个方面：一方面，在实际进行汽车生产时，借助机器人视觉系统能够实现对于汽车尺寸的高效测量和实时监控，取代了传统人工测量方式，既能够有效提高测量的效率，同时还能够避免由于人工测量而产生的误差问题，保障测量的准确性，进一步减少汽车生产过程中对于人力资源的需求，加强了成本的控制。另一方面，在进行汽车车身设计的过程中，机器人视觉系统还能够从用户的角度，对整体设计进行评估，并为后续车身的设计优化提供有效参考，有助于进一步提高汽车车身设计水平，满足用户对于车辆设计的美观性以及实用性等方面的需求。机器人视觉系统的有效应用进一步提高了汽车生产制造过程中的智能化水平，不仅实现了对于汽车制造成本的有效控制，还提高了汽车生产制造的质量和效率，对于汽车行业的发展有着积极作用。

3. PLC系统

当亨利·福特在20世纪早期扩展大规模生产技术时，工厂自动化在汽车市场占据了一席之地。他利用固定的装配站，让汽车在位置之间移动。员工只学习了几项装配任务，并在完成后连续数天执行这些任务。由于生产过程由数以千计的接线、继电器、开关、定时器以及专用的闭环控制器控制，多年后，更换新车型变得极其昂贵和耗时，当变更一个全新模型时，需要技术人员对所有数千个继电器进行机械重新接线，重新组装。基于以上原因，PLC 技术应运而生，PLC 可以包含用于单变量反馈模拟控制回路的逻辑、比例、积分、微分（PID）控制器。其功能可替代地使用分布式控制系统（DCS）。随着 PLC 变得更加强大，DCS 和 PLC 应用之间的界限变得模糊。

PLC 系统是汽车制造领域当中的安全控制系统，主要用于对汽车安全性和稳定性的控制，安全性是汽车制造过程中的首要要求，因此 PLC 系统在汽车制造当中也有着十分重要的地位。通过在 PLC 系统当中引入电气自动化技术，能够进一步提升汽车的安全性能。该系统在汽车制造过程中的应用主要是通过对各种恶劣环境、条件进行模拟，然后对汽车行驶过程中的潜在问题进行分析，并通过优化调整，进而达到提高汽车安全性的目的。PLC 系统的常见应用方式就是在汽车碰撞试验当中的应用，借助该系统能够对碰撞模拟试验过程中，汽车的各方面性能，碰撞受力点，以及车内人员的受力情况等多个方面，进行综合分析，并根据该分析结果，对汽车性能进行优化调整，以此提高汽车安全性。同时，PLC 系统还能够对不同环境进行模拟，并以此对系统的稳定性进行检测和分析，进一步对汽车系统的性能进行优化。除此之外，PLC 系统还被用来检测汽车生产制造过程中所应用到的各种零部件，解决多种故障问题，确保零部件的质量，全面保障汽车生产制造的质量。

随着技术的进步，PLC 在汽车行业中大幅度提升了汽车制造的水准，自动化选项对于提高汽车业务的生产力是必要的，特别是在零部件制造方面。在汽车市场，当生产模式改变时，手工技术也必须改变。这涉及到只有训练有素的工程师才能完成如此冗长乏味的工作。PLC 为每个新生产模型创建了管理面板，现今每个企业的制造商都转向这项技术来自动化一系列工业流程。

特别在我们高度依赖技术的社会中，PLC 系统无处不在，包括我们的工厂、办公楼，甚至控制我们街道上的交通。PLC 是控制许多关键技术的核心，它们以无缝且无形的方式融入我们的日常生活。

4. MES 系统

MES 是一种信息系统，用于连接、监控控制工厂车间复杂的制造系统和数据流。MES 的主要目标是确保有效执行制造操作并提高生产产量。MES 可以跨多个功能领域运作，如跨产品生命周期的产品定义管理、资源调度、订单执行和调度、生产分析和停机时间管理，以实现整体设备效率（OEE）、产品质量或材料跟踪等。换句话说，MES 是一个生产实施系统。结合信息技术、软件和自动化元素直接从工作站实时收集信息。一般来说，MES 可以负责确保尽可能高的生产质量。

当代的产品，如汽车或其他类型的车辆，由数百甚至数千个元件组成，这些元件由几十甚至几百个不同的制造商制造，通常会处于世界不同的国家。实际上，汽车行业就是一个由供应商、制造商和消费者组成的综合链。汽车行业 MES 系统是针对于车间执行层的生产信息化管理系统，能够为相关管理人员提供相应制造数据、生产调度和计划、零部件库存、质量以及人力等多个方面的管理服务。在汽车制造当中应用该系统，能够进一步提升汽车制造的效率以及管理的规范性，对于保障汽车制造质量和生产秩序等方面有着积极作用。作为一种制造执行系统，MES 也常被用在流水线生产当中，借助该系统通过简单的操作就能够实现对于生产设备的转换和调整，同时还能够对各生产环节的相关数据信息等进行监控，极大程度地提升了汽车生产的自动化以及智能化水平。MES 系统的应用不仅提高了汽车生产的质量和效率，而且减少了对于人力资源的需求，提高了汽车零部件生产的合格率，避免了不必要的资源和成本浪费，而且还能够有效对实际生产过程中出现的各种问题进行自动调整，是当前汽车生产过程中的必备系统。

另外，从 2020 年开始，新冠病毒疫情加剧了汽车制造商本已面临的巨大压力，要求其尽可能精简运营。汽车制造设施非常独特，可以预见，它们对新型冠状病毒的广泛反应各不相同。例如福特汽车公司，有一些设施则转向医疗保健设备。尽管存在差异，但制造商一致同意一件事：他们迫切需要尽可能精简运营。由此 MES 投资便成为重要的运营节省和效率的来源。其通过与工业 4.0 原则相结合，基于深度智能系统达到全球生产运营可见性的精益制造。虽然新型冠状病毒造成了很大一部分紧迫性，但降低制造的总体成本并不是一个新的目标。为了支持这一目标，许多制造商已经实施了各种形式的 MES。

以下是汽车制造商可以从 MES 实施中获取更大价值的四大方法：① 线路平衡。MES 通常为生产的每个零件或装配变体提供步骤时间和操作时间。分析后，这些历史数据可以提供有关生产线平衡和瓶颈的重要信息。历史数据，包括机器可用性和操作时间，可以创建工厂设置的数字孪生，并启用模拟形态功能以确定最佳的产品品种组合。这种能力对于制造组织来说至关重要，可以向大规模个性化迈进，进而增加其产品的多样性。② 排序和调度。虽然大多数组织使用某种形式的隐性方式进行调度和排序，但这可能不是理想的方法。此外，高度的产品扩散和大规模的个性化会使调度和排序变得非常复杂。典型的构建链是不同制造模型的混合，例如批量、单件流等。在汽车 OEM 中，装饰和总装是单件流程，而喷漆车间和白车身（BIW）被视为批量操作，MES数据分析可以通过模拟模型优化调度和排序，平衡批次和单件流之间的冲突目标与需求，最终组装根据实际需求进行调整，而油漆和其他批处理过程则根据最终组装计划和顺序进行优化，从而实现真正的基于需求的规划。③ 优化库存。随着个性化和产品变化的增加，原材料零件和外购材料的库存通常会增加。根据零件和子组件的历史消耗数据，MES 可以通过提供实际日平均消耗量以及零件和子组件在配合点的可用性的输入来实施基于拉动、需求驱动的库存管理，将这些信息输入到上游规划和模拟工具中，可以帮助微调提前期、计算提前期、需求变化，以保持最佳库存并确保零件和子组件的顺畅流动。④ 提高质量。MES 可以捕获零件和包装中的缺陷，因为零件直接从认证供应商处到达装配点。此外，MES 可以捕获制造装配过程中的过程缺陷，例如扭矩不当、零件装配错误和测试通过或失败。了解了底层模式并解决这些核心问题可以显著提高首次通过率，MES 同时还可以提供驱动无故障的方法等。

虽然 MES 拥有诸多时效性优势，但由于其解决方案在传统上专注于任务和运营的执行，因此只有少数制造商充分利用了其功能。随着以更少的成本生产更多产品的新压力，MES 数据有可能实现关键的运营节省和效率，进而体现出更大的价值。

5. 自动巡航系统

随着当前电气自动化技术的不断精进，该系统的应用也得到了进一步深入，为保障汽车行驶过程中的安全性，基于电气自动化技术的自动巡航系统也得到了积极开发和广泛应用。自动巡航系统，顾名思义，就是在用户设置好相应车速等数据参数的情况之下，在该系统的控制下，汽车能够进行自动驾驶，并根据对前后车之间的距离，智能进行车速的调整和控制，以此保障行驶安全。在该系统当中，最为主要的技术设备就是车距传感器，通过传感器能够实时监测前后车辆之间的距离，以此控制和调整车速，该传感器需要安装在车的前后轮位置，以此确保车距检测的准确性，为系统控制车速和车距提供可靠的参考依据。除此之外，该传感器还能够对车辆的行驶速度进行检测，并将检测到的数据信息上传给控制中心，然后进行数据的处理和分析，最后由控制管理系统对汽车做出刹车、减速、加速等相关决策。该系统的应用能够有效应对驾驶员在疲劳的情况下，保障驾驶安全的问题，进一步提升汽车运行的可靠性和安全性。

6. 人车沟通系统

人车沟通系统是当前汽车制造当中的重要智能化系统，通过人声发出相应指令，能够实现对于汽车的声音控制，如播放音乐、拨打电话、打开收音机、进行导航等，极大地提升了驾驶人员操作的便利性，以及行驶过程的安全性。该系统功能主要是通过在汽车控制系统当中，融入交互式通信设备，以此为人车之间的语音沟通和控制提供桥梁，进一步满足实际驾驶过程中各种功能、服务的需求。同时，在汽车驾驶的过程中，若出现驾驶员或者副驾驶人员未系安全带的情况，系统还会发出相应警示，提醒乘客系好安全带，保障行驶过程中的人员安全。除此之外，人车沟通系统还能够在无钥匙的情况下，自动开锁，并进行驾驶，只要驾驶人员或者乘车人员携带相应通信器，并且确保通信器位于汽车一定范围之内，就能够通过相应指令，对汽车进行控制。另外，在该系统的应用之下，还能够提高锁车的便利性，通过在车把手位置设置锁车键，驾驶人员在携带相应通信器的情况之下，轻触锁车键，就能够实现一键锁车，极大地提升了汽车控制操作的便利性，而且还能够避免传统车钥匙锁车后出现钥匙遗落在车门上的情况。

综上所述，电气自动化系统在汽车制造领域当中的应用不仅能够满足多方面的产品需求，而且还能够进一步提高汽车的质量和驾驶安全。当前该系统在汽车制造领域当中的应用已经十分广泛，不仅包括集成系统、机器人视觉系统、PLC 系统、MES 系统等，还包括自动巡航系统和人车沟通系统等，极大地提升了汽车制造的智能化水平。相信随着对电气自动化系统的深入研究和应用探索，我国汽车制造水平将会得到进一步提升。

（五）电气设备自动化控制技术在电动汽车制造中的应用及未来趋势

1. 电气设备自动化控制技术在电动汽车制造中的应用

（1）电气设备自动化控制技术在电动汽车工业生产过程中的重要应用

随着我国汽车信息生产业的发展，人们对于提高汽车的生产质量和安全防护性能已经提出了更高的技术要求，而要真正做到这一点，必须进一步着力提升汽车生产管理过程系统中的数据精确度，电气化和自动化工程技术领域中的汽车机器人和视觉控制技术则在这两个方面仍然发挥着重要主导作用，相比传统人工而言，通过汽车机器人的视觉控制技术人们能够智能地准确测量各项目的汽车生产数据，有效地提升汽车数据量的准确性。

（2）集成系统的应用

在以前传统的家用汽车企业生产管理过程中，汽车自动控制管理系统和汽车通讯控制系统等各个系统相互之间并不存在关联。近年来，随着集成系统的不断出现，汽车的各个系统之间逐渐开始从独立往系统集成这一方向融合发展，一方面，大大优化了家用汽车系统内部结构，使得家用汽车各个系统的功能分布更加合理，节省掉了汽车内部空间；另一方面，简化的家用汽车系统内部结构也可以使得家用汽车在车辆发生严重故障时，更容易进行检修，为用户后续进行汽车维护保养和日常维修工作提供了便利。

（3）安全可编程系统的应用

安全汽车可编程监控系统应用是当前现代汽车安全生产中最为关键的部分，安全汽车可编程系统的应用质量直接地就决定了一个汽车车辆能否正常驾驶运行，与汽车驾驶人的安全息息相关，为此我们需要专门制定一套科学、合理的安全汽车可编程监控系统。应用电气汽车自动化监控技术需要能够有效提升安全汽车可编程系统的行车安全性，减少一些外界不利因素给安全汽车可编程监控系统运行带来的不良影响。不仅如此，在当前电气汽车自动化监控技术和安全汽车可编程系统的技术水平都比较高时，安全汽车可编程监控系统则需要能够对一辆汽车正常运行中的数据状态进行实时反馈，监测一辆汽车正常运行时在过程环境中的安全状态，提升汽车驾驶人在过程环境中的行车安全性。

2. 电气工程应用自动化在智能能源汽车装备制造应用领域的发展趋势

（1）智能化

当前的在汽车工业制造中通过大量采用这种电气化的自动化制造技术一定大的程度上已经改变了我们原有的汽车工业生产设计制造过程模式，使得我国汽车工业生产设计制造更加趋向智能化。然而当前的基于汽车设计制造生产过程的部分智能化普及程度比较低，生产过程中的许多关键工作仍然是需要人工才能完成；而基于汽车自动驾驶制造过程的部分智能化在实际的汽车应用中则更少，目前大部分电动汽车仍是基于驾驶人员以操作车辆为主的自动驾驶过程模式，电气化的自动化制造技术仅仅是起到一个辅助驱动作用，因此在今后很长的一段时间里，智能化将会是我国汽车制造领域未来发展的重要战略方向之一。

（2）微型化

当前，应用的自动化生产设备体积较大，在实际的生产使用操作过程中，由于应用设备笨重给人带来了诸多不便，为了更好地推进微型自动化应用设备的推广和应用，需要不断开发功能齐全的微型工业自动化应用设备，简化微型自动化应用设备的技术生产、安装、使用和养护维修，减少微型工业自动化应用设备技术生产成本的增加，同时，提升微型工业自动化应用设备的技术生产应用效率。

电气工业自动化相关技术广泛应用发展到现代汽车制造领域后，优化了现代汽车制造生产、汽车自动驾驶和现代汽车保养维修等的方方面面。然而当前汽车电气工业自动化相关技术在现代汽车应用领域制造中的广泛应用还非常有限，因此我们需要不断加大汽车电气工业自动化相关技术在现代汽车制造领域的应用开发和技术研究力度，推动现代汽车制造生产线和制造朝着汽车智能化、微型化和节能环保化的快速发展，从而不断提升当前我国现代汽车制造质量和生产品质。

四、电气自动化控制在煤矿开采中的应用

（一）电气自动化控制技术在煤矿开采中应用的意义

1. 有利于提高工作效率

在煤矿开采过程中利用电气自动化控制技术，有利于节省人工操作的时间，还可以提高整体工作效率，避免人工操作失误引发安全事故，保障煤矿的经济效益，实现可持续发展目标。

2. 有利于提高煤矿生产产能

利用电气自动化控制技术可以提高煤矿开采效率，保障煤矿产量的稳定性，提高整体煤炭生产产量，推动我国煤矿开采行业的可持续发展，为社会经济建设奠定坚实的基础。

3. 有利于提高煤矿生产的安全性

在煤矿生产过程中要重视安全性，煤矿生产涉及内容广泛，具有较高的综合性，也因此增加了管理工作难度。例如，在煤矿开采过程中要利用较多的设备，要求工作人员定期维护和排查设备仪表，排除设备中的安全问题。利用电气自动化控制技术有利于简化设备维护流程，提高设备仪表运行的安全性，确定问题后立即报警，避免影响到生产的安全性。在未来的发展过程中，会进一步提高电气自动化控制技术水平，改善煤矿生产环境和条件，降低安全问题的发生率。

4. 有利于提高煤矿开采的人性化

利用电气自动化控制技术，可以根据煤矿开采的环境合理结合采煤机的机电设备，提高煤矿开采作业的人性化，维持煤矿开采设备运行的高效性和安全性。煤层硬度直接影响到开采效率，在利用电气自动化控制技术后，可以根据煤层硬度和环境特征，合理调节采煤机的开采速度，提高煤炭开采的稳定性和安全性，还可以突出工作的人性化。

（二）电气自动化控制技术在煤矿开采作业中的应用

1. 在煤矿采掘中的利用

通过电气自动化控制技术，采煤机功能全部实现了电气化综合控制，提高煤矿开采量，在最大程度上满足煤炭需求。例如，可以改造厚煤层采煤机为滚筒式采煤机，利用电气自动化控制技术合理调整液压支架高度。可以改变液压支架，实现电液控自动控制，实现刮板运输机与采煤机双变频调速，完成乳化液泵站自动保护，根据压力、流量需求及时实现自动开停多台乳化泵，保障煤矿开采的综合效益。

2. 在煤矿运输中的利用

在煤矿生产过程中，煤矿运输环节发挥着重要作用。原来的煤矿运输模式主要依靠人力资源或利用简单的机械工具，这种运输模式无法满足工作需求，而利用电气自动化控制技术可以改善煤矿运输环节。煤矿要非常重视运输速度和运输容量等，电气自动化控制技术发挥出其特有优势，结合分布式控制系统和可编程逻辑控制器技术，进一步提高皮带机运行过程的精确性；还可以完善监控系统，全面监控运输过程，减少运输损耗，保障煤矿的综合效益。此外，可以监控矿料堆积和皮带情况，结合实际情况做好应对性措施。在煤矿运输中主要利用皮带运输、无轨胶轮附属运输。在皮带运输中利用电气自动化控制技术具有如下优势：① 带驱动电机实现了变频软启动技术；② 皮带巷实现了巷道巡检机器人自动巡检报警系统；③ 皮带各种保护自动检查预警动作（跑偏、纵撕、烟雾、堆煤等各种保护）；④ 多级皮带互相连锁远程控制。在无轨胶轮辅助运输中利用电气自动化控制技术具有两方面作用：一是实现车辆定位系统的监测与实时预警联络功能；二是实现车辆运行数据自动上传功能。

3. 在机械采煤工艺改良中的利用

在煤矿开采中利用电气自动化控制技术，可以优化改进煤矿开采过程。通过提高机械化水平，有利于提高整体生产效率。近些年，社会经济发展逐渐提高了煤炭需求量，而传统的煤矿生产设备和技术无法满足行业发展需求，利用电气自动化控制技术可以突破上述困境。例如，在煤矿开采过程中滚筒式采煤机应用频率较高，可以将采煤机由链式和液压牵引的牵引方式转变为电机变频调速的电牵引方式，将液压支架由人工手柄操作转变为电液控操作系统，通过遥控操作和液压支架自动化系统，提高整体工作效率。综采工作面两端头超前支护由原来的人工单体立柱支护转变为遥控操作的超前液压支架支护，顺利完成开采任务。

4. 在煤矿开采设备中的利用

（1）矿井提升机

矿井提升机负责运输生产材料和人员，在实际工作中需要频繁地启停设备。为了优化矿井提升机运行水平，可以发挥电气自动化控制技术的优势，利用 PLC 控制提升机运行状态，也可以利用变频器控制模式，合理调速提升机电机。利用电气自动化控制技术可以无极连续调速提升机，同时不会严重冲击钢丝绳。利用电气自动化控制技术后，能够显著降低系统故障发生率，在实际运用过程中主要利用电气开关，会减少磨损情况。利用传感器传递提升机运行状态信号，有利于精确性地开工至设备运行状态，降低安全事故发生率。此外，利用电气自动化控制技术还可以优化设备状态，节省电能消耗，降低煤矿生产成本。

（2）皮带运输机

在煤矿开采过程中，皮带运输机负责运输煤炭，因此需要全面监测皮带运输机运行情况。因为皮带运输机具有较长的运行距离，不利于依赖人力巡视皮带运行情况。通过利用电气自动化控制技术，可以合理调速皮带运输机的电机，全面监测皮带机运行状态，避免发生安全事故。如果出现异常情况，电气自动化控制系统将会发出警报，并自动落实相关动作。利用电气自动化控制技术还可以自动调整皮带运输机的运行指令，避免拉低设备功率。

5. 在煤矿监控系统中的利用

为了提高煤矿开采过程的安全性，很多煤矿配置监控系统，减少煤矿开采过程的影响因素，有利于顺利开展煤矿开采工作，减少企业不必要的损失，保障工作人员的生命安全。为了全面监控煤矿开采环节，煤矿可以利用红外线自动喷雾和断电仪及风电、瓦斯电闭锁装置等，利用这些设备可以向监控系统中传输信号，方便工作人员掌握煤矿开采过程的变化情况。在实际工作中还可以利用井下人员定位系统，方便掌握工作人员的工作状态。利用堆煤保护视频监控预警系统和运输机断链条视频监控预警系统等，可以提高工作的安全性。传感器缺乏安全性，整体使用寿命相对较短，因此煤矿要注重检修维护传感器，需要利用电气自动化控制技术加强改造和研发传感器，丰富安全配套的设备，进一步提高煤矿监控系统的稳定性。

6. 在煤矿管理中的利用

煤矿为了全面收集各部门的信息，要构建电气自动化控制技术管理体系，有效结合企业管理系统和自动化技术。在煤矿管理中利用电气自动化技术，可以填写各种台账，上传各种数据的分析、判断、决策，使各部门及时向上级汇报工作情况，通过井下智能终端快速接收任务，实时反馈问题及工作进度，方便管理人员掌握煤矿开采的工作状态，提高煤矿整体的执行和管理能力。井下使用了违章抓拍，在视频监控下进行大型设备检修，保障设备运行状态，顺利完成工作任务。

7. 在排水系统中的利用

在煤矿生产过程中，排水系统发挥着重要的作用，关系到作业安全性。在煤矿排水系统中利用电气自动化控制技术，① 可以自动化启停排水泵、自动控制工作量，在实际运行工程中合理调整各工作环节，节省整体资源。② 实现了井下主要排水泵房的地面远程控制启停复位，在线实时监测排水泵的运行数据，如温度、流量、压力、异常声音预警。此外，排水系统还能发挥出保护能力，如果发生高温和泄漏等问题，可以开展自动化探测，落实针对性的解决措施，提高煤矿生产的安全性。③ 可以提前预设控制方案，发生问题后自主选择解决方法，具有较高的智能化和自动化。利用电气自动化控制技术优化上述功能性要求，在排水系统中利用电气自动化控制技术，提高自动化操作水平，无需人员操控即可收集数据，还可以向控制中心发送数据，经过调节处理后预防煤矿事故。

8. 在通风系统中的利用

煤矿生产环境特殊，通风系统发挥着重要作用，有利于提高煤矿开采过程的安全性和稳定性，因此需要利用电气自动化控制技术，实现煤矿通风系统的节能性和高效性。煤矿通风系统要具备自动化操作控制功能和公布展示功能，发生问题可以自动存储相关信息，并落实预警提示。通风系统关系到煤矿生产的安全性，有利于优化整体环境条件，利用电气自动化控制技术有利于提高通风系统的智能化，满足各项功能需求，维持通风系统运行的稳定性，提高煤矿开采过程的安全性。在煤矿通风系统中应用电气自动化控制技术，一方面可以自动切换控制矿井主扇，另一方面可以自动连锁控制井下风门。此外，可以实时监测井下主要巷道的风速，还可以自动控制风电闭锁功能。

9. 在供电系统中的利用

煤矿开采环境恶劣，如果不能保障供电系统的安全性，将会引发各种安全事故，甚至会引发爆炸事故，因此需要利用电气自动化控制技术完善供电系统，提高供电系统运行的安全性。煤矿供电系统复杂，涉及较多的工作模块，只有协调配合不同的模块才可以优化供电系统运行水平。利用电气自动化控制技术不仅可以完善供电系统，还可以发挥出监督管理作用，通过收集和分析相关数据，合理优化供电系统的电量，提高煤矿用电的科学性，节省资源利用量，保障煤矿生产效益。在煤矿生产过程中要耗费较多的电力资源，如果煤矿和发电厂的距离比较远，需要在矿区建设变电所，保障供电稳定性，需要利用电气自动化控制技术严格控制供电电压。在煤矿供电系统中应用电气自动化控制技术，可以实现开关、移变、高开等电气设备的远程启停复位等功能。开关移变等电气设备均可以实现数据自动上传，为排查故障、预防性检修及设备的性能测试提供全面的数据；还可以完善双回路供电的自动控制系统，发挥出风电、瓦斯电闭锁功能，自动控制供电设备的预警、故障、切断电源、停止运行等功能。目前，变电所已经开始推广利用人脸识别门锁，提高整体工作的安全性。

在我国工业发展过程中，煤矿开采工作发挥着重要的作用，为了保障煤矿开采质量，需要充分发挥出电气自动化控制技术的优势，弥补煤矿开采传统技术缺陷，提高煤矿开采的质量和效率等。因此，煤矿要重视电气自动化控制技术，在实际应用中不断总结工作经验，推动煤矿行业可持续发展。

（三）煤矿电气自动化控制系统的应用及优化设计

1. 煤矿井下电气自动化控制系统的应用

（1）在采煤机中的应用

采煤机是煤矿开采过程中最为关键的机械设备之一，其安全性直接影响着整个采煤工作，因此，一般来说对采煤机工作人员的要求比其他设备高。目前来说，采煤机本身构造较为复杂，再加上其所处的工作环境并不理想，一旦出现问题，则会影响到整条生产线。尽管日前高新技术的应用提升了煤矿开采的效率，但也带来了一些前所未有的潜在危险。电气自动化控制系统的引入不仅可以及时监测采煤机在采煤过程中的状态，还可以解决一些隐患问题，从而消除一系列安全隐患，在保障安全的前提下提高产率。采煤机电气自动化控制系统框图如图 3-1 所示。

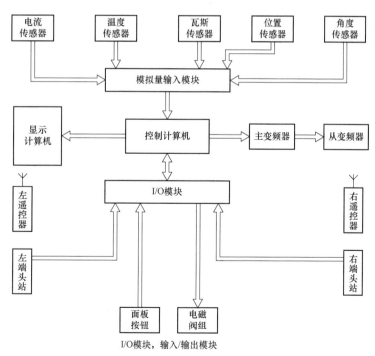

I/O模块，输入/输出模块

图 3-1　采煤机电气自动化控制系统框图

（2）在矿井提升机中的应用

作为煤矿开采过程中一种关键的设备，矿井提升机一般来说工作环境较为复杂，也极易出现故障。电气自动化控制系统的引入有效解决了这一大难题，使得矿井提升机的工作效率大大提升，并且极大地减少了耗电量，提升了煤矿企业的经济效益。

（3）在皮带输送机中的应用

皮带输送机在煤矿开采的过程中极为常见，但这种设备存在较大的弊端，即高电压、高功率，因此煤矿开采过程中经常出现因供电不足而导致皮带输送机工作不稳定的情况，严重时则会产生不可逆转的后果。因此，煤矿企业应当合理引入电气自动化控制系统，对电压和功率进行实时监控（见图3-2），尽可能排除对皮带输送机影响较大的一些因素。只有这样，才能及时发现、解决皮带输送机所出现的问题，有效提升皮带输送机运行的效率。

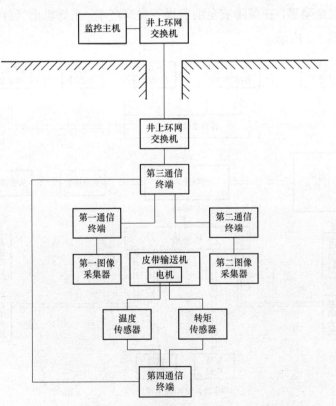

图3-2　煤矿井下皮带输送机监控系统结构示意图

（4）在流体负荷设备中的应用

煤矿开采作业中所用的流体负荷设备一般包括风机、压机泵等。电气自动化控制系统的引入使得工作人员对流体负荷设备的操控更加灵活，不仅可以保障设备处于正常工作状态，还可以大大降低煤矿开采过程中的能耗。

（5）在井下环境监控中的应用

以往开采工作中对井下环境的监控一般是工作人员定时使用设备进行人工监控，不能实时监测，很有可能造成一系列的安全事故。例如，在第一次与第二次监控的间隔期，瓦斯浓度超标，发生爆炸，这不但会给企业造成一定的经济损失，而且难以保障工作人员的安全。假如引入电气自动化控制系统，工作人员就可以进行实时监测，并对超过一定标准的参数进行报警，从而消除安全隐患，保障人员的生命安全。

2. 煤矿井下电气自动化控制系统的优化

（1）系统设备选型优化

在进行设备选型优化时，需从以下几方面入手：① 明确区域开采规模。只有很好地了解开采规模，才可以进行自动化控制系统规模的设计，选择合适的设备。煤矿电气设备较多时，数据较多，要高效收集和处理数据，就必须选择大型的 PLC 控制设备。② 确定 I/O 点类型。不同的煤层对电气自动化控制系统的要求不同。对浅层煤层进行开采时，对自动化控制系统结构等要求不是很严格，并且所涉及的 I/O 点类型和数量并不会很多；对于深层煤层而言，选择的 I/O 点类型必须具有高性能，同时统计好 I/O 点数量，并留下一定的余量，但是也不能太多，否则会造成资源浪费。③ 选择合适的工具。电气自动化控制系统的编程工具可分为手持编程器、图形编程器和软件控制编程器。手持编程器比较简单，但自身具有一定的局限性，应用范围比较小，适合在一些小型的 PLC 上使用；图形编程器直观性较强，采用简洁明了的梯形图，适用于中型设备中；软件控制编程器具有高效性，但是需要投入的成本比较高，通常应用在大型或超大型煤矿中。

（2）系统设计思路优化

明确设计思路，有助于实现电气自动化控制系统的优化。电气自动化控制系统设计主要包括远程监控、集中监控和现场总线监控，每种设计思路都有其优势和局限性。远程监控管理灵活，成本较低，但信息传输量较大以及存在高负荷运转的问题；集中监控的设计和维护都很便捷，但也有一定的局限性，即各类信息都需要中央处理器处理，承受的运算压力较大，容易出现错误，进而影响效率；现场总线监控相较于前两者，设计的适用范围更加广泛，维护也更加便捷，是电气自动化控制系统的优先选择，为实现智能化奠定了基础。

（3）系统硬件优化

系统的可靠运行与硬件配置息息相关，硬件是系统安全和稳定操作所必需的条件，通常优化硬件的方式有防干扰、输入电路和输出电路设计。系统在运行期间，需要提供 85～240 V 范围内的电压以满足 PLC 设备电源需求。在实际生产的过程中，煤矿电气自动化控制系统的运行环境比较复杂，有时供电点不稳定，影响整个系统的操作，因此，需要系统具备较强的抗干扰能力，保证煤矿稳定安全运行。防干扰设计主要有 3 种：① 优化系统中的电磁屏蔽设备，设置金属壳对电磁、静电等信号进行屏蔽；② 优化设计硬件的布线，保证电气硬件线路的稳定，划分相互干扰的线路，并在线路外部安装屏蔽设备，避免线路之间相互干扰；③ 落实隔离设计，将隔离功能应用到变压器中，提供正常范围内运行的变压器，减少脉冲的干扰。对于输入电路的设计，可以加装电源滤波器或者隔离变压器等，起到净化的作用，还可以加装一些保险丝，防止出现短路的现象；而对于输出电路的设计，需要了解电气自动化控制系统标志和指示灯，指示灯内部有晶体管，晶体管可以适应电气自动化控制系统的高频率工作状况，需要提高晶体管的抗干扰性，通过优化输出电路使整个电气自动化控制系统稳定运行。

（4）系统软件优化

软件是电气自动化控制系统的核心，因此，需要对软件的结构和程序进行优化。软件的结构优化可以分为两种不同的形式：第一，基本程度设计，这个模式是基础模式，绝大多数电气自动化控制系统设计会应用到；第二，模块化设计，这个模式使系统具有升级潜力，尤其是大中型煤矿，模块化设计可以使得调整工作快速、有效，从而提高煤矿开采的效率。软件的程序优化主要就是 I/O 点的优化，需要对整个自动化控制系统进行调查，做好编号工作，使 I/O 点分配更加精准、有效，扩展系统的功能与性能。根据控制目标，科学合理地划分煤矿电气自动化控制系统和不同模块的任务，全方位掌控设备的工作状态，优化设备运行数据调控，满足编程程序的设计要求，提升电气自动化控制效率，满足现代化煤矿建设设备需求。

电气自动化控制系统在煤矿开采中运用越来越广泛，体现出较强的兼容性、集成性及智能化特性，很大程度上提高了煤矿的开采效率和质量。对于煤矿电气自动化控制系统设计方案，需要不断进行优化，结合实际情况，优化设备选型、软硬件系统等，使其性能和功能达到最佳状态，确保可以全方位地满足煤矿的管控需求，为煤矿企业的可持续发展提供保障。

五、电气自动化控制系统在水产中的应用

一直以来供水工程建设均存在自动化水平不高的问题，这就致使水厂运行管理成本与日俱增。基于这种背景之下，人们对自来水质量也提出了愈来愈多的要求，所以要求相关企业要采取针对性的手段将自来水处理的技术水平加以提升，保障实现高质量的自来水供给。

（一）制水工艺流程与自动化控制系统

1. 水厂制水工艺流程

各水厂自身的状况存在着一定的差别，这也在无形当中致使实际的工艺流程存在着不少区别，然而基本的流程却是大致相同的，比如取水、混凝、过波沉淀等。通俗地讲，是通过从江河与湖泊等相关地方把水运输到指定的净水厂，然后在其中添加一定数量的混凝剂与氯气做好消毒与混凝工作，将存在的污泥排除干净，通过过滤沉淀的方式将悬浮杂质加以去除，令水处于干净清澈的状态，最后基于离心泵不断作用之下输送到相应的供水管网中。

2. 水厂自动化控制系统

通常情况下，水厂自控系统涵盖的控制单元较多，同时控制单元也趋于集中化，所以该系统主要以 DCS 模式为主。针对采用 PLC＋IPC 系统的水厂自动化控制的设计，往往会借助于多主站加多从站结构的模式，以便可以迎合相关标准。不只是这样，在水厂当中的每一个地方均分布着控制点，所以尽可能坚持就近控制的原则，并在此基础上把不同的 PLC 站设置在相应的地方，以便可以实时监督这些设备；同时，还要依赖于通信网络实现 PLC 站之间的数据通信，以此来实现对水厂的科学管控。

（二）水厂电气自动化控制系统分析

水厂建设是现代城市水资源合理利用的重要组织，水厂具有水资源供应、水体检测等多项功能，各项功能的良好应用直接关系到城市的用水安全。而在现代城市用水量增大、水质要求增加的情况下，要求水厂在开展各项工作中，也应该尽快完成工作模式优化，提升城市供水管理效率。而采用电气自动化控制功能就是非常良好的自动化管理模式，利用电气自动控制系统的自动化功能，可以完成水厂各项工作优化，实现水厂生产管理的自动化完成，提升水厂管理应用质量。

1. 水厂电气自动化控制系统分析

水厂电气自动化控制模块是当前水厂自动化管理工作应用的重要模块，对于水厂各项工作的开展有重要的意义。在电气自动化控制模块的应用过程中，按照水厂生产和管理的各项工艺分析而言，其自动化控制模块主要包括取水泵控制模块、送水泵控制模块、加氯自动控制模块、格栅配水池控制模块、反应沉淀池控制模块以及配电控制模块等组成。不同的控制系统可以完成水厂的不同功能。同时利用自动化技术使各项系统都具备自动控制功能，能够实现水厂生产、水厂供水及水厂水质检测等多项自动化工作，实现了水厂生产的整个自动化生产链条构建，继而也提升了水厂电气自动化生产，确保电气生产应用更加合理。

2. 水厂电气自动化控制系统的应用分析

水厂电气自动化控制系统的应用，是为了完成各项生产工作，所以在实际电气自动化控制系统应用过程中，可以利用其功能完成各项水质检测工作。以下是对电气自动化控制系统的实际应用方向和应用要点进行分析。

（1）水厂电气自动化控制系统的应用方向

首先，水质检测电气自动化控制系统的应用可以实现自动化水质检测工作。进行水质检测中，可以使用自动化检测仪器进行水质检测，检测过程中使用到 pH 流量检测仪、流动电流检测仪、高低浊度检测仪器进行在自动化的检测。采用自动化控制装置进行检测，能够提升检测精度，也能够实现检测效率的升级。采用电气自动化系统对水质检测仪器进行控制，自动控制检测工作比传统的人力检测工作效率更高。其次，水处理系统的应用。在现代水厂管理工作中，水厂说处理系统的应用非常关键，在实际的水厂水处理工作中，主要完成水质检测、加氯处理以及水体供应等相关工作。而水厂电气自动化控制系统应用，就能够完成各项水处理工作的自动化开展，从而实现水厂管理的自动化完成。设计应用自动化控制系统，能够提升水质检测效率。在传统的水厂水处理中，采用经典控制理论进行水厂控制，同时在水厂处理中，该理论主要使用人工控制模块。而在电气自动控制系统的研发中，DCS 系统逐渐在水厂水处理中应用，提升了网络水处理的应用效果，对于水厂的各项工作开展也有非常重要的意义，提升了水厂工作质量。

（2）水厂电气自动化控制系统的应用要点

综上所述，水厂电气自动化控制系统的应用，可以实现自动化的管理工作，提升了水厂的应用质量。同时自动化控制也是现代水厂的主要工作改进方向，而为了实现水厂的电气自动化控制，就能够提升水厂的应用管理，确保水厂的自动化应用更加有效，也能够提升水厂的控制效果。为了实现水厂电气自动化控制系统的良好应用，还需要对水厂电气自动化控制系统进行合理的设计，设计的科学性以及系统设计的可持续性能够提升电气自动化控制应用效率。

首先，在系统应用前，需要对水厂的各项工作要求进行分析，主要分析水厂的自动化应用功能，分析水厂的自动化管理功能需求等，通过功能需求分析，完成后续水厂电气自动化控制系统的设计。其次，在系统应用前，还需要对水厂电气自动化控制技术进行完善，完善水厂应用过程中的各项技术。例如，使用到变频控制技术、智能以及自动化仪表装置的应用都是实现水厂电气自动化管理的关键技术，对于水厂的技术应用就有非常重要的作用，也是实现水厂自动化管理的重要模块。最后，在系统应用中，可以实现水厂的电气自动化控制系统应用过程中，为了实现系统的良好应用，还需要配合系统完成水厂管理制度建立，完成水厂自动化工作流程制定和提升水厂电气自动化功能应用效果。

（三）某水厂电气自动化控制系统的设计和应用分析

1. 某水厂电气自动化控制系统设计

某水厂是某市供水中心，对于某地区的水资源合理应用有非常重要的作用。在实际的水资源应用过程中，某水厂企业设计电气自动化控制系统完成各项自动控制功能。以下是对某水厂电气自动化控制系统的设计分析研究。在某水厂电气自动化控制系统设计应用过程中，完成了系统的总体结构控制应用，对于系统的设计而言也有重要的意义，实际的系统设计中，主要完成中控层设计应用、现场控制层设计应用、无线传输层以及上层管理系统等模块，不同的层级和结构都直接关系到系统的综合设计应用，对于系统的各项控制功能实现也都有非常重要的意义。

首先，某水厂电气自动化控制系统设计应用过程中。中控室模块主要是完成水厂各控制系统的监控工作，通过监控工作良好开展，确保水厂各项电气自动化控制工作良好完成，也能够提升电气自动化应用效果。实际的水厂自动化控制应用中，可以实现水厂的自动化管理。水厂电气自动化控制系统应用，可以实现监控管理等多项工作。其次，某水厂电气自动化系统设计中，现场控制层是完成水厂水处理工作的主要层级，在水厂水处理现场控制层设计中，主要设计有送水泵房设计、加氯加矾泵房设计及反冲洗滤池设计等内容，各单一控制模块就可以完成各项水厂处理工作。最后，某水厂电气自动化控制系统设计中，还包括上层管理系统的设计应用。某水厂电气自动化系统主要使用到SCADA 系统、SCADA 系统，其在应用中具有数据采集、自动水厂检测、水管网监测、自动报警分析及历史数据分析等多项工作，从而促进了水厂自动化检测功能实现，提升了水厂的自动化管理效率。

2. 某水厂电气自动化控制系统应用及其效果分析

某水厂电气自动化控制系统设计主要目的是为了完成水厂水处理工作的各项管控。利用该电气自动化控制系统可以完成自动化控制工作，以下是对电气自动化控制系统的应用进行分析。

（1）加氯自动化控制应用

利用水厂电气自动化控制系统能够实现加氯工作的自动化。水厂加氯是水厂水处理工作的重要环节，也是对水厂的水体进行净化。在传统水厂加氯工作实施中，主要包括预加氯、前加氯、滤后加氯及出厂补氯等工作。在进行加氯过程中，主要是根据水厂水质情况进行加氯。而在传统的加氯实施过程中，加氯精度较差，各环节的加氯工作无法高精度完成，影响了加氯工作的应用效果。自动化系统应用后，设置了比例加氯自动化控制模块以及余氯负反馈控制模块，能够实现自动地加氯分析和计算，可以实现自动化控制功能，提升加氯控制效果。

首先，比例加氯自动控制原理是利用自动化控制系统设置 PID 闭环加氯控制，提升了加氯精度。例如，在自动化控制中，在前加氯控制中，增加了流量比例控制器、自动化水质检测仪器，将二者与加氯机之间形成自动化连接，设置闭环控制系统。实际的加氯自动化控制应用过程中，水质检测器将水质中的氯成分信息收集并分析，将采集的信息发送到 SCADA 系统之中，SCADA 系统按照预设数据完成加氯质预估，并且按照水体流量比例控制器与加氯机完成实时加氯以及实时管理工作，按照水质的检测要求完成水质更新加氯，继而提升水质加氯的控制效率，也能够提升水质加氯效果。其次，余氯负反馈控制模块主要应用原理是完成水质手动加氯以及水质加氯控制。在实际的水质检测工作实施中，主要是利用余氯仪器与加氯机之间相互连接，同时通过加氯仪器和反馈系统之间的连接，确保加氯应用合理，也能够提升加氯控制效果。在实际的系统应用过程中，该系统主要控制出口位置的水体加氯，在水体出厂前最后进行一次氯分析，如果水体中的氯值未达到要求，要立刻进行加氯。在该自动化控制流程中，PID 控制器起到核心控制功能，加氯机是主要的加氯装置，实际的应用中余氯仪器主要完成氯数值检测工作。三个模块的自动化连接实现了智能和自动化的加氯控制。

（2）自动变频供水自动化控制

自动变频供水自动化控制技术的应用非常关键，对于自动化功能的良好开展也有非常积极的意义。在水厂各项工作中，供水工作是保证水利资源供应的重要模块。传统供水中，不能够按照各用户的供水需求完成高精度的供水应用管理。在系统应用过程中，利用变频自动化控制技术，就能够实现自动化变频控制供水管理。在某水厂进行供水管理中，利用 PID 控制器能够实现水厂的恒压变量控制模式进行供水流量的自动化控制分析，提升系统的应用效果。恒压变量自动控制模块主要包括 PID 控制器、控制器装置、压力信号线、控制信号线、变频水泵及压力变送器模块等。在实际的供水管理中，系统的 PID 控制器设置固定压力值。在实际的控制系统应用过程中，压力变送器采集水信号，将水压信号值传送到 PID 控制系统。变频器装置应用十分关键，通过变频器装置的合理应用能够实现供水的自动变频控制。根据压力参数分析，PID 控制器自动完成供水管道压力调整，继而实现了水利资源的自动变频系统设计管控，提升变频应用效果。在供水流量自动化分析过程中，系统的设计应用要求完成自动化的调节工作。在实际的系统设计应用时，变频水泵的应用也十分关键，能够根据水体压力自动完成水泵的工作参数更改，提升水环泵的工作质量，最大程度上提升水利系统的自动供水管理，提升水泵的应用效果。

（3）水质自动检测应用

某水厂电气自动化控制系统应用过程中，也可以完成自动化的水质检测工作。传统水厂进行水质检测过程中，都是采用人工水质检测方法进行具体的检测工作，而在电气自动化控制系统应用过程中，可以利用自动化控制技术模块完成水质自动监测工作，提升了水质检测效果，也能够确保水质检测实施更加合理。水厂对自来水的监测是通过新型的自动化监测仪表来进行的，检测对象包括水的流量、水位、温度、压力以及水的质量，相应的设备包括 pH 测量仪、流动电流检测仪、漏氯检测仪和余氯分析仪等检测仪器。各类检测仪都发挥着独特的作用，例如在测量水流量方面，除了利用传统的电磁流量计以外，还会运用到大量的非接触仪表，以保证对水流量测量的准确度。某水厂电气自动化控制系统将所有的水质检测仪器仪表自动连接，利用网络模块和通信技术将仪表串联。自动化控制系统可以根据水质检测需求采集各项水质检测信息，完成水质检测的综合应用管控，也能够提升水厂电气自动化水质检测工作，继而提升水质检测工作效果。

电气自动化控制系统在水厂中应用，能够实现自动化的水处理以及水供应，提升了水厂水质检测工作效率。本部分内容以某水厂的电气自动化控制系统为例，总结了电气自动化控制系统的具体设计应用要点，希望能够对水厂的应用发展有所帮助。

第二节　基于 PLC 的机械设备电气自动化控制

机械设备电气自动化控制是综合性非常高的工业发展方向，会用到多种技术，针对不同的应用场景和不同的自动化生产线，都有着核心的技术方案。在工业电气化生产的早期，生产器械一般都会采用强电，若人工直接控制器械开关，将会引发电击危险，故而推出了继电器控制的方式，此方式可以利用弱电开关去控制强电设备的运行。随着时代的发展，继电器方案的适用范围越来越小，其性能已经满足不了工业生产的需求，进而被 PLC 逐步取代，成为自动化控制行业的重要组成部分。PLC 技术的广泛应用也推动了自动化生产的快速发展，同时也促进了我国工业化的稳步提升。

一、PLC 与电气自动化控制概述

（一）PLC 技术概述

PLC 是一种基于设备工作状态调整运行参数的自动化设备控制器，技术人员可以根据工作设备的具体运行情况，再结合模拟量控制、开关量控制、运动量控制等一些自动化的装备，编写一套让设备自动化生产的程序，最后导入可编程控制器中，器械电气化设备就可以按照预定的程序开启自动化生产。如果想要 PLC 发挥出重要作用，就需要根据生产车间的状况安装一些配套设备。例如，传感器，用于获取设备运行中的参数数据，一般 PLC 会根据实际生产情况进行一些相应的调整；变频器，根据设备元件的需求，调整工作电压，避免损毁器件。在 PLC 控制设备电气设备运行过程中，一般都是依靠传感器收集工作状态信息，然后将这些数据传递给中央处理器，从而实现智能控制生产过程；若参数异常，PLC 可以关闭设备，同时发出警告。

（二）机械电气自动化控制

机械电气自动化控制主要是针对生产过程控制的一套自动化系统，为了实现设备的正常运行，仍然需要多种具有一定控制能力的辅助装置，它们一般都是处于弱电环境，组成闭合的二次回路，再对强电环境下设备电路进行控制。在早期自动化工业中，都是采用继电器作为电气设备的开关，继电器也具有自动开闭的功能。

（三）PLC 在电气自动化控制中的作用

PLC 具有良好的稳定性，只要其不出现故障，机械电气设备就可以一直按照所设定的 PLC 程序运行生产。在自动化控制体系构建的过程中，仍然会利用继电器元件，再由 PLC 进行控制，这样就可以间接控制电气设备的运行，而不需要人工去操作相应的装置。例如，在电气设备运行的过程中，需要 380 V的工业电压以及强大的电流，才能驱动电机，而 PLC 不能在这样的电路环境中运行，为了能控制关联电气设备的主电路，就需要继电器来实现间接的控制，故而形成了具有 PLC、继电器元件以及一些其他辅助元件的二次回路，然后依靠 PLC 强大的逻辑计算能力，通过二次回路去控制主电路，从而实现机械设备电气自动化控制。

二、PLC 在机械设备电气自动化控制的应用优势

（一）能够应对控制原理更复杂的环境

机械设备电气自动化控制的过程中，早期使用基础的继电器系统进行控制，虽然可靠性较高，且便于维护，但继电器的控制原理比较简单，多用于简单机械设备的电气控制过程中。例如，在机器手臂移动控制、加工的过程中，电气自动化需要检测设备的移动距离，然后在控制机械手臂的过程中，控制手臂多个关节的电机、继电器，控制原理变得更加复杂，对控制精度的要求也越来越高。同时，伴随现代机械技术的快速发展，机器设备的结构更加复杂，电气控制系统的功能越来越多，因此机械设备的电气控制原理变得更加复杂，继电器系统的控制难以满足机械设备电气自动化发展的需求，并且也会增加机械设备控制系统的体积，阻碍了机械设备的应用范围扩大。因此，在 PLC 控制器具有简单易操作、编程简易易学、体积较小等工作特点的加持下，在电气自动化中应用 PLC 控制器的情况越来越常见。

（二）控制手段更加可靠

现代机械设备的结构更加复杂，功能也更加完善，特别是在高精度、高科技水平的产品加工、生产过程中，控制手段的可靠性可以确保相应的产品能够高效、高质量地生产。同时，在电气自动化和智能化技术的发展过程中，电气控制的大多数内容通过事前编程的方式实现，从而避免因手动操作等问题导致控制出现延迟、失误的现象，极大地提升了电气控制的效率和可靠性。特别是在电气控制设备的安装、连接过程中，传统的继电器控制系统接线复杂、安装难度较高，利用 PLC 等设备可以通过芯片集成的软开关，利用事先编辑的程序逻辑有效地控制机械设备的电气系统，相关芯片已经集成了继电器、信号收集、定时控制众多功能。因此在安装的过程中不需要额外的布线，从而降低了

传统电气控制系统的接线、安装难度，并通过改动程序调整控制系统、控制标准，为机械设备的稳定、高效运行打下了基础。

（三）控制操作更加简便

PLC 系统在实现控制功能的过程中，可以利用电脑连接 PLC 设计和调整控制程序。同时，利用相应的可视化编程工具就可以实现控制程序的编程，使用小型触摸液晶屏或者专业的计算机显示器都可以调整控制程序。在编程的过程中，编程人员也不需要进行非常系统、专业的培训，利用编程工具集成的机械设备电路回路的编程素材系统，可以进一步降低编程的难度。一方面，编程软件中模拟的控制程序原理与机械设备基本控制原理相同，借助软件中的控制元件、程序的资料库，能够通过简单的调取，实现相应的功能，从而达到简化编程、控制流程的效果；另一方面，PLC 程序的模拟运行避免了线路连接、开关等区域的触点，在编程的过程中，也不需要直接运行机械设备，从而避免了编程问题造成的机械设备损坏现象。在实际运行的过程中，需要调试程序，提升软件控制的可操作性，使机械设备的控制更便于操作，为设备的高水平运行提供了良好的基础。

三、基于 PLC 的机械设备电气自动化控制设计要点

（一）设计原则

为了保证基于 PLC 机械设备电气自动化控制设计的合理性，就要严格按照具体设计原则落实相关工作，保证技术活动能在满足企业生产需求的同时，提升机械设备的应用速度和产品生产质量，打造更加合理且科学有效的技术处理控制模式。

1. 全面性原则

在基于 PLC 机械设备电气自动化控制工作中，要秉持全面性原则，也就是说，要结合工业特点和生产需求落实具体工作，确保相关内容和设计分析模式都能符合标准。最关键的是，制作工序与设备控制内容，要尽量匹配技术指标，维持电气自动化控制设计的时效性。只有全面维持技术能力和指标的平衡性，才能保证 PLC 系统更加完整，为优化整体应用功效提供保障。

2. 经济性原则

要充分秉持经济性原则，保证相关设计内容和模块都能匹配经济要求，并且维持整体机械设备应用效益的最优化，真正实现效益成本管理的目标。因此，一般是在策划阶段就结合机械设备电气自动化控制标准，选取更加适宜的 PLC 系统结构，维持设计方案的规范效果。与此同时，也要匹配相应的验证分析模式，结合市场元素以及动态对其效益予以预估，保证设计成果切实有效。

3. 可靠性原则

要秉持可靠性原则，任何系统设计内容都要将可靠性作为核心。在机械设备电气自动化控制系统中融入 PLC，要保证 PLC 的特征性和系统运行的标准相匹配，打造安全可行的处理模式，为 PLC 系统安全、稳定运行提供保障。

4. 发展性原则

要秉持发展性原则，也就是说，要依据动态设计的标准对 PLC 系统的融合模式予以考量，加之 PLC 技术也在不断发展，这就需要系统设计分析的过程中要充分分析系统升级后续处理方案，为机械设备电气自动化控制工作预留相应的动态转型空间，维持高兼容性和高发展性。

（二）设计思路

在机械设备电气自动化控制系统中融合 PLC，要将设备自动动作作为关键，不仅能满足产品生产的基本需求，还要符合生产效率，打造较为合理有效的控制系统运行体系，使其具有较好的可靠性和安全性。最关键的是，基于 PLC 的系统能最大程度上实现集约化处理，大大增加成本优势，减少维护难度。

首先，结合电气自动控制的基本流程，选取适宜的 PLC，不仅能匹配电气控制装置改造的基本需求，还能打造完整的控制平台，从真正意义上实现产品性能的优化目标。其次，要明确工艺流程以保证被控制对象确认无误，从而维持良好的工艺体系，实现最佳输出设备的管理，并且要集中统计 I/O 点数，确定点数才能匹配 PLC 的具体要求，实现自动化控制。最后，完成硬件确认工作后，就要依据工艺流程明确具体的控制程序，匹配自动化控制关键运作标准，并且结合工作流程有效出具系统控制流程图，维持顺序和条件的规范性。值得一提的是，要保证现场操作人员具备丰富的电气设计经验和电气控制知识储备，才能更好地完成机械设备电气自动化控制匹配 PLC 设计工作的工作。

（三）系统功能指令

要想全面满足工业控制的基本需求，PLC 设定了过程控制、数据处理以及特殊功能指令模块，统一称为功能指令，能及时完成传送、移位指令分析、算术运算和逻辑运算指令分析等工作，保证基于 PLC 的机械设备电气自动化控制系统运行的科学性。

1. 程序控制指令

要依据实际情况完善程序控制指令的设计，包括循环指令和跳转指令。

（1）循环指令，For 表示指令循环的开始、Next 表示指令循环的结束，一旦开启循环模式，除非结合指令要求在循环内部修改结束值，否则，循环就会一直运行到结束，再次开启时，初始值 Init 传送到指针内容中，就能为机械设备电气自动化控制系统的循环处理提供支持。

（2）跳转指令，主要是实现程序流程的转移和跳转控制。

2. 数据处理指令

以字节、字、双字和实数的传送为主，主要是在机械设备电气自动化控制过程中，实现输入数据到输出传送过程，按照输入地址（IN）开始后 N 个数据传输到输出地址（OUT）。其中，N 为字节变量，数值范围是 1～225。与此同时，还能实现字节交换指令的处理，字节的交换指令结合输入字节的结构就能制定相应的电气自动化控制信号，保证应用传输的规范性。

四、PLC 技术在机械设备电气自动化控制中的应用

（一）软开关控制

在机械设备的开关控制过程中，通过向 PLC 设备中导入控制程序，实现特定开关控制效果，按照一定的逻辑顺序或者根据控制要求执行设备的运行动作，是 PLC 技术在机械设备电气自动化中的主要应用方向。例如，在顺序软开关控制的过程中，根据程序预定的动作，PLC 设备会发出相应的功能指令，从而完成相关的开关动作，以保障设备的正常运行。而在完成开关动作后，设备反馈的电信号还可以用于下一个开关控制的过程。PLC 设备识别反馈的电信号，判断上一次开关控制是否正常执行；在正常执行后，可以发出下一步的控

制指令。在检测到异常的情况下，可以进一步调整开关控制，选择停止设备运转或者检查工作状态，以避免对设备带来不良影响。例如，在车床加工工件的过程中，加工的工件在运输到加工区域后，需要控制机械设备执行加工动作，若在执行的过程中反馈的信号有异常，则需要调整工件的位置，然后进一步检测相关信号，在确定反馈信号正常的情况下，才能继续加工工件。

（二）闭环控制

PLC 的可编程特点使其可以在控制的过程中，通过模拟控制环境的方式建立闭环控制系统，并在控制的过程中及时收集相关的数据，并反馈到控制程序中进行分析。在控制的过程中，通过收集机械设备中的各项运行要素，将其作为控制机械设备的判断数据，从而在闭环控制的过程中保持机械设备的高效、稳定、安全运行。

例如，控制机械设备运行中的电流、电压、温度等条件，分析预设值与实际检测值之间的差异，从而判断设备的工作状态是否正常。分析机械设备运行的健康状态，并在相关数值超出正常运行标准的情况下，预设的纠偏指令可以避免机械设备的运行超出既定的目标，从而避免机械设备在运行过程中因多方面原因导致的老化加快、故障等问题，有效地提升机械设备的可靠性。

（三）逻辑控制

PLC 设备最大的特点是其在逻辑控制、数据处理方面的优势，既可以根据机械设备的运行要求实现对机械设备定时、顺序等多方面的控制，又可以根据控制的结果、设备的运行条件等方式判断、改变机械设备的运行模式。在此基础上，还可以根据机械设备实际运行的要求，进一步使用更复杂的控制逻辑，使机械设备能够实现更加复杂的运行要求。

例如，在机械设备运行轨迹、加工状态的检测过程中，通过传感器收集机械设备的运行动态数据，可以根据工件的形态来调整控制手段，从而调整工件的加工过程，并进一步减少在加工过程中可能出现的故障和误差现象。同时，在逻辑控制的过程中，基于 PLC 的编程，可以通过智能化的控制手段，提升逻辑控制的合理性与可靠性。例如，在数控机床精加工的过程中，智能控制技术可以精准分析当前工件的加工情况，并通过与设计数值进行对比，细化工件的加工方式，进一步提升加工的精度。

（四）信息采集

信息的采集与处理，对于提升机械设备的自动化水平、智能化水平具有重要的意义。在对机器设备运行过程进行全面、动态跟踪的情况下，可以使 PLC 控制器根据客观的数据参数调整机械设备的控制策略。充分了解机械设备实际的运行状态，并将相关的状态反馈到 PLC 设备和人机交互窗口中，如显示屏、触摸屏等设备，使操作人员能够通过手动调整或者 PLC 设备自动调整的方式保障机械设备工作的效果。

例如，在故障检测的过程中，PLC 控制系统通过收集机械设备电压、电流、温度等方面的数据，对系统展开动态监控，及时发现影响机械设备正常运行的数据，并对出现的异常情况进行报警。然后在反馈信息采集过程中，收集各项机械设备数据，比如机械设备不同电机运行过程中的电压、电流，以便维护人员快速找到故障点。通过有效的故障自诊断和故障报警，提升数据的处理速度，从而为故障的诊断工作提供良好的支持。

五、基于 PLC 的机械设备电气自动化控制系统的实现

（一）PLC 设备和系统的选型

现阶段机械设备在使用 PLC 设备的过程中，主要采用集中和分布控制两种，也可以结合两种不同的控制方式来实现对机械设备的多方面管理。集中控制可以通过远程管理的方式确保机械设备按照预定状态运行；分布式控制则通常用于本地自动化控制管理。在集中控制的过程中，需要设置 PLC 设备与上级设备之间的关系，确保设备之间的通讯互联情况，同时保证系统结构的简洁性，使控制系统即使在某一方面出现故障的情况下，也可以通过切断该部分的通信来避免受损范围的扩大。而在分布式控制的过程中，可以根据机械设备的功能和控制要求，将电气自动化控制内容分成若干个独立的单元，并根据其独立的控制策略展开电气自动化控制，不会影响系统功能的正常运行。同时，在使用通讯端口反馈数据的过程中，可以保证不同控制端口的运行故障数据能够用于机械设备的生产以及维护过程中。

（二）PLC 硬件系统的设计

为了提升机械设备应用的性价比，在设计硬件系统的过程中，必须考虑系统的类型、控制的要求、控制指令体系的处理速度、硬件设备的购置成本等多方面的因素，进行合理设计。在机械设备较为先进的情况下，可以采用模块化的硬件系统，增加机械设备的硬件端口，在使用和维护的过程中根据实际需求选择对应的功能模块，从而不断扩充硬件控制系统的控制能力。在 PLC 控制器的选择过程中，还需要确保 PLC 控制器的功能较为全面，能够满足各种机械设备的控制要求，尽可能保证 PLC 控制器的型号规格统一，从而减少系统兼容、维护、备件采购等方面的难度。而在传感器的采购过程中，必须根据实际的控制要求和类型进行合理的选择。同时，还需要根据传感器的运行环境，采取有效的防护措施。例如，电流、电压传感器的安装过程中，需要采取抗干扰措施；流量、温度等检测的过程中，需要做好设备的防腐蚀处理。通过有效的防护，避免环境问题导致的检测误差现象。

（三）PLC 软件系统的设计

软件系统设计的过程中，首先，需要了解机械设备的生产与控制要求，并进一步绘制系统结构图，完善每一个流程、功能，并添加时序，从而确保机械设备电气自动化的控制要求能够在控制程序中完整实现。其次，软件系统的设计通常可以采用 PLC 设备厂家提供的开发工具进行编程，合理利用厂家提供的开发工具，使用在工具中集成的机械、电气设备信息库，通过可视化编程的方式来保障编程的准确性，降低编程难度，并通过各项指令，保证程序满足自动化控制的要求。在编程的过程中，还需要对各项语句的功能进行简单的注释，以避免在后期维护过程中产生的相关问题。此外，在程序调试运行的过程中，还需要根据设定的输入信号，实时观察输出信号的变化，并判断其在不同条件下的程序工作情况，可以通过模拟运行的方式及时处理程序中的冲突或者错误，从而提升程序的可靠性。

（四）附加功能的调整与设计

PLC 设备在机械设备中的应用，会进一步增加机械设备的控制范围，因此会采用大量的集成电路来保障相关功能得以实现。而机械设备运行的不同环境，需要在此基础上进一步对集成电路进行扩展，使其能够满足设备运行的具体条件。例如，在机械设备运行受电磁干扰较为严重的区域下，为了避免设备失控，需要采取有效的抗干扰措施。另外，在常见的通信模块设计过程中，需要根据机械设备的控制要求，对其通信方式进行有效控制，同时还需要设计相关的通信安全保护措施，以避免非法通信接入机械设备。此外，机械设备加工功能扩展的过程中，也可以进一步调整 PLC 的控制程序，通过模块化的方式调用该加工模式，从而使机械设备能够广泛应用在各种工件的加工过程中。

PLC 设备在当前工业控制中发挥了十分重要的作用。PLC 设备的体积较小、应用成本较低、可靠性较高，可以用于机械设备的多种控制环境中，而可编程的技术优势使 PLC 设备的应用场景更加全面。因此，在机械设备电气自动化发展的过程中，必须重视 PLC 技术的有效应用，合理利用 PLC 技术的优势，在确保控制系统安全、稳定、高效运行的同时，进一步提升机械设备的生产加工能力，为机械设备的智能化发展提供良好的基础。

第三节　人工智能技术在电气自动化控制中的应用思路

一、人工智能技术在电气自动化控制中的理念及优势

（一）人工智能技术在电气自动化控制中的理念

1. 人工智能技术在电气工程中的设计理念

目前，中国电力行业正处于发展的黄金阶段。近期以来，人工智能技术迎合经济发展的需要与时代进步的需要而诞生。将人工智能技术与电力行业相结合，有助于促进电力行业的进一步发展。随着人工智能技术的应运而生，我国其他行业也取得了优异的成绩。人工智能技术在电力行业的实施，促进了电气工程自动化的发展，但是依旧存在一定的弊端，必须进行及时调整与优化。人工智能技术的出现有助于解决这一问题，进而推动电气工程自动化的进一步发

展。因此，相关部门必须积极进行人工智能技术的调整与优化，充分发挥人工智能的优势与作用。

2. 集中监控式的设计理念

将集中监控理念运用于电气工程自动化中，有助于提高系统的运行效率，使系统操作更加快捷。集中监控具有以下优势：第一，集中监控在电力系统的维护上更加简单；第二，集中监控系统的限制条件较少，设计起来更加方便。在实际运用时，相较于传统的中央处理器，集中监控减少了人力和资金成本，能够取得预期的效果，而且随着电缆数量的增加，主机的运行能力也得到了提高，主机故障的风险将明显降低。在实施过程中，传统电缆受到距离的影响，不但投资成本较高，而且系统运行的效率和质量也会有所降低，尤其当电缆受到阻隔时，受到阻隔闸刀的影响，线路连接容易失误，因此时常出现错位问题，导致系统出现故障。在这种情况下，运用集中式监控进行检测，能够保证电气工程自动化控制的有效实施。

3. 利用远程监控式的设计理念

在科技飞速发展的背景下，监控系统更加多元化，远程式监控对自动化控制具有十分重要的作用，主要表现在以下几个方面：首先，远程监控有助于降低成本，能够有效减少电缆数量，使工作更加方便快捷；其次，远程监控安装便捷，有助于缩短安装时间；最后，远程监控系统使用方式简单，实用性较强。

（二）人工智能技术在运用过程中的优势

1. 不再需要建立控制模型

由于要操控的对象多、程序繁杂，因此大多数的自动化控制过程都需要建立模型，而在控制模型的建立过程中时常会出现偏差。由于预测误差等问题的存在，建模质量往往不高，进而影响自动化控制的质量与效果。人工智能技术可以解决上述问题。将人工智能技术运用到自动化控制中，免除了建模的步骤，减少了误差出现的状况，有效提高了自动化控制器的准确性。

2. 便于对电气系统进行调整控制

传统的电气工程自动化控制系统已经落后于时代发展的需要，而人工智能控制器的使用则迎合了时代发展的趋势。通过人工智能控制器进行设备的调整与优化，工作人员不必再亲自去现场，哪怕距离比较遥远，也可以在控制室内来调整参数，及时对电气系统进行调节和控制。从某种程度上看，这方便了电气系统的调节与掌控，保障了工作人员的工作安全。除此之外，人工智能控制有助于提高控制器的准确性和有效性，减少生产车间需要的工作人员，降低生产成本，使自动化控制更加方便快捷。

3. 人工智能控制器具有较强的一致性

人工智能控制器可以在同时段内处理大量的数据信息，纵然它得到的数据并非数据库内原有的数据，但通过系统的相关功能，它也可以进行精准的运算，从而服务于电气工程自动化控制。控制对象的不同会导致控制效果的差异性，因而，在进行电气自动化控制过程中，工作人员必须严格遵循设计原则、理念，根据控制对象的特征，实事求是地进行数据分析，通过反复实践来检验分析的结果，最终确定有效的方案。

二、人工智能技术在电气自动化控制中的主要应用场景

（一）电气设备设计

电气设备是电气自动化控制系统的重要组成部分，设备使用性能决定着系统控制能力的上限、下限。为间接改善电气工程运行效果和电气控制效果，需要在电气设备设计场景中应用到人工智能技术，赋予电气设备一定的智能决策与环境感知能力，在面对突发状况时，可以在无人工干预前提下自动执行相应动作，以此来恢复设备正常运行工况。例如，在电气设备上加装微型控制器与执行元器件，当监测到设备处于异常状况时，由控制器判断设备状态，向执行元器件下达暂时断路、充电放容等控制指令。

（二）故障预警

在电气控制系统运行期间，借助传感器等终端感知设备，持续采集现场环境参数与电气参数，包括工作温度、电流值、电压值等，将现场监测信号提交至系统后台。随后，对监测信号进行预处理后转换为可识别数字量，对比监测值与整定值，如果二者偏差程度超标，或是运行参数处于异常波动状态，表明电气系统实际工况与预期情况不符，由系统自动发送故障预警信号，帮助工作人员快速发现故障问题并采取处理措施，避免因故障发现不及时而造成电气设

人工智能在控制领域的理论与应用

备烧损等严重损失。在故障预警场景中，相比于自动控制技术，人工智能技术的优势在于，除对比实时监测值与整定值的预警手段外，系统将对所采集现场监测量进行逻辑分析，根据一段时间内参数变化情况，掌握电气设备运行工况，判断是否存在设备故障前征兆，在识别到故障征兆后即可报警，无需等到出现实质性故障问题后再发送自动报警信号。

（三）故障排查诊断

首先，在故障排查场景，通过配置 PLC 控制器等装置，在电气自动化控制系统中设立若干自检信号，依托智能芯片，采取图像处理、电路诊断和频率参数分析等多种方法，定期对高压变压器、电机等电气设备的运行状态进行检查，逐项排查电气设备是否出现各类型故障问题，在检测到设备故障，或是设备运行参数曲线变化与故障特征相似度达到一定标准后，判断设备故障问题出现，进而触发故障预警、故障诊断等其他程序，完成故障排查任务。而故障排查原理在于，由系统持续采集设备数据和故障维修数据，对所采集数据进行清洗、解析、补全、标注处理，再由人工智能引擎从中提取关键特征量并开展模型训练作业，预测设备剩余使用寿命和判断是否出现故障。

其次，在故障诊断场景，依托专家智库，根据故障设备运行参数变化情况，从中调取相似度较高的故障案例作为样本数据，对比故障设备参数与同类案例中的电流、电压等参数量变化曲线，根据对比结果来确定故障类型、故障形成原因和锁定故障点位，并凭借智能算法，自动生成故障诊断报告、应急处置方案和设备检修方案。同时，工作人员也可使用系统的溯源分析工具，从系统数据库中调取故障出现前后的设备运行数据，掌握设备故障发展情况，对比溯源分析报告与故障诊断报告是否一致，为故障诊断精度提供双重保障。

（四）电气设备闭环逻辑控制

在电气设备控制过程中，人工智能技术将采取闭环逻辑控制方式，把受控对象的状态信息反馈到输入端，对比输入值和反馈信息，根据二者偏差情况来下达相应纠偏指令，直至系统输出情况达到预期要求为止。如此，在无人工干预前提下，系统可以自动纠偏受外部环境、设备老化、设备长时间运行等因素影响而偏离的运行参数，避免参数误差持续积累而引发设备故障等一系列连锁问题出现。这样，工作人员仅需提前编写控制程序、设定各项参数整定值与划定偏差范围、不定期检查系统运行状况和着手解决设备故障等突发问题，即可保持电气设备乃至电气工程的良好运行工况，无需全程参与到电气控制过程当中，这有利于简化控制流程与减轻工作负担。此外，考虑到现场环境与设备状态并非一成不变，由电气控制系统定期对既定整定值的合理性进行分析，综合分析现场环境条件、控制要求、电气设备运行状况等因素，重新计算电压、电流、电机转速等电气参数的最佳整定值，从而解决现场环境等要素发生变化后固有整定值缺乏实际参考价值的问题。

（五）状态监测

在早期电气工程中，所构建电气自动化控制系统的故障处理能力有限，秉持着被动控制理念，往往是在设备故障出现后，再采取自动报警、故障诊断、切断故障部分与正常部分连接等措施，造成耽误生产活动开展等实质性损失。对此需要在状态监测场景中应用到人工智能技术，根据实时采集数据与历史运行数据，预测未来一段时间的设备运行工况，判断超载、欠压、过流等故障的出现率，在故障出现率达到相应标准时，立即采取调节设备运行参数、设备停机检修等处理措施，将电气设备故障隐患消弭于无形，避免出现设备故障并造成实质性损失。

三、人工智能技术在电气自动化控制中的应用策略

（一）建立中央控制智能系统

在电气自动化控制系统运行期间，各台电气设备间保持紧密的内在联系，在任意一台设备出现故障问题或处于异常工况时，会对相连设备运行状态造成明显影响，严重时造成设备大范围瘫痪运行的后果。针对这一问题，需要依托人工智能技术来建立中央控制智能系统，采取集中监控方式，全面采集所接入电气设备与现场环境的监测信号，形成一套完全覆盖电气工程的控制系统，以及在各台电气设备与控制系统间形成一个信息网。简单来讲，就是把电气工程视作为一个整体，解决电气设备缺乏联动控制的难题。例如，在单台电气设备出现故障问题后，系统根据已掌握信息，准确判断设备故障问题对其他电气设

备与电气工程造成的具体影响，采取切断故障部分与非故障部分连接、调整相关联设备控制方案内容等措施，最大限度地减小设备故障对整体运行状况造成的影响。

（二）组合应用人工智能与大数据技术

现代电气工程有着规模庞大的特征，接入大量电气设备，在控制过程中需要持续采集海量信息、处理复杂逻辑问题。在这一工程背景下，微处理器、PLC控制器等装置的运算处理能力有限，在同时处理多项复杂问题时，容易出现系统卡顿、程序并发无序运行等问题，难以在短时间内提供运算处理结果，进而对电气控制效果造成影响。例如，在多台电气设备同时出现运行故障时，要求计算机工作站同步进行故障诊断，诊断周期有所延长，故障设备受损程度随时间推移而持续加剧。

对此，需要组合应用到人工智能与大数据技术。在电气自动化系统运行期间，正常情况下由计算机工作站、现场分处理器共用完成运算分析任务，用于判断设备状态、检查是否出现故障问题。而在出现设备大面积故障、现场环境明显改变等突发情况，或是执行设备状态预测等较为复杂的操作时，则将运算任务提交至大数据平台，采取分布式计算方法，由多台服务器完成独立计算任务，把计算结果汇总整理后提交至电气自动化系统，在极短时间内完成复杂运算任务，获取准确结果。对这两项技术的组合应用，既可以显著改善电气控制效果和提高决策精度，还可以摆脱硬件设备性能与数量造成的限制，仅需在控制系统中配置少量微处理器、控制器等装置，并保持电气控制系统与大数据平台的通信连接状况，即可满足实际控制要求，把电气控制系统乃至电气工程的建设成本控制在合理范围内。

（三）强化人工智能自学习能力

人工智能技术具备自学习能力，通过模型训练来提高系统决策分析能力，模型训练时间越长，所提供样本数据越多，则系统决策分析能力提升幅度越大。对此，为深挖人工智能技术价值，持续提升电气自动化控制系统的智能化程度，需要进一步加大人工智能模型训练量、丰富专家智库样本类型与增加样本数量，由智能控制系统在不同假定条件下开展运算分析操作来获取最优解答案。

例如，Tesauro 在 TD-Gammon 棋类程序中便采取机器学习算法，该款程序陆续进行 150 万次的自生成对弈模型训练，决策分析能力达到人类顶尖选手的专业水准，在后续棋类比赛中取得 39:1 的良好成绩，充分论证了人工智能技术的自学习价值。

综上所述，人工智能技术的问世，为电气自动化控制提供了全新方向，系统可以在无人工干预前提下完成更为复杂的控制任务，是提升电气控制水平的重要举措。从业人员理应认识到人工智能技术的应用价值，加大技术应用推广力度，在故障排查、故障诊断等场景中做到落地应用，依托人工智能技术来打造新一代的电气自动化控制系统，推动中国电气事业的健康、稳步发展。

第四节 智能化技术加持下的电气自动化控制系统设计与实现

一、智能化技术加持下的电气自动化控制系统设计

"工业 4.0" 背景下，智能制造成为社会主题，也对各生产制造企业提出了更高要求。智能化技术是电气工程自动化系统控制升级、创新的关键支撑，可以有效弥补传统电气控制系统的诸多缺陷，基于智能化技术的电气自动控制系统设计和应用对促进工业、电气行业的持续高质量发展意义重大。首先概述了智能化技术和电气自动化的基本概念及关系，其次分析了智能化技术用于电气自动化控制系统的重大价值，最后探究了基于智能化技术的电气自动化控制系统的设计及功能实现。

（一）智能化技术与电气自动化概述

1. 电气自动化

电气自动化主要涉及电力电子技术、电子通信技术、计算机及网络控制等多个方面，作为一门兼具综合性和实用性的专业技术，广泛应用于工业及电子行业。电气自动化控制系统就是以自动控制装置、自动化软件等为基础构建的自控体系，可对实际生产中某些关键性参数进行自动控制，在受到相关扰动影

响而偏离正常状态时,可以自动调回到工艺所要求的数值范围。

2. 智能化技术

智能化技术是一个系统化概念,是计算机、GPS 定位及精密传感等技术的综合应用体现。智能化往往与计算机技术、网络技术、人工智能和大数据等紧密相关,是一种更高层次的自动化。

3. 智能化技术与电气自动化的关系

一方面,二者都具有综合性特点,适用于多个领域且具有自动运作的基本特性;另一方面,智能化技术是实现更高水平的电气自动化控制的关键支撑,人工智能、机器深度学习等智能化技术融入电气自动化系统,可以实现完全意义上的系统功能链接、自动运行、故障检测及自动优化更新等,具有更好的操控性和经济性。

(二)智能化技术用于电气自动化控制系统的重大价值

1. 有利于提高系统控制精度

传统电气自控系统无法在电气设备信息庞大化、非线性参数变化的情况下建立有效的被控对象动态方程,其执行单元只是机械地执行系统指令,容易造成控制误差,危及电气自动设备的安全。智能化技术以大数据挖掘技术、云计算等为依托,运用实时控制算法,可以建立精细的被控对象模型,全面掌控各电气设备的动态状况,并及时提出最优方案,从而有效降低运算误差,确保电气设备处于最佳运行状态。

2. 有利于确保系统的稳定性

相比于传统电气自控系统存在的信息反馈慢、控制器运算能力弱等缺陷,智能技术下的电气自控系统具备对变化性、复杂化数据的智能逻辑判断能力,可对各种反馈数据和信息予以及时、准确处理,从而确保电气自动控制系统运行得更加平稳。

3. 有助于提升系统控制时效

智能化电气自动控制系统主要以计算机及智能电气设备为主,智能算法下系统向各功能部件发出准确指令,同时全程监督、反馈运行动态信息并对常规错误进行自主调整处理,相比传统自动系统其在运行期间对人工依赖性更低,执行系统指令的响应速度更快,效率更高,信息延迟更低。

（三）智能化电气自动控制系统功能模块设计

在电气自控系统中智能化技术所起到的主要作用为：对正常工作状态下的电气设备及系统运行状态准确评估；实时监测各电气设备的运行参数；及时精准判断故障发生位置；常规故障处理及反馈等。这些功能包含在下列三个模块中。

1. 智能监控模块

智能化监控整合了人工智能技术与监控设备的优势，可以有效提升监测电气设备自动化运行状态的能力。人工智能技术可以提高远程监控的操作便利性和监控精度，在电气自动控制系统中通过监测系统内各电气设备的运行日志、实时参数等实现对整个系统运行动态的全面掌控，其功能模块架构如图3-3所示。

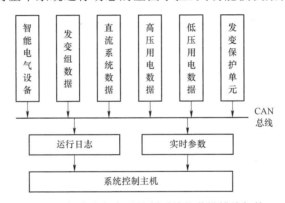

图 3-3　智能电气自动控制系统的监控模块架构

2. 故障智能诊断模块

电气系统运行中可能由于设备故障而影响工作效率及质量，还会造成系统结构性破坏，基于智能技术的电气故障诊断可以对各部分电气设备的实时运行参数进行收集和故障分析，从而快速、准确地判断故障设备及发生位置，同时将故障信息及时向系统主机进行反馈，便于系统运维人员及时进行维修处理。智能化电气故障诊断模块设计如图3-4所示。

上述智能化诊断模块的设计原理为通过实时数据信息与标准数据信息的比对判断是否存在故障。智能化控制系统将获得的电气设备实时运行参数与系统数据库存储的正常数据进行比对。若误差在正常范围，则表示各设备运行正常；若超出误差范围，则追踪不一致的数据，从而确认故障位置，为后续工作提供重要的参考依据。

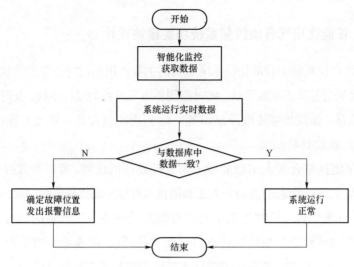

图 3-4　智能化电气系统故障诊断模块图

3. 智能化控制模块

智能化监控模块集合了智能化监控和智能故障诊断的功能优势，依托智能算法对监测发现的故障进行自行修复或向系统管理人员报警，从而保证整个系统的安全运行。利用智能化控制模块还能够在正式控制操作前进行模拟演示，以便于提前预知系统运行中可能出现的相关问题并做好防控预案，降低系统故障损失。

二、基于智能化技术的电气自动化控制系统研究与实现

随着我国经济快速发展，电力产业也在不断探究提高工作效率、改善工作质量的方法，自动化控制技术是电气领域所使用到的关键性技术，与电气工作实践的结合，为提高工作效率，提升工作质量奠定了技术基础。通过解脱人力以及自动控制设施设备保障了电气企业良好的内部控制效果，但随着技术的进一步发展，自动化控制技术暴露了效率不高、精确性不高的弊端；随着智能化技术的不断发展，将智能化技术与电气自动化控制相结合可以对传统的技术缺陷进行改善，在发挥智能化技术优势的基础上，搭建出更加适应时代、更加符合现代社会需求的电气自动化控制系统。

（一）智能化技术的应用必要性

智能化技术是当前计算机科学技术领域的关键性技术，该种技术通过自动

化智能化的方式，以计算机系统为基础对于数据进行收集，通过对于数据的分析与处理来做出智能化的反应。

现在各行各业都应用智能化技术进行技术方法的革新，而在不同领域，智能化技术的应用为工作效率的提升、工作质量的保障奠定了良好的基础。对于电网电气自动化控制系统而言，应用智能化技术可以实现对于现有系统的升级改造。电力系统所应用到的自动化控制虽然解放了人力，但在整个的工作实践环节仍然存在着人力资源投入较大的情况，仪器设备的操作需要人力完成；而在工作过程中，对于故障的排查、对于设备的准确操作都需要人员之间的相互配合，通过智能化技术与电气自动化控制技术的结合，可以实现无人参与下系统的自动运转，在系统智能化对参数进行分析的基础上也可以更好地保障电力系统的运行可靠性。

智能化技术有着自主性，而与传统的电气自动化控制容易受到外界影响不同，智能化技术可以形成相对稳定的运行机制，而操作人员在计算机控制中心对于电气设备进行直接操控，极大地提高了工作效率。在整体系统自动化水平提升的基础上为提高电力系统服务质量奠定了基础。

传统的电气自动化控制系统虽然在部分工作环境下实现了自动化，但其整体的操作仍然需要人工的参与，而智能化技术与自动控制系统的结合，可以实现自动地对于系统运行参数、运行状态进行监控。在该种系统与运行实时监控的背景下可以极大地减少系统控制中存在的误差。

计算机的信息收集处理有着高效、准确的特征，而在对于数据充分掌握的基础上，计算机对于电力系统运行中所存在的细小偏差进行发现与解决可以极大地提高系统的服务稳定性。面对电气系统可能存在的故障问题，智能化技术也能在实时的观测数据的把控基础上及时地进行异常情况的预警。在这种人为不需要参与的管控条件下，可最大限度地保障系统的运行质量。

传统的控制系统虽然可以对于简单电气工程问题进行把控，但随着系统的不断更新，随着当前电力技术的不断发展，整个电力工作中涉及的处理对象更加复杂，而在该种工况下，传统的系统则表现出了灵活性较差、实时性较差的问题。智能化技术与电气系统的结合，可以实现对于复杂情况的有效处理。在对于算法管理模型持续优化的情况下，可以及时地对于大量的数据进行收集与处理，也可以更加准确地对于异常情况进行判定，在问题解决效率提高的基础上，保障电力系统的可靠性、稳定性。

（二）智能化电气自动控制系统设计

智能化技术与电气自动化控制系统的结合有着较大的应用优势。分析当前电力系统运行需求进行功能的设计，可以从监控、诊断、控制这 3 个角度出发，通过不同模块、不同功能的设计来保障后续系统实现时的应用质量。

1. 监控模块

智能化技术与监控技术的结合可以实现数据把控的及时性、准确性，而电气设备自动化监控能力的提高，为更加准确地进行电力操作奠定了数据基础。通过智能化技术可以实现远程操控，而电气自动化系统对于运行过程中电气设备进行及时监控的方式也可以保障各项电气管理决策组织的可靠性。

智能化的监控系统既可以对于所需数据进行收集，也可以进行互联网的信息传递。在数据处理的基础上为工作人员提供可靠的数据信息，在实现对于水电气设备工作状态监控的基础上，也更加全面地对于整个电气系统的运行状况进行把握。

2. 诊断模块

智能化的电气故障诊断，可以极大地减少隐患排查时的人工投入。电气故障诊断可以在数据资料的支撑下对于系统运行的异常情况进行明确，电力系统的智能化监控可以实现对于工作参数的实时把控。而当数据信息存在异常时，通过故障诊断模块可以判断故障的类型，明确故障的位置，在对于数据进行分析，及时预警异常的基础上，可以有效地提高问题的处理效率，为异常处理提供数据参考，也在快速明确数据位置的基础上，提高异常情况的解决效率。

3. 控制模块

设备智能控制是整个电气自动化控制智能化发展的关键环节。智能监控智能诊断其主要涉及对于整个运行状态的分析，但针对于异常情况，智能化电气系统也要通过控制模块的设计来保障远程操控的顺利执行控制操作，在保障控制效率的基础上，尽可能保障系统的运行平稳型智能化控制。

除了可以进行异常情况的预警之外，其通过预定的程序可以对于设备运行过程中存在的问题进行智能化的修复，而自动修复与人工参与相互配合的情况处理方式则有助于电力系统稳定性的保障。

（三）电气自动化控制系统智能化的系统实现方案

针对系统功能设计环节监控、诊断控制等不同的模块设计要求，在系统实现时要通过框架的搭建、算法的分析、系统的测试来保障所设计的系统能有效地应用于具体的电力系统运行。

1. 搭建总体框架

在智能化控制的过程中，总体的框架搭建要关注其中的管控细节，整个的电气系统是持续运行的，而所搭建的智能化系统也要满足电气系统的日常运行状态，通过监控模块实时处于工作状态，不间断地对数据进行分析，从而保障在电气运行过程中能持续地对于运行状态进行监管，当系统遇到基于当下的模块功能无法有效处理的情况时，系统可以通过数据传输发出预警，使管理人员能更加有效地明确管理过程中存在的问题。预警信息指明位置、指出故障可以极大地提高电气异常情况的处理效率。

智能化技术的应用，要在有效设计的基础上形成系统的框架，为之后的顺利实现奠定基础。智能化电气自动控制系统设计到监控、诊断、控制这3个模块，而框架的搭建也要从智能监控出发，通过监控来获取数据，在对于数据进行处理的基础上，以数据反馈智能诊断来及时地发现系统运行中存在的问题。

在智能化的控制系统中依托于自动化，智能化的数据收集处理可以提高数据掌控的全面性、系统性，而在信息技术的支撑下，智能监控可以进行数据的传输，通过所收集到的数据经过处理传送于终端来为电力系统各项决策提供数据参考。

电力系统在运行过程中涉及的自动化控制要求，而针对于所收集到的数据系统可以进行初步的处理，同时可提高工作效率，对于不能处理的部分，可以通过向管理人员发出报警的方式对于整个系统进行优化，对整个系统的运行状况进行把控。因此，通过监控与预警模块的联动工作来实现、确保对于整个电力系统运行情况的有效把握。

2. 分析控制算法

电气系统要保持长期持续的运转，而在电气系统的智能化发展背景下，人工投入的减少，整体设备智能化程度的提高保障了系统的稳定运行，提高了工作的精确度。系统运行中应用到的控制算法有不同的类型，电气系统的智能化发展也要分析所应用环境的差异，选择恰当的算法类型保障算法与系统的统一、保障所搭建系统与实际工作状况的统一。

智能化技术与电机自动化系统同时结合可以使用模糊逻辑控制、神经网络控制、专家系统控制这 3 种算法。模糊逻辑控制主要指的是在输入推理、精确化输出的系统操作下实现对于所收集到数据的准确把控。该控制作为非线性的控制算法，可以实现对于整个系统运行状况的全面数据掌控与分析。

而神经网络系统通过模拟人脑神经元的活动方式，在电气自动化控制中能快速便捷地对于某一部分所需的全部数据进行提取与处理，再智能化对数据进行分析，在收集数据与既定数据进行比对分析的过程中及时地发现运行中存在的问题。

专家控制系统其主要指的是通过专家专业知识与经验保存在计算机，支撑计算机进行各项工作，来使整个系统的自动化控制水平得到有效的提高。专家系统控制既有着数据传输处理的能力，同时在运行过程中也可以更新自身数据库，在适应环境的基础上不断提高自身的控制能力。

3. 系统测试

智能化技术的系统设计必然要落实于具体的应用环境，因此在该种技术设计完成之后，其系统的搭建、算法选择则在工作完善之后要通过系统测试的方式，对于监控、诊断、控制不同模块的功能实现情况进行把握。在测试过程中要模拟现实的电气系统运行状况，既了解到其系统的运行状态，也明确系统在运行中可能存在的问题，在优化阶段对于整体的情况进行调整，确保其所研究的成果可以满足整体的运行要求。

智能化的电气系统有着人工投入减少、智能化程度提高的特征，而自动化电气设备除了基础的数据收集分析传输之外，也要通过智能化对于数据进行管控，在辨别异常情况进行自动化修复与调整的过程中，尽可能保证整个系统运行的质量，以提高整个智能化技术应用的效果。

第四章
人工智能与过程控制研究

第一节　基于人工智能技术的机械制造
全过程控制系统设计

一、基于人工智能技术的机械制造全过程控制系统设计

在计算机领域中，人工智能技术主要有两种不同体现方式：一种是采用模拟法对数据信息进行处理，该方法不但注重实用性，还讲求构建信息与信息之间的互补映射关系；另一种是采用传统的编程技术使互联网网络可视化，这种方法的适用范围相对较为宽泛，对于信息与信息之间的影响关系要求不高。对于计算机互联体系而言，人工智能技术的应用必须借助既定编程模板，一方面可在数据参量编码的同时，实现对信息排序与规划，另一方面也可将整个网络系统分割成多个完全独立的成分，从而有效避免了数据信息误传的情况出现。

机械制造是指按照既定设计标准对机械零部件进行加工的过程，为使所加工元件的制造精度更符合实际应用需求，需要打磨单元、集成设备等多个元件的共同配合。传统数字孪生的系统沿用客户机/服务器架构，在 Web 服务单元的作用下，将制造数据由主机端传输至机械加工端，再借助 C/S 接口对所传输信息参量的有效性进行审核。然而此系统对于所加工机械元件制造精度的约束能力有限，并不能完全实现对机械制造全过程的精准控制。

为解决上述问题，引入人工智能技术，设计了一种新型的机械制造全过程控制系统。

（一）机械制造全过程控制系统硬件设计

机械制造全过程控制系统的硬件由 Multi-Agent 集成框架、Holonic 机械制造元件、Job-Shop 调度控制主机三部分共同组成，具体设计方法如下。

1. Multi-Agent 集成框架

Multi-Agent 集成框架作为机械制造全过程控制系统的核心结构，主要由 Multi-Agent 主机、机械制造部件、控制元件三部分共同组成。其中，Multi-Agent 主机是监控机械制造全过程控制系统的核心应用主机，可在记录机械元件制造指令执行情况的同时，按照人工智能技术的约束标准，对系统内的可利用资源进行调度。机械制造部件下部附属 Holonic 元件，能够自主选择机械设备制造过程中的加工原理、工艺及设计方向，并可联合 Multi-Agent 主机，预测可能存在的元件加工风险。控制元件下部附属 Job-Shop 主机，能同时控制机械元件的尺寸、设计工艺与加工流程。具体框架示意图如图 4-1 所示。

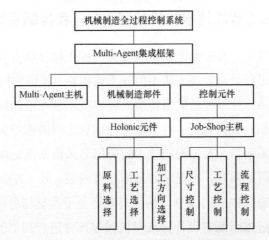

图 4-1　Multi-Agent 集成框架示意图

为保证 Multi-Agent 主机的运行独立性，该元件只接受系统核心控制主机的调度。

2. Holonic 机械制造元件

Holonic 机械制造元件具备 Agent 指令装载、Agent 指令卸载两方面执行能力，可借助 Multi-Agent 集成框架对机械设备元件的全过程制造指令进行控制，并可将关键信息反馈回核心应用主机中，以供下级调度模块的直接获取与应用。Holonic 芯片作为机械制造元件的核心设计结构，同时控制着 Agent 指令的装载与卸载行为。当整个模块结构中的数据信息呈现顺向传输状态时，Holonic 芯片会选择执行 Agent 指令装载行为，在此状态下，核心控制主机处于稳定运行状态，并可在数据库主机元件的作用下，对机械制造全过程控制信息进行存储与筛查；当整个模块结构中的数据信息呈现反向传输状态时，Holonic 芯片会选择执行 Agent 指令卸载行为，而下级调度模块可自主选择待执行的语句命令，并可联合核心控制主机，对机械制造全过程控制信息进行整合。具体连接结构如图 4-2 所示。

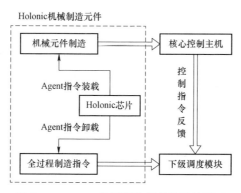

图 4-2　Holonic 机械制造元件的连接原理

Agent 指令装载、Agent 指令卸载是两种完全相反的行为方式，前者负责将与机械元件制造相关的控制信息反馈回核心主机元件中，后者则主要负责对控制信息进行收集与处理。

3. Job-Shop 调度控制主机

Job-Shop 调度控制主机可对全过程因素、控制信息指令等数据信息进行取样，能够充分满足 Multi-Agent 集成框架的配置需求。协调机械设备元件的各个设计与加工过程，可以在人工智能技术的作用下，分析系统控制主机的实用性价值。在实际应用过程中，Job-Shop 调度控制主机可以同时加载两种类型的全过程执行指令，其中一类指令可辅助系统主机确定机械制造信息的传输，另一类指令则直接反馈回 Holonic 元件之中，以供其确定系统控制指令传输行为的有效性。该模块的具体行为模式如图 4-3 所示。

图 4-3 Job-Shop 调度控制主机的行为模式

作为机械制造全过程控制系统的核心应用元件，Job-Shop 调度控制主机与其他模块建立连接必须以 Multi-Agent 集成框架为基础，在遵循 Holonic 机械制造元件所反馈控制信息指令的同时，确定已连接节点是否能够满足机械制造信息的实际传输需求。

（二）机械制造全过程控制系统软件设计

在相关硬件的支持下，按照人工智能节点辨识、执行程序交互、控制信息反馈处理的操作流程，实现控制系统软件的搭建，两相结合，完成基于人工智能技术的机械制造全过程控制系统设计。

1. 基于人工智能技术的节点辨识

在机械制造全过程控制系统中，所有辨识节点的部署都必须遵循人工智能技术，且随着元件制造指令的执行，相邻控制节点之间的物理距离会不断增大。此时对比相邻控制节点之间的初始距离与实际距离，即可准确得知人工智能技术对机械制造全过程控制系统的约束作用能力。设 σ 表示控制节点的原部署系数，在 Holonic 机械制造元件、Job-Shop 调度控制主机间连接关系不发生改变的情况下，该项指标参量的取值结果始终满足 $[1, e)$。r 表示基于人工智能技术的机械制造信息编码系数，对于全过程控制系统而言，该项指标参量的最小取值结果通常等于自然数"1"。假设 u_1、u_2 表示两个不同的机械元件制造标度值，在人工智能技术的支持下，控制系统不会对同一机械制造元件进行重复标注，所以 $u_1 \neq u_2$ 的不等式条件恒成立。联立上述物理量，可将基于人工智能技术的节点辨识表达式定义为

$$Q = \sigma \sqrt{\sum_{r=1}^{+\infty} (u_2 - u_1)^2 \Big/ \left(\lambda \times \left| -\left(\frac{\dot{y}}{D} \right)^2 \right| \right)} \qquad (4\text{-}1)$$

式中：λ 表示基于人工智能技术的制造节点判别项；y 表示既定的机械元件制造特征值；D 表示机械制造信息的译码系数。在人工智能技术的支持下，机械制造全过程控制系统可根据节点辨识原则，对待传输的制造信息进行转码处理。

2. 执行程序交互

执行程序交互原则是 Holonic 机械制造元件中 Agent 指令遵循的编码原理，对于不同的指令执行而言，其编码程序的交互能力也会有所不同。对于 Agent 指令而言，执行程序交互指令的运行大体上可分为装载与卸载两部分，且这两种应用指令均以 Holonic 机械制造元件作为唯一执行背景。

（1）Agent 指令装载行为的执行程序交互

设 f_s 表示基于人工智能技术的 Agent 指令装载特征向量；$\overline{f_s}$ 表示可能存在的 Agent 指令交互传输均值；s 表示机械制造信息的起始编码系数；k 表示 Agent 指令的编码标度值；β 表示 Agent 指令的编码权限。在上述物理量的支持下，则 Agent 指令装载行为的执行程序交互原则表示为

$$A_1 = \frac{\displaystyle\int_{s=1}^{+\infty} Q \cdot (f_s - \overline{f_s})^2 \, \mathrm{d}s}{\beta \times \hat{k}} \qquad (4\text{-}2)$$

（2）Agent 指令卸载行为的执行程序交互

设 f_2 表示基于人工智能技术的 Agent 指令卸载特征向量；$|\Delta H|_{\max}$ 表示 Holonic 机械制造元件在单位时间内所能承受的 Agent 指令最大编码量。联立上述物理量，可将 Agent 指令卸载行为的执行程序交互原则表示为

$$A_2 = \frac{(f_2 - \overline{f_s})^2 / (\beta \times |\Delta H|_{\max})}{Q^2} \qquad (4\text{-}3)$$

在人工智能技术的影响下，Agent 指令的装载与卸载行为不可能存在重合，所以机械制造全过程控制系统所遵循的执行程序交互原则始终具有"两面性"。

3. 控制信息反馈处理

控制信息反馈处理是机械制造全过程控制系统设计的末尾执行环节，在人工智能技术的作用下，为使所加工机械元件的制造精度水平更符合实际应用需求，应分别从 Agent 指令装载、Agent 指令卸载两个角度，对待传输的控制信息参量进行反馈处理。假设 ε 表示机械元件制造的全过程感应系数项；k_ε 表示感应系数为 ε 时的控制信息反馈权限，在不考虑其他干扰条件的情况下，可认为该项指标参量的取值结果始终满足 $[1, +\infty)$。当平均系数 m 为"1"时，控制信息反馈权限指标参量的取值也为"1"。在上述物理量的支持下，可将控制信息反馈处理结果表示为

$$C = \left[\sum_{m=1}^{+\infty} (|A_1|^2 - |A_2|^2) \right] \times k_\varepsilon \qquad (4\text{-}4)$$

至此，完成各项软件的搭建，在相关硬件应用结构的支持下，实现基于人工智能技术的机械制造全过程控制系统的设计与应用。

二、人工智能在机械设计制造及自动化中的应用

（一）机械设计制造及其自动化的相关特点研究

各项高新技术要得以实现必须依赖相关设备，而设备制造的材料以机械材料为主要代表，因此，机械设计制造和自动化程度直接与现代科学技术的时间应用相联系。技术的进步可以有效提升机械产品的科学性和智能型，同时，机械设计与制造产业的快速发展也为及时的应用提供了相应的条件。我国在近年积极开展了机械设计制造与自动化的研究，在充分应用当前机械设备制造信息化程度的基础上使得各种设计制造方法得到充分发挥，使得机械生产效率得到提升，质量得到保证。在近年的发展过程中，机械设计制造与自动化产业呈现出以下几个方面的特点。

1. 基本满足当前社会发展对机械制造业的实际需求

与传统的机械制造模式相比，现代化的机械设计制造及其自动化生产模式在技术不断提升的基础上其应用效果得到大幅度提升。这一发现使得当前机械设计制造及自动化产业的智能化程度得到了提升。同时也有力地促进了我国机械制造业的经济效益不断提升。相关机械生产企业通过使用相关自动

化技术，使得机械生产的模式得到进一步优化，机械产品的功能性也得到了进一步加强。

2. 机械生产对于技术的依赖性不断提升

随着近年人工智能技术的不断发展，当前机械设备材料制造所依赖的技术已经发生变化。从定义上而言，机械设备制造是将相关材料通过制造设备，在不改变材料结构的情况下完成生产制造。而人工智能技术的推广应用使得当前机械制造工作的现代化程度不断提升，有效地解放了生产力，提高了产品质量。同时，在实际生产过程中，由于人工智能技术的应用，使得机械设计制造和自动化成产过程中存在的一些问题能够得以及时发现。通过这种方式来确保机械设计制造及自动化技术应用效果不断提升，实现机械制造行业的进一步发展。

（二）人工智能在机械设计制造及其自动化生产过程中的应用研究

1. 在机械设计中的应用研究

人工智能技术在机械设计阶段进行应用，可以使得设计人员的设计理念得到体现，设计人员的创造性得到充分发挥。随着近年我国开放国门，积极引进国外的新型设计理念，使得当前很多设计人员的思路更加开阔。以机械设计为例，在近年开展机械设计工作过程中可以明显发现，很多机械设备的设计方案现代化程度不断提升，与传统的设计理念之间存在较大差异。尤其是随着计算机技术的快速发展，各种新型计算机设计软件在机械设计过程中得到有效利用。使得设计获得的方案可以有效满足社会的实际需求。同时，随着社会的快速发展，当前社会各个行业对于机械设备的需求也呈现出多元化的发展趋势。而要满足当前的实际需求，就必须对各项设计技术和设计理念进行更新。人工智能技术的出现则满足了这一需求。在实际开展机械设计过程中，通过采用人工智能技术，结合设计的实际情况和实际需求，可以使得机械设计获得的方案多元化程度不断提升。人工智能系统在开展机械设计过程中其自动化程度较高，逻辑较为严密，因此，受到设计人员主观因素的影响较小，可以有效提升设计方案的合理性。此外，在开展人工智能机械设计工作过程中，可以降低设计人员的工作量，减少设计过程中可能出现的各种遗漏和错误，提高设计效率，使得人力、物力、财力、时间等多个方面的消耗不断下降。

在近年的发展过程中，利用人工智能技术开展机械设计时，相关设计数据都得到妥善保存，通过这种方式可以建立较为完善的机械设计数据库，在后续开展机械设计过程中可以使设计人员进行参考和学习。总之，人工智能的使用使得机械设计工作得到进一步提升，有效突破了传统设计工作中存在的局限性，对我国机械制造行业而言具有重要意义。

2. 在机械制造中的应用研究

传统的机械制造对人工的要求相对较高。尤其是针对一些精密度要求较高的机械部件，在制造过程中，需要操作人员具有较高的技术水平和丰富的经验。而这些经验丰富的老师傅数量有限，因此，在很大程度上限制了我国机械生产的进一步发展。同时，以往使用的机械生产制造设备智能化程度较低，往往需要大量的人力消耗，大量的时间进行操作，生产效率低下，工人承担的工作压力较大。这同样是影响我国机械制造业进一步发展的重要因素。而人工智能技术的应用，则可以有效解决这些方面的弊端。人工智能技术的应用，使得机械生产的效率得到提升，降低了一线工人的工作压力，减少了工作时间，对工人技术、经验的要求也相对降低。

由于传统机械制造生产过程往往以人力进行，因此，不可避免出现错误，造成生产材料的浪费，同时，生产的产品质量也无法得到保证。而人工智能技术下的机械生产使用的设备智能化程度较高，只需要输入相关数据参数，就可以实现精准操控，确保产品质量和生产效率。另外，传统机械生产过程中生产设备能够生产的产品种类相对固定，无法满足一些个性化需求。而人工智能技术的使用可以通过在生产阶段对相关数据信息进行调整和分析，满足人们的个性化需求。最后，在以往开展机械生产过程中，设备一旦出现故障就会导致生产停滞。由于机械生产设备的零部件较多，检修需要的时间相对较长，因此，可能会对生产造成一定的不利影响。而通过使用人工智能技术，可以在设备发生故障后对故障点进行定位。同时人工智能技术下的生产设备具有自检功能，在发生故障后能够及时准确地对故障原因进行分析查找，从而帮助检修人员在较短时间内找到故障发生位置并采取有效的措施进行解决，确保设备正常运转。

3. 可以实现神经网络的信息数据存储计算

人工智能技术在机械设计制造及自动化领域中的应用以其网络系统最为典型。人工智能下的网络系统在构建过程中模拟人类神经系统，构建了完善的电子信息系统。这一系统在对数据存储和分析方面具有明显的优势。一方面，具有较大的存储量；另一方面，可以实现快速查找分析的效果。具体而言，在开展机械设计制造过程中，人工智能下的神灵网络系统可以对相关设备、生产模式等内容的结构进行模拟，对其中涉及的相关数据进行分析获得结果。

相关分析结果作为参数值可以在实际生产过程中进行应用，从而确保机械生产的有序、精准、高效运行。从神经网络结构而言，在生产过程中的每个节点都可以作为一个神经元存在，因此，其结构紧密性和稳定性相对较强。因此，神经网络系统在实际应用过程中的智能化程度相对较高。在实际使用过程中，神经网络系统能够精确、高效地对机械生产过程中产生的大量数据信息进行处理，为实现机械设计制造行业的进一步发展提供有力的技术支撑。

社会的发展使得当前我国各个行业对机械设计和制造的要求不断提升。而技术的升级和转化已经使得传统的机械设计制造技术严重滞后于当前的社会发展需求。因此，要满足现阶段对机械设计制造的实际需求，就必须在技术、设备等多个方面开展创新。不断强化技术的应用和融合，从而实现行业的良好发展。

人工智能作为一项新型技术，其在设计制造和提高生产自动化水平等方面具有无可比拟的优势。通过采取该技术，可以使得机械制造从设计、方案制定和技术应用、具体生产等多个方面提高效率，降低人力、物力、财力、时间等多个方面的消耗。虽然经过较长时间的发展，我国人工智能在实际应用方面依然需要进一步加强，但是，不可否认的是，人工智能作为推动我国机械制造业产业升级的一条重要途径，在未来的发展过程中将占据重要地位，因此，值得进行进一步研究和加强，为我国机械制造业的进一步发展开辟新的途径，为国家现代化建设贡献新的力量。

第二节 人工智能应用于水污染控制过程的研究进展

一、人工智能技术在水污染治理领域的研究

近年来，我国对水环境的治理与管控力度逐渐加强，各类水体水质已有明显改善，但仍有一些水体污染较为严重，尤其是工业污染、城镇生活污染和农

业面源污染相互交织的复合型水污染问题未得到有效解决。传统的水污染治理与监管技术已不能完全满足时代发展的需求，开发新型智能的水污染监管与治理技术迫在眉睫。人工智能是美国科学家 John McCarthy 在 1956 年提出的计算机科学领域的一个分支，它是研究、开发用于模拟、延伸和扩展人的智能的理论、方法、技术及应用的一门新科学技术，其主要功能是存储知识，让程序通过一定的运算实现预设目标。同时，人工智能也可以对视觉图像、声音、其他传感器输入的各类形式数据进行处理并作出合理反应。自 20 世纪 90 年代机器学习主导主流研究以来，人工智能技术迅速发展，已经广泛应用于农业、气候、金融、工程、安全、教育、医学、环境等各种学科，被认为是常规程序和数学的高效经济的替代品。而将人工智能应用于环境治理领域，已逐渐成为人工智能和环境科学 2 个学科研究的热点和焦点。大量研究表明，人工智能技术被广泛地应用于水环境污染、大气污染、固废处理、气候变化和其他环境领域，是环境监管和治理的良好助手。其在水环境治理方面的应用模型主要包括人工神经网络（ANN）、支持向量机（SVM）、遗传算法（GA）、模糊逻辑（FL）及它们的混合模型。

（一）单一模型

1. 人工神经网络

人工神经网络（ANN）是由大量处理单元互联组成的非线性、自适应信息处理系统。它是基于历史数据，利用适当的训练算法来捕获自变量和因变量之间的非线性行为，从而对事物的发展进行预测。其中，每个节点代表一种特定的输出函数，称为激励函数。每 2 个节点间的连接代表通过该连接信号的加权值，称之为权重，相当于人工神经网络的记忆。网络的输出则依据网络的连接方式、权重和激励函数的不同而不同。目前，已有近 40 种神经网络模型，其中包括反向传播网络、感知器、自组织映射、Hopfield 网络、波耳兹曼机、适应谐振理论等。在水环境污染处理研究中最常用的是前馈神经网络，尤其是多层感知器神经网络（MLPNN）和径向基函数神经网络（RBFNN）。

前馈神经网络各神经元是一种单向多层结构，每个神经元只与前一层的神经元相连，接收前一层的输入，并输出给下一层，各层间没有反馈，是目前应用最广泛、发展最迅速的人工神经网络之一。Yin 等以水资源和能源需求为输出，对传统的单隐层反向传播神经网络进行改进，将前馈神经网络模型用于无锡市水能源需求综合预测。该模型具有较强的可靠性和稳定性，可作为分析城市水资源与能源水平供需平衡的参考，为水能源规划策略的制定提供依据。Jami 等利用多层前馈人工神经网络对马来西亚吉隆坡的一个污水处理厂进出水数据进行采集和分析，建立了预测污水处理厂最终出水氨态氮（NH_3-N）浓度的模型。该模型可以解释高达 79.80% 的废水处理过程，均方误差仅为0.159 1。MLPNN 是最简单、最著名的神经网络类型之一，属于前馈神经网络。MLPNN 的结构包括输入层、隐藏层和输出层，对预测能力有重要影响，目前已经成为污水中污染物去除建模和优化的高效工具，主要应用于染料和重金属的去除率预测。Ebrahimpoor 等基于蜂群元启发式算法，借助多层感知器人工神经网络 ANN-BA 模型研究了聚吡咯/$SrFe_{12}O_{19}$/氧化石墨烯复合材料对染料酸性红 27 的吸附去除能力，并与响应曲面法（RSM）相比较。结果表明，ANN-BA 模型去除率更高。Yu 等基于反向传播算法，采用三层感知器神经网络 BP-ANN 模型评估了纳米零价铁（nZVI）对 Cr（VI）的去除效率。模型以溶液 pH、溶解氧（DO）、氧化还原电位（ORP）、Cr（VI）初始浓度、nZVI 投加量和接触时间为输入变量，监测反应过程中 DO、ORP 和 pH 的变化。与回归模型相比，BP-ANN 模型对 Cr（VI）去除效率预测的精确度更高，在优化 nZVI 去除 Cr（VI）方面具有较大的潜力。

　　RBFNN 是 20 世纪 80 年代末提出的一种单隐层、以函数逼近为基础的前馈神经网络。与 MLPNN 相比，RBFNN 具有学习速度快、非线性映射能力强的特点。Ozel 等在 2012 年 12 月—2013 年 12 月期间，对土耳其巴尔腾河 5 个地点的生化需氧量（BOD）、化学需氧量（COD）、悬浮物（SS）、pH、电导率（CE）和温度（T）进行了监测，然后将多元线性回归、径向基函数神经网络、多层感知器神经网络模型应用于水质预测。这些模型以 T、pH、COD、SS、CE 参数为输入数据，预估 BOD。结果表明，人工神经网络模型比多元线性回归模型具有更好的预测效果，尤其径向基函数神经网络性能更好。而 Bolanca 等将 MLPNN 和 RBFNN 应用于 $Fe0/S_2O_8^{2-}$ 氧化降解活性红水溶液复杂体系，并从应用方法、训练算法、激活函数、网络拓扑等方面对所建立的神经网络模型性能进行比较和评价。研究指出，MLPNN 法需要正弦激活函数才能实现最大能力，而基于 RBFNN 的模型具有较好的预测能力，精度较高，平均相对误差为 1.70%。Asfaram 等则以 RSM、ANN 和 RBFNN 3 种模型来评估 Mn@CuS/ZnS-NC-AC 新型吸附剂吸附亚甲基绿（MG）和亚甲基蓝（MB）的可行性。与其他模型相比，RBFNN 模型具有更好的预测和泛化能力。此外，Singh 等也发现类似结论，RBFNN 模型对椰壳活性炭吸附水溶液中 2-氯酚（2-CP）和工业渗滤液中浮石吸附铜的预测能力更强。

2. 支持向量机

支持向量机（SVM）是基于结构化风险最小化原理，按监督学习方式对数据进行二元分类的一类广义线性分类器。由于收敛原理使其能够更好地回归输入值和输出值之间的关系，并在新输入数据集上具有泛化能力，因此，SVM 在分类和回归方面具有良好的性能。基于 SVM 分类和提取特征，Jaramillo 等提出通过闭环控制 pH 和 DO 在线预测好氧反应去除硝酸盐化合物的时间，并利用 SVM 分类器确定好氧过程的终点。结果表明，该方法可使好氧过程时间减少 7.52%（相当于 9.54 d）。而 Huang 等开发了一种间歇好氧工艺用于去除污染河流中的氮，建立了基于近红外光谱数据和 SVM 的化学计量模型，实现了对总氮、氨氮和亚硝酸盐氮的同步快速分析。该方法为污染河流的治理和检测提供了有效的技术手段。Gao 等则采用 SVM，以污泥浓度、温度、溶解氧浓度、水力停留时间、操作压力、运行时间等工况为输入节点，以序批式活性污泥悬浮液膜通量为输出节点，预测了活性污泥悬浮液的膜通量。研究表明，SVM 模型的预测值与试验样本的试验数据吻合较好，且在样本容量较小的情况下其性能优于 BP-ANN 模型。另外，Zhang 等采用 SVM 对垂直管式生物反应器的出水水质进行了模拟。结果表明，所建模型具有良好的适应度和预测能力，SVM 是一种有效的、具有发展前景的污水处理工艺出水预测模型。

3. 遗传算法

遗传算法（GA）是一类借鉴生物界的进化规律（适者生存、优胜劣汰的遗传机制）演化而来的随机化搜索方法。其主要特点：直接以适应度作为搜索信息，无需导数等其他辅助信息；具有内在的隐含并行性和更好的全局寻优能力；采用概率化的寻优方法，能自动获取和指导优化的搜索空间，自适应地调整搜索方向，不需要确定的规则。Al-Obaidi 等首次将物种保存遗传算法（SCGA）应用于优化反渗透废水处理工艺条件中，通过优化多级反渗透（RO）条件，对 N-亚硝基二甲胺进行渗透再处理和回收降解，从抑制率、回收率和能耗 3 个方面确定了最佳运行配置。Louzadavalory 等将环境质量标准中 DO、BOD 和污水处理系统的相应措施作为约束条件或目标函数，并用 GA 与水质模型相结合来确定污水处理厂的最低污水去除效率，并应用于巴西的圣玛丽亚-达维多利亚河流域。结果表明，该优化模型组合是确定污水处理厂最低污水去除效率的有效工具，在考虑河流自净化能力的同时可将成本控制在最低。Brand 等也将 GA 应用于优化区域污水处理系统当中，用以降低污水处理厂的运营成本。

4. 模糊逻辑

模糊逻辑（FL）是一种通过模仿人的思维方式来表示和分析不确定、不精确信息的方法和工具，能够解决许多复杂而无法建立精确数学模型的控制问题，所以它是处理推理系统和控制系统中不精确和不确定性的一种有效方法。近年来在环境领域的成功应用，显示了其在环境质量指标设计方面的巨大潜力。Flores-Asis 等将 FL 应用于某家禽污水处理厂污泥预处理过程，指出有机负荷、挥发性固体和操作时间是影响沼气产生的最大变量，该模型为专家设计决策支持系统提供了一种较好的方法。Dogdu 等在利用垂直流人工湿地（VFCW）系统处理实际纺织废水时，采用基于图形用户界面（GUI）的 FL 工具监测污水水质，以图形化的方式直观地表示处理后的纺织废水质量与水污染控制条件之间的关系，当超过排放阈值时则会发出预警。Suthar 等建立了一个基于 FL 的分析系统，研究温度和 pH 对浮萍生物量的影响，采用传统模糊推理法以实测数据为变量实现了对浮萍生长的调控优化。

（二）混合模型

混合模型是将 2 种或多种人工智能技术相结合，克服单一人工智能方法的某些缺点，实现协同优势。如启发式算法与不同类型的神经网络、支持向量机模型或模糊系统相结合，被认为是解决复杂问题的有效工具。经典的混合系统是神经模糊系统，基于自适应网络的模糊推理系统在预测、控制、数据挖掘和噪声消除等诸多领域具有强大的应用价值，广泛地应用于污水处理领域。例如：Huang 等将集成模糊神经网络控制系统运用于缺氧-好氧（A/O）条件下以低能量消耗消除含氮化合物的过程，该系统由预测最终缺氧过程中硝酸盐浓度的模糊神经网络估计器和控制硝酸盐回流流量的模糊神经网络控制器组成。与采用硝酸盐再循环流量相比，该系统的 COD、TN 浓度和运行成本在一周时间内分别降低了 14%、10.5% 和 17%。Azqhandi 等比较了响应曲面法、广义回归神经网络（GRNN）和自适应神经模糊推理系统（ANFIS）在一种新型包合物（主-客体络合物）去除三氯生（TCS）过程中的统计分析效果，发现 ANFIS 模型效果更好。而 Ghaedi 等则利用人工神经网络与粒子群优化模型（ANN-PSO）相结合的方法预测了 ZnS-NP-AC 对亮绿染料吸附的影响。结果表明，隐藏层中含有 13 个神经元的三层神经网络模型是预测亮绿染料吸附的较合适模型。而后，他们还利用支持向量回归与遗传算法优化混合模型（GA-SVR）预测了多壁碳纳米管（MWCNT）对孔雀石绿（MG）的吸附能力，并通过中心复合设计以最少的试验研究各因素之间的关系，确定最佳条件。研究指出，吸附除遵循颗粒内扩散模型外，还遵循伪二级动力学模型。此外，该课题组还利用 GA-ANN 评价了单壁和多壁碳纳米管快速吸附三聚氰胺的潜在应用。通过模拟吸附剂用量、接触时间、初始染料浓度等条件，优化了吸附剂的最佳吸附性能。结果表明，在遗传算法下得到的最佳参数，单壁和多壁碳纳米管去除三聚氰胺的最大吸附量分别为 25.77 mg/g 和 33.14 mg/g。

综上所述，人工智能已被广泛应用于水污染治理领域，不仅增强了环境信息的获取能力，优化了环境治理的决策机制，还为环境精细化管理创造了良好的条件。人工智能技术在水环境治理领域的应用，以及其在经济社会各领域的普及，给环境治理带来了革命性的影响。经过大数据训练的人工智能算法可以克服传统数学模型的局限性，利用训练数据提取所需信息。虽然大多数人工智能模型需要大量的数据进行训练才能达到预期的精度，且验证过程可能非常耗时，训练过程的计算成本可能很高，但人工智能在水环境污染监控与治理领域已有许多成功的应用实例，展现出极为广阔的应用前景。

二、人工智能应用于水污染控制过程的研究

由于城乡差距大，水体分布不均匀，以及水的严重浪费和不合理使用，导致能有效使用的淡水资源变少。水污染控制技术在环境工程领域具有重要地位。从控制系统设计的角度看，由于污染物的多样性、复杂性和变化性，污水处理属于难以控制的复杂工业过程。智能控制不需要建立被控对象精确数学模型的特点，因而适用于复杂的污水处理过程的控制。在欧、美、日等发达国家，

人工智能在污水处理领域已有许多成功的应用实例，展现出极为广阔的应用前景。与国外相比，我国的污水处理系统智能控制技术研究尚处于起步阶段，加强对污水处理系统智能控制技术的研究是当务之急。本文根据现阶段人工智能在污水处理中的应用现状，介绍了控制系统和监测系统之间关系，包括污水处理系统模型、人工智能监测和人工智能控制等方面。

（一）水污染控制系统模型

1. RBFNN 软测量模型

在软测量建模中，神经网络因其较强的非线性映射能力和自学习能力，非常适合用于水处理方面，是目前软测量领域中最为活跃的研究分支。QIH 等提出了一种机理模型和神经网络串联的混合建模方法。张勇等提出了将主元分析（principal componeut analysis，PCA）—径向基（radial basis function，RBF）神经网络的软测量模型用于浮选过程预测。肖红军等将机理、统计或者是经过人工智能算法分析得到的各个过程变量输入到径向基神经网络中，以充分发挥RBFNN 的逼近能力，提高软测量模型预测的准确率。在水处理系统的浮选过程中，基于 PCA 方法与新型 RBF 神经网络相结合的技术指标软测量模型研发出来。

软测量模型在矿物浮选实际应用中，将矿浆浓度、给矿流量、给矿浓度、给矿粒度、药剂流量和矿浆温度为辅助变量，作为 PCA-RBFNN 软测量模型的输入，如图 4-4 所示。基于 PCA（主成分分析）方法与新型 RBF 神经网络相结合的经济技术指标软测量模型来运算，RBF 神经网络则实现输入变量到输出变量之间的非线性映射。

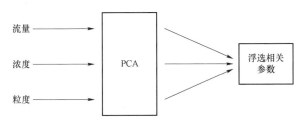

图 4-4 PCA-RBFNN 软测量模型结构

2. SVM 模型

支持向量机是近年发展起来的新兴人工智能技术。在分析最小二乘支持向量机理论基础上，采用一种改进的粒子群优化算法优化支持向量机的参数，模型具有较高的精度，基本可以实现出水 BOD（生化需氧量）值的在线预估。与神经网络的启发式学习方法及其实现中的大量经验分量相比，支持向量机具有更为严密的理论和数学基础。赵超等提出一种基于 LS-SVM 的出水水质软测量模型，并将其应用于污水处理过程中溶解氧浓度的控制。

3. 神经网络

近年来，随着智能控制理论的发展，智能仿生技术在非线性系统建模与控制中的有效性引起了国内外研究者的广泛关注，尤其是神经网络的应用。Belchior 等设计了一种对溶解氧控制含有自适应模糊控制策略和监督模糊控制的反馈跟踪方法，实验表明，此方法提高了溶解氧浓度的跟踪控制精度。Zeng 等利用反向神经网络模型建立了污染物的去除率和化学药物添加量之间的非线性关系，经过人工智能算法分析得到的各个过程变量输入到神经网络中，以充分发挥 RBFNN 的逼近能力，提高软测量模型预测的准确率。

（二）人工智能应用于水质监测

1. 基于 GPRS 的水质监测

通用无线分组业务（GPRS）是介于第二代和第三代之间的一种技术，通常称为 2.5G。GPRS 采用与 GSM 相同的频段、频带宽度、突发结构、无线调制标准、跳频规则以及相同的 TDMA 帧结构。GPRS 无线数据传输具有设备成本低、数据传输安全可靠、使用灵活方便等特点，非常适合远程数据传输上的应用。对于实际应用中，污水排放口数据采集点如图 4-5 所示。

图 4-5 基于 GPRS 的污水处理无线监测

现场污水排放监控点安装有流量计、COD 仪等在线监测设备，数据采集模块通过通信口与这些监测设备相连采集数据，数据采集模块又通过 RS232

接口与 GPRS 透明数据传输终端相连,通过 GPRS 透明数据传输终端内置嵌入式处理器对数据进行处理发送到控制系统,控制系统再来收集整理给在线人员。

2. 水体环境中遥感监测

遥感监测技术是通过航空或卫星等收集环境电磁波信息对远离的环境目标进行监测和识别的技术。对比其他方法,基于卫星数据的富营养化水体环境 COD 浓度遥感监测系统设计方法较为简单,但是存在遥感监测准确率低的问题;基于组件技术的富营养化水体 COD 环境监测系统设计方法所用时间较少,但存在遥感监测偏差大的问题。

3. 基于物联网的水质监测

将物联网技术应用到污水自动化处理系统中去,检测处理污水包括 pH、色度、化学需氧量、生化需氧量等指标,构造一套基于物联网的在线监测污水处理系统。

基于物联网的污水处理监测系统,它包括控制终端、现场流量计、取样泵、现场数据采集仪等,可将现场数据采集通过无线模块传至控制终端。

(三)人工智能控制在水处理中的应用

1. DCS 控制系统

DCS 控制系统能满足污水处理领域的需求,满足于污水处理领域管控整合控制平台的需要,系统具备自动制水、自动再生、制水计量、水质监测、流量控制、液位调节、压力保护、上位机监控和通过广域列监控等功能,能够实现电厂化学术处理过程的全方位自动控制。

2. 模糊控制

模糊控制是通过确定模糊变量,规范模糊论域,遵循模糊逻辑推理建立的一种模拟人的推理和决策的控制算法。首先,根据操作人员或专家的经验建立模糊规则。其次,对实际检测数据进行模糊化处理。作为系统的输入,系统通过模糊推理和模糊决策进行调整。最后,对执行器进行控制,将被检测对象的数据发送到输入端进行比较,完成控制的实时调整。

费雷尔开发了模糊逻辑控制系统,并将其应用于中试规模巴登福工艺的主要曝气区域。实验结果表明,采用模糊逻辑控制系统的曝气系统节能 40%,稳定性提高 60%，具有良好的应用前景。人工智能在水污染控制的应用模型主要包括 RBFNN 软测量模型、SVM 模型和神经网络。智能控制主要集中在水污染控制工程设备的 PLC、DCS 模块及模糊控制，然而在整个水处理工程中，人工智能的系统化应用和集约程度仍不高，导致其自主学习能力差、数值计算能力弱、经验推理能力不足。

对于将来发展方向包括：对知识库中的规则不断地进行验证、修改、增加，通过知识库的不断完善来提高系统的运行可靠性和诊断效率；采用多种智能方法结合的集成智能诊断系统，发挥各自优势，取得更好的效果；在人工智能方面开发机器自主学习的方法，有助于及时补充知识，提高诊断系统能力。

第三节　工业过程控制自动化中的智能控制应用

一、工业过程控制自动化中的智能控制概述

全球化进程不断推进，使贸易国际化已经形成，同时进一步推动了我国工业化进程的加快，各工业企业为了实现市场份额的最大化，因此在不断提升自身的技术，同时扩大企业规模与生产规模，最终实现生产产量的提升。不过面对越来越激烈的市场竞争以及越来越先进的国际技术，我国的工业生产行业仍然会受到较为严重的冲击，而为了改善这种状况，最大程度上满足我国工业化进程的需求，需要在我国现有工业生产技术基础上进行改进，因此选择在日常工业生产中引进智能控制技术，以实现工业生产的自动化，同时强化工业生产的智能化控制。

（一）智能控制技术与工业过程控制概念

在控制理论与人工智能控制的技术融合背景下，智能控制技术由此诞生，智能控制技术作为一门融合技术同时具备了控制理论与人工智能控制技术的优点，不过因为控制理论与人工智能控制技术在融合过程中使用的方式不同，诞生的智能控制技术应用的方向也有所不同。

1. 智能控制技术概念

智能技术诞生的背景是计算机网络技术与计算机信息技术运用的逐渐普

及。智能控制技术即智能技术基础上的自动化控制技术，其中涵盖了通信、自动办公等诸多方面。智能控制系统呈现出的结构是多个层次的，并且会受到多方面因素的影响。智能控制系统结构呈现的多层次性可以实现更加精确的知识分析与推理，在一定程度上还可以实现使用者的思维发散以及对新鲜事物的学习。

2. 工业过程控制概念

智能技术在互联技术与自媒体技术的发展背景下得到了良好的发展，并且在发展过程中智能技术也得到了进一步的完善，随着智能技术的逐渐完善与成熟，智能技术被应用在日常生产生活中的许多领域。在日常的工业生产当中，总会存在不同的工业流程与技术方式，为了最大程度上实现对这些流程与技术的控制，需要在工业生产当中引入智能控制技术。举例来说，可以在清理库存的过程中使用到智能控制技术；在强化工业生产各环节衔接时运用到智能控制技术；强化工业生产的时间精确度可以运用智能控制技术。在工业生产的这些环节中运用了智能控制技术就可以在一定程度上增强工业生产的流程化。

（二）智能控制技术在工业过程控制自动化中应用体现出的特征

1. 智能控制操作的安全性

智能控制技术在工业过程自动化控制过程中体现出一定的安全性，而这种安全性特征在工业控制自动化当中发挥着较为重要的作用，常见的智能控制技术在工业过程控制自动化展现出安全性的应用场合如由监视屏幕构成的工业监控中心，对控制视频矩阵、云平台、镜头控制的轻松准确切换。工业生产过程中进行视频监控最终的目的是对生产过程中的每一个环节进行实时监控，一旦在生产过程中出现违规操作的现象，生产线会立即进行自动停止同时发出警报，数据信息的记录工作也会一起进行，对于设备检修工作人员来说，这是一种极大的便捷。

2. 智能控制操作的可扩展性

智能控制技术在工业过程自动化控制过程中体现出一定的可扩展性。以铺路机为例，铺路机在作业过程中通常会遇到路面不平整的情况，在不平整路面的颠簸下，铺路机的工作系统就会产生相应的波动，对于固定的技术参数来说，这种由于外界因素产生的波动会对技术参数造成负面的影响，而为了保证工作的顺利进行，需要人工的对铺路机的技术参数以及系统稳定性进行不断地调整，这无疑大大增加作业的复杂程度，浪费时间和精力，影响工程进度。

3. 智能控制操作的开放性

除了安全性与可扩展性以外，智能控制技术在工业过程自动化控制过程中体现出一定的开放性，而正是由于智能控制技术具备的开放性，这一点在监控系统当中得到了应用。智能控制系统可以通过相应的软件满足工业生产需求，包括一些符合实际生产需求的接口、工具等，由此系统的正常运行在这种条件下得到了保障，同时获得了一定的灵活性与兼容性，使系统的控制效率得到本质性的提升。

（三）智能控制在工业过程控制自动化中的研究领域

1. 获取工业控制过程信息

信息技术的不断发展使工业的用工与自动化之间产生了矛盾，并且呈现出的这种矛盾越来越激烈，不过在不断的努力下，我国的工业生产已经适应了高度发达的信息化工业生产。而在信息化工业的背景下，自动化在工业当中的应用也越来越广泛，伴随着工业自动化技术的不断推广，使工业生产中对于一线操作人员的使用量越来越少，但是对于工业自动化的控制问题却不断暴露出来。为了实现对工业自动化的有效控制，进而在工业生产中引进智能控制技术，在智能控制技术为前提的条件下，结合计算机网络技术和通信技术进一步实现我国工业智能化的有效控制，在一定程度上促进我国工业现代化进程的发展。

2. 工业控制过程智能控制系统建模

在工业控制过程智能控制系统进行建模的主要目的是为了实现对工业生产过程中的数据信息采集、控制、监控，在进行数据信息采集的过程中展现出的主要形式是数据详细记录过程中的脉冲数据，再由专门的负责人将这些数据存储在数据寄存器中。数据信息充分收集以后，需要实现模拟量与数字量之间的转化，此时可以充分发挥单 A/D 的作用，依然是借助寄存器将这些数据进行存储。工业自动化当中必然会运用到 PLC 技术，对于所有的 PLC 设备都需要单独配备一台小型的打印机，目的是为了实现定期的数据打印，如此一来就可以实现数据的整理和搜集。

3. 工业控制过程当中智能控制的动态控制

目前智能控制技术在我国工业生产行业当中的应用事实上并没有实现全过程的智能化控制，大部分工业生产线都只在产品加工处理环节应用了智能控制技术，而其他环节仍然使用传统的工业控制技术。对于没有应用智能控制技术的生产环节，工作人员主要依靠自身的工作经验和直觉进行判断，这在一定程度上降低了工业生产的效率。事实上，智能控制技术与工作人员单凭个人工作经验进行判断是无法实现有效整合的。

面对现阶段工业生产中存在的工作经验与智能控制技术无法有效整合的问题，本次研究中提出工业生产当中的监控中心、PLC 设备、各生产环节设备之间构建有效的数据通信，以实现生产过程与系统控制的有机结合，对于整个工业生产线的控制通过工作人员操作监控机器设备得以实现，做到真正意义上的远程操控。

4. 工业控制过程当中智能控制的应用机制

工业过程的全局控制指的是对整条生产线进行控制，对生产线上的每个环节都进行实时的监控与调整，以保证生产工作全程的有效性，这种全局控制相比局部控制会消耗更多的成本，因此适用于精密产品的工业生产线。

智能控制技术在工业生产控制过程中的应用从本质上提升了产品的质量，降低了生产与人工作业成本，强化企业的市场竞争力，有效推动了工业自动化的发展。从总体层面来看，自动化控制即实现生产设备无人操作情况下按照生产需求实现稳定运行。由此可见，实现真正的自动化控制需要以 PLC 控制系统作为技术基础，而在生产参数的控制下控制器可以通过控制设备实现系统的自动运行，在此基础上结合计算机网络技术以及信息通信技术即可形成智能化的工业控制系统。

在工业控制生产过程中应用智能控制技术可以助力我国实现工业现代化，同时推动我国经济的发展。在智能控制技术的背景下，我国工业生产企业在实现生产模式转变的同时还要适当转变生产观念，正确对待智能控制技术，实现智能控制技术全生产线化生产，最终实现工业生产效率的提升。

二、智能控制在工业自动化中的应用要求及作用

改革开放以来，随着我国工业的快速发展，智能控制在工业生产中变得越

来越重要。智能控制综合了一系列先进技术，比如数字技术、计算机技术和信息技术等，为智能控制提供了技术保障，而且可以确保智能控制能满足现代工业自动化的需求。将智能控制技术应用在工业过程控制中，严格遵循工业自动化过程控制中的实际情况，能够真正提高工业自动化水平，确保智能控制的可行性和重要性。

（一）智能控制在工业自动化中的应用要求

工业自动化对智能控制的应用提出了 3 点要求，能够确保智能控制顺利应用到工业自动化过程控制中。

1. 加强生产安全

智能控制的引入精简了工作人员，但是前期投入了用以实现自动化的设备，设备的引入可以快速精确地发现工业自动化中的问题。采用人工生产时效率低下且错误率高，通过智能控制可有效提高生产的安全性能，第一时间检测到生产过程中的错误，还能分析出现问题的原因，进而快速解决问题。智能控制的监控模块就担此重任，保证了工业自动化的安全性。

2. 提升生产效率

智能控制的引入要能够提升工业自动化的生产效率，减轻生产压力，精简生产流程，节约生产成本，确保生产工艺安全平稳。为了有效降低生产成本，要确保生产材料运用的合理性。在生产过程中，还需要保证生产工艺的无缝连接，避免出现生产停滞等问题。

3. 具有可扩展性

智能控制在工业自动化中的可扩展性优势应用在工业生产中，能够对工业生产流程进行灵活控制。生产工艺在扩展之后，由智能控制监管扩展后的设备，能够使其按要求运行。

（二）智能控制在工业自动化中的应用及作用

1. PLC

PLC 即可编程控制系统，利用计算机的运算能力，以模拟量和数值信号的形式发出控制和记录指令，主要应用在工业生产过程中。随着计算机技术的不断革新，与传统技术相比，PLC 的应用范围更广、信号输送更稳定、防干扰能力更强、操作更简单，因此操作人员更易上手，尤其适合应用在复杂的工业环境中。在工业生产过程中，可采用更加形象、直观的程序进行现场操作，若现场出现问题应及时做出调整。PLC 的功能性更强，做出反应的速度更快，存储容量也更大，加上其拥有网络化的功能，受到越来越多企业的关注，因此应用领域和范围更加广泛。另外，该系统即使同时运行多种编程语言，也能稳定运行。

2. DCS

DCS 即分散控制系统或分布式计算机控制系统，该系统与计算机技术联系非常密切，因而计算机技术对其影响非常大，通过计算机发出指令，系统做出反应，实现对工业自动化过程控制的改造、管理和维护等。DCS 基于微处理器，遵循控制功能分散、兼顾分而自治、集中显示操作和综合协调的设计原则，多层分级、合作自治的机构形式赋予了它分散可控制、集中管理的特点。它的每一级都由若干个子系统组成，而每个子系统可以实现指定的目标，形成金字塔结构。DCS 最大的优点是具有可靠性，通常通过以下 3 点来保证它的可靠性：首先，采用可靠性高的硬件设备和生产工艺；其次，引入冗余技术；最后，设计软件时广泛应用容错技术、自动检测和自动处理技术等。市场上的分散控制系统种类丰富，技术水平处于领先地位。如今，我国经济发展进入新时代，借助先进的网络技术和通信技术，分散控制系统能够对 PLC、工业 PC、NC、调节器等进行集成。

3. FCS

FCS 即现场总线控制系统，是基于 PLC 和 DSC 发展起来的新技术，而现场总线指的是现场设备，其特点是只采用总线标准，只要总线标准一经确定，其他的设备和关键技术也被确定。该系统是开放式的通信网络，也是全分布式控制系统，具有很高的可操作性，可抵抗外界信号指令的干扰，对于系统的扩展、费用投资和总线置安装等都不可替代。FCS 系统是计算机控制技术在工业自动化中的主要应用方式，其软件和硬件可互换更新，开放性强，而且成本低，性价比较高，安装也较简单、维保方便，因此受到相关人员的喜爱。

4. 传感器

计算机、通信和传感器是信息技术的几大基石。传感器是一种检测设备，可以感知测量信息，而且能将信息变换成电信号和其他信息输出，从而满足信息的传输、处理、显示、存储、记录和控制等要求。如今的传感器技术在不断发展，市面上的传感器种类很多，根据不同的功能可分为气敏元件、磁敏元件、光敏元件、热敏元件等。它是自动控制和检测的首要环节，具有传输速度快、内容丰富、容量大、传输稳定等优点。由于传感器的存在，让物体变得有了触觉、嗅觉、听觉和味觉等，其已被广泛应用在工业自动化过程控制系统中。

新时代我国的工业生产发展逐渐复杂化、集成化，智能控制在工业自动化过程控制中的应用变得尤为重要。智能控制的应用对工业生产的状态进行了革新，促使工业生产能够科学合理地运用该技术。智能控制不仅精简了工业自动化的生产过程，提升了生产效率和经济效益，而且节约了劳动力，促进人类与大自然实现和谐发展。

第五章
人工智能与质量管理控制

第一节　工业人工智能的关键技术及
其在预测性维护中的应用

　　工业人工智能是指利用快速发展的人工智能技术改造工业的生产方式和决策模式，达到降本、增效、提质的目的，是当前工业发展的一个重要趋势。目前，世界各国纷纷出台相应政策，比如《中国制造2025》、美国的"先进制造业伙伴计划"、德国的"工业4.0战略计划"、英国的"英国工业2050战略"及日本的"超智能社会5.0战略"等，大力支持工业智能化，提高本国制造业的竞争优势。

　　基于工业人工智能的工业智能化是新科技的集成，主要包含人工智能、工业物联网、大数据分析、云计算和信息物理系统等技术，它将使得工业运行更加灵活、高效和节能，因此工业人工智能具有广阔的应用前景。工业人工智能是一门严谨的系统科学，把分析技术、大数据技术、云或网络技术、专业领域知识、证据理论等作为工业人工智能的5个关键要素，提出了工业人工智能生态系统概念，并以机床主轴的实时监控与性能预测为例，展示工业人工智能可以提供完整的解决方案，实现降低维护成本的同时也能优化产品质量。作为工业智能化的载体，阿里云的"工业大脑"集成设备数据、产品生命周期类数据及周边数据，利用人工智能技术将行业知识机理与海量产业数据相融合，形成以数据、算力和算法三者融合为核心的智能制造技术体系，实现工业生产的降本、增效、提质和安全。

智能制造作为工业人工智能的主要应用场景，人工智能的应用贯穿于产品设计、制造、服务等各个环节，表现为人工智能技术与先进制造技术的深度融合，不断提升企业的产品质量、效益、服务水平，减少资源能耗。机床是制造业的"工业母机"，在工业生产中占据重要地位，文献展示了新一代人工智能技术在数控机床应用上的显著优势。

鉴于工业人工智能的研究和应用都处于起步阶段，探究影响工业智能化效果的关键技术及其研究现状，明确目前存在的问题，对促进工业人工智能的快速发展具有重要意义。因此，在分析工业人工智能关键技术的基础上，针对典型的应用场景——预测性维护，系统地总结了智能预测性维护（主要包括寿命预测和维修决策）的研究现状。最后，也探讨了工业人工智能所面临的问题以及可能的解决方案。

一、工业人工智能的关键技术

一方面，完整的工业过程是一个复杂的系统工程，涉及产品类（包括设计、生产、工艺、装配、仓储物流、销售等）、设备类（包括传感器、制造设备、产线、车间、工厂等）、相关类（包括运维、售后、市场、排放、能耗、环境等）等方面的生产、决策和服务。另一方面，人工智能基于数据，利用机器学习、深度学习等算法，研究计算机视觉、语音工程、自然语言处理以及规划决策等问题。工业人工智能综合工业大数据和工业运行中的知识经验，利用人工智能技术，通过自感知、自比较、自预测、自优化和自适应，实现工业生产过程的优质、高效、安全、可靠和低耗的多目标优化运行。围绕上述的目标，工业人工智能需要大力发展以下 6 个关键技术。

（一）建模

建模在工业生产中具有重要意义，模型包含的工业机理与工业知识，揭示了设备或部件的退化机理、工艺参数和产品质量间的映射关系、产线运行状况和部件工序之间的耦合关系等，反映了制造业的核心工艺和生产运行过程，体现了企业的生产能力和竞争力。文献从数据驱动的智能学习角度，通过设计机器学习算法对信息物理系统（CPS）所感知的信息流进行建模分析，辨识了

CPS 中多子系统非线性耦合动力学，挖掘了子系统之间的切换逻辑，揭示了 CPS 的演化趋势规律。该建模方法具有较好的普适性，已成功应用在机器人、智能制造、智能电网等多个领域。

（二）诊断

安全是工业生产的基本条件，对工业生产来说，设备、生产过程的异常运行将导致产品的质量下降、严重时甚至造成安全事故以及人员伤亡。因此，利用传感器广泛采集关键设备、生产线运行以及产品质量检测获得的图像、视频以及时序等多元异构数据，利用大数据分析、机器学习、深度学习等方法进行有监督或无监督的分类和聚类，实现工业生产过程的智能在线异常检测、诊断以及溯源。有学者提出一种深度学习框架，能够对加工过程中高噪声的振动、电压、电流、温度、声音、力等传感器信号进行自动特征提取，获得了具有较好鲁棒性的诊断结果。该框架具有较好的通用性，在多种制造系统（轴承、刀具、齿轮箱、锂电池等）中均实现了高精度的诊断。

（三）预测

预测对工业生产具有重要的促进作用，大数据技术、云服务技术和人工智能技术的快速发展促进了预测效果的不断提高。其结果是基于数据驱动的预测技术在预测性维护、需求预测、质量预测等方面获得了广泛的应用。对预测性维护来说，利用工业设备运行数据和退化机理经验知识，预测设备的剩余有效使用时间并制定维修策略，实现高效的预测性维护，进而降本、增效、提质和安全。对需求预测来说，制造商基于历史订单数据、流程以及生产线的运行状况，进行需求预测，从而指导生产链，进行风险管理并减少生产浪费。对质量预测来说，通过产线状态及相关生产数据分析预测出产品质量，并将生产流程调整为最佳产出状态以避免残次品，孪生数字技术的发展大大促进了质量预测技术。

（四）优化

优化是提高工业生产效率的重要手段，主要分为设备级和系统级的优化。机床等工业设备的参数对产品的质量具有重要影响，因此常用监督式特征筛选（如 Fisher score、Lasso 等）和非监督式特征筛选（Principal component analysis、

Laplacian score、Auto-encoder 等）方法，提取影响加工精度的关键工艺参数，运用智能优化算法实时优化，实现工业提质增效。复杂工业生产通常由一系列工业设备组成生产工序，进而由多个生产工序构成生产线，利用监测设备和产线运行状态的数据，借助智能优化算法，协同各个生产工序共同实现生产全流程的产品质量、产量、消耗、成本等综合生产指标，保证生产全流程的整体优化运行。

（五）决策

决策是形成工业生产闭环的关键，主要包括工业过程智能优化决策和设备的维护决策。工业过程智能优化决策由生产指标优化决策系统、生产全流程智能协同优化控制系统和智能自主运行优化控制系统组成，能够实时感知市场信息、生产条件以及运行工况，实现企业目标、计划调度、运行指标、生产指令与控制指令一体化优化决策。工业设备的维护决策主要分为修复性维护、预防性维护以及预测性维护等决策，其中预测性维护被预言为工业互联网的"杀手级"应用之一，可以有效地降低维护成本、消除生产宕机、降低设备或流程的停机以及提高生产率等优点。

（六）AI 芯片

人工智能的快速发展得益于数据、算法、算力的大力发展。人工智能（AI）芯片作为人工智能应用的底层硬件，为其提供算力支撑。AI 芯片按架构体系分为通用芯片 CPU 和 GPU、半定制芯片 FPGA、全定制芯片 ASIC 和模拟人脑的新型类脑芯片；按使用的场景分为云端训练芯片、云端推断芯片、终端计算芯片。人工智能的功能实现包括训练和推断，即先采用云端训练芯片训练数据得出核心模型，接着利用云端推断芯片对新数据进行判断推理得出结论，终端计算芯片主要提供简单的、或者需要实时性能的边缘计算的能力。目前，在云侧主要利用 CPU、GPU、FPGA 等芯片进行训练获得模型；端侧主要以推理的任务为主，无需承担巨大的运算量。

二、工业人工智能应用的典型场景

工业人工智能将促进工业的快速发展，并且开始应用到工业生产的各个领域。目前，工业人工智能应用的典型场景包括生产过程监控与产品质量检测、能源管理与能效优化、供应链与智能物流、设备预测性维护等。

（一）生产过程监控与产品质量检测

产品质量是企业竞争力的一个重要指标，现代的高精尖企业对产品的次品率有着极其苛刻的要求。因此，在长链条加工产线的制造业中，利用工业人工智能技术，建立长链条工艺参数与加工精度之间的映射关系，通过监测工艺参数的异常，及时溯源，检查生产设备或主动优化工艺参数，尽量避免次品出现。对完成的产品，利用视频、图像、红外、超声等技术进行产品的尺寸或表面缺陷检测，获取产品二维/三维图像信息。基于人工智能的机器视觉技术，实现快速的产品批量检测与分类，具有自动、客观、非接触和高精度的特点，有效提升工作效率，降低劳动强度。目前，美国 Ametek 公司的 SmartView 系统和德国 ISRA Parsytec 公司的 Parsytec 5i 系统等，都是基于机器视觉的产品表面质量检测系统。

（二）能源管理与能效优化

工业生产中的能耗节省与能效优化是企业成本控制的一个重要方面。在智能电网和工厂设备节能管理中利用人工智能优化算法对能源的智能管理与优化，可有效降低企业成本。人工智能在智能电网的发电、输电、变电、配电、用电及电力调动等环节发挥了重要作用。利用人工智能技术，在变电环节可有效减少变电站的数量，提高变电效率，使变电站在占地少的同时达到安全高效；从能耗指标 PUE 智能优化和能量智能管理调度角度，提供智慧能源管理解决方案；设计中央空调能源管理智能优化系统，通过系统参数在线监测和非线性动态预测分析，预测并判断下一时段系统的冷负荷工况、系统能耗及能效优化控制参量，对系统载冷剂实施调节控制，实现系统能耗的实时调节，达到节能减排的目的。

（三）供应链与智能物流

随着中国物流行业的快速发展，智能物流取得了显著的成绩，以顺丰为代表的企业基于如仓库的位置、成本、库存、运输工具、车辆和人员等信息，利

人工智能在控制领域的理论与应用

用人工智能技术制定调度策略,取得了显著的效果。在人工智能技术的驱动下,供应链与物流的智能化体现在如下三个方面。

第一,实时决策。在承担大量复杂的运输任务时,借助人工智能优化算法,供应链专业人员可在车辆、路线和时间等选择中进行自动分析并做出最优决策。

第二,流程优化。通过人工智能计算对物流运作流程进行重新构建,在快速计算和诸多物流数据和信息基础上做出诸如货物是否装卸、车辆是否检修等决策,实现物流运行流程自动化,提升作业的效率和精准性。

第三,自动分类。通过智能机器人使用摄像头对货物、包裹和快件分类,通过拍摄货物照片进行损坏检测并进行必要的修正。

(四)设备预测性维护

工业设备在长期运行中,其性能和健康状态不可避免地下降。同时,随着大型设备的组成部件增多、运行的环境更加复杂多样,设备发生退化的概率逐渐增大。不能及时发现其退化或异常,轻则造成设备失效或故障,重则造成财产损失和人员伤亡甚至环境破坏。根据设备运行的监测数据和退化机理模型的先验知识,利用人工智能技术,及时检测到异常并预测设备剩余使用寿命(RUL),接着设计合理的最优维修方案,将有效地保障设备运行的安全性和可靠性。基于寿命预测和维修决策的预测性维护技术(PdM)技术是实现以上功能的一项关键技术,它不仅能够保障设备的可靠性和安全性,而且能够有效降低维修成本、减少停机时间以及提高任务的完成率。因此,PdM 技术广泛应用到航空航天、武器装备、石油化工装备、船舶、高铁、电力设备、数控机床以及道路桥梁隧道等领域。

PdM 技术主要由数据采集与处理、状态监测、健康评估与 RUL 预测及维修决策等模块组成。它是故障诊断思想和内涵的进一步发展,其核心功能是根据监测数据预测设备的 RUL,然后利用获得的预测信息和可用的维修资源,设计合理的维修方案,实现降低保障费用、增加使用时间、提高设备安全性和可靠性等功能。RUL 预测对维修决策具有指导性价值,是 PdM 技术的基础;维修决策是设备 RUL 预测的目的,是实现 PdM 功能、节约维修成本和保证设备安全性的主要途径。

148

1. RUL 预测

工业设备 RUL 预测的核心思想是根据设备退化机理模型，或利用监测数据和人工智能方法建立设备的退化映射关系，通过与失效阈值比较而确定的有效剩余使用时间，或者剩余使用时间的概率分布以及数学期望。把设备 RUL 预测方法分为三类：退化模型方法，数据驱动方法，模型和数据融合的方法。融合方法可以综合模型和数据方法的优势，同时可以获得较高的预测精度和设备的退化机理，因此逐渐获得了研究者的重点关注。

2. 维修决策

维修是为保持或恢复设备处于能执行规定功能的状态所进行的所有技术和管理，它是维护和修理的简称。经过半个世纪的发展，维修理论经历了修复性维修、预防性维修以及视情维修等历程。基于视情维修发展起来的预测性维修策略，利用设备运行信息预测 RUL，进而安排人员在设备失效前的某个合适时机进行维修，可以显著提高运行的安全性和大大降低运维费用，成为当前首选的维修策略。根据所采用的 RUL 预测方法，把预测性维修决策分为退化模型驱动的预测性维修决策和数据驱动的预测性维修决策。

PdM 技术综合利用人工智能、大数据、工业互联网、云边计算等技术，其主要流程包括：基于设备监测的传感器数据，利用人工智能方法训练分类和预测模型，一旦设备异常，及时检测其异常并进行溯源，识别设备的健康等级并预测剩余使用寿命，根据工厂的人、财、物等资源、供应链情况以及工厂的实际情况，利用智能优化算法最优的维修决策。为了实现 PdM 的功能需要数据采集装置和数据处理芯片等硬件。因此，相对于别的应用场景，PdM 技术用到了建模、诊断、预测、优化、决策及 AI 芯片以及众多的高新技术和人工智能新理论，体现了当前科技的发展水平，反映了工业人工智能的显著优势。

目前，国内外一些公司已经做出了一些落地项目。比如，西门子推出基于工业大数据分析的预测性维护软件 SiePA，亦称 EPA，在对工厂的历史运行数据进行深入分析的基础上，以人工智能算法为工具，建立了预测性维护系统。通过利用设备运行状态预测预警模块与智能排查诊断模块，不仅能及时预测预警运营中的故障风险，还能帮助企业高效诊断故障背后的原因，并指导维修维护，帮助企业有效控制风险、实现降本增效。知名物联网分析机构 IoT Analytics 发布的 2019—2024 年预测维护市场报告显示：ABB Ability 船舶远程诊断系统能实现对电气系统的预防性连续监测，提供包括故障排除、预防性和预测性服务三个级别的服务，能够通过更大范围的预测性监测使服务工程师数量减少70%，将维护工作量减少50%。

基于以上分析，本文将以预测性维护作为工业人工智能的典型应用场景，展示人工智能在工业上的研究现状。工业设备的预测性维护包括 RUL 预测和维修决策，具有三个典型特点：首先，对设备的 RUL 预测以退化模型或数据驱动方法为主，融合方法研究较少；其次，维修决策常直接研究各种维修方案对企业的成本造成的影响，基于优化算法，获得最优的维修策略，或者在设备的退化模型已知的基础上，结合目标函数获得最优的维护策略，忽略了实时预测结果对决策的影响；最后，设备的退化过程、健康信息、库存备件、维护调度以及多设备系统维修中的依赖关系等都对维修决策产生影响，综合考虑多因素影响的最优维护决策研究较少。基于以上的三个研究现状，综述以融合的思路对设备的寿命预测和维修决策展开总结。

三、工业设备预测性维护的研究现状

（一）工业设备维修决策的研究现状

工业设备的维修活动包括检查、测试、修理以及替换等，目的是使设备处于健康的状态，提高其可用性和可靠性，延长其使用寿命。由于所有的维修活动都会产生成本，如何选择合理的维修策略使得运维成本最小是维修策略设计的目标。维修决策研究的思路为：首先确定目标函数（主要包括维护费用最小、维护费用率最小或者平均可用度最大等），采用适当的优化算法确定最优的维修策略，即确定按照某种维修间隔或维修时间进行维修活动（小修、大修、替换等）。目前，维修决策已获得了丰富的成果，按照不同的标准，可以分为以下几个方面。

1. 维修效果依赖的维修决策

根据执行维修决策后设备预期的性能状态可以把维修策略分为小修、大修和替换，或者小修、不完美维修和完美维修等。其中，役龄替换策略是指设备的使用时间达到事先设定的阈值则替换；不完美维修是对役龄替换策略的发展，这种策略将恢复设备一定的功能，并不能完美如新。有研究者提出基于役龄检测和替换策略，通过最小化单位时间内维修损失得到最优维修年龄、最优检测间隔和对设备进行检测的次数。

2. 维修间隔依赖的维修决策

根据维修活动发生的时间间隔是否相等，把维修策略分为周期性维修和序贯维修。周期性维修策略是指每隔固定时间间隔对设备进行维修操作，而序贯维修策略是按照不等的时间间隔进行维修。相较周期维修策略，序贯维修更加灵活，且更容易和预测性维护策略融合研究，从而更符合工程实际情况。

3. 状态依赖的维修决策

此类维修决策分为：预防性维修（PM）、基于状态的维修（CBM）以及预测性维修（PdM）等。其中，PM 是一种基于时间的计划维修方案，CBM 是基于设备当前健康状态的维修方案，而 PdM 是基于设备未来的退化趋势制定的维修方案。优化状态依赖的维修决策考虑备件、库存供应链和维修策略等因素对运维成本的影响，以维修成本、可靠度/可用度等为目标函数，运用优化理论，获得最优维修方案是维修决策研究的主要目标。按照目标函数的类型，主要分为以下几个研究方向。

（1）维修成本最小化

针对多设备的预测性维护方案，考虑经济、结构和随机相关性，基于退化和预测信息进行实时维修调度更新，获得单位时间长期平均维护费用最小的维护方案；针对多设备系统的不完美维修策略，利用可靠性分析方法，基于定期维修和役龄维修方案，分别研究了修复性维修和预防性维修模型，获得了最小长期总维护费用的最优策略。

（2）可靠度/可用度最大化

有研究者提出了一种基于多设备系统可用性优化的周期型预防性维修策略；还有研究者提出了一种基于实时退化监测信息的预测性维修策略，以最大化维修周期内各设备的可用度为优化目标。

（3）多目标优化

建立了基于延迟时间理论的不完美维修的多目标决策模型，并运用多属性效用理论对模型求解，通过加权可靠度、可用度和维修费用属性，获得不同维修周期的综合效用值，进而确定维修周期；考虑维修准备成本和风电场基本可用度的前提下，提出多目标定周期动态非完美预防性维修决策，通过遗传算法求得模型最优解。通过比较发现，相比完美维修策略，不考虑小修次数对维修准备成本影响的维修策略更具优势。

此外，基于备件库存的维修决策和复杂设备维修决策也是维修决策研究的热点。备件库存占用了企业的大量现金，故研究设备维修和备件库存的联合优化可以有效地增加企业利润。建立备件和维修检查的联合优化模型，且以订货量、订货间隔和维修间隔为决策变量，并获得最优决策。

基于以上寿命预测和维修决策的研究成果，为了解决单一方法的不足，拟采用融合方法实现优势互补，以下从融合思想的寿命预测、维修决策以及预测性维修决策展开综述。

（二）工业设备不同维修策略的融合

随着科技的发展，企业竞争的加剧，设备功能的加强，为了增加设备的可靠性和降低维修成本，维修决策变得越来越重要。目前应用广泛的是 PdM 策略与 CBM 策略，它们各有所长，可以优势互补。一方面，PdM 策略根据设备的寿命预测信息安排合理的维修时间和提前准备维修需要的资源，如维修工具、维修人员、提前购买配件等，从而提高设备的使用效率和系统运行效率，节省运维成本。另一方面，由于设备或生产系统的实际运行中偶尔发生一些不可预测的突发故障，或者受不确定工况等因素的影响，寿命预测误差较大，CBM 策略可以为 PdM 策略提供支持和补充。因此，单一的维修策略已经不能满足当今科技发展的要求，综合运用多种维修策略成为趋势。其中，借助于两个阈值来确定需要维护的设备，以最小化所监视组件的总体预期维护成本为目标函数，融合了 CBM、PM 和纠正性维护的策略，获得了较好维修效果。

（三）工业设备预测性维修策略的融合研究

随着 IoT、大数据、人工智能等技术的逐渐成熟，PdM 成为当今工业人工智能落地的风暴点。PdM 不仅可以对设备进行实时监测和分析数据，预测设备的剩余使用寿命，而且可以远程服务和提前排查故障隐患，使得维护变得更加智能，运营更加可靠，成本也更低。预测性维修方案能够充分利用设备的退化信息和实时健康状态来安排维修策略，可以减少维护费用和库存，延长设备使用寿命。依据设备寿命预测的方法，PdM 主要分为以下两种方法。① 基于退化模型的 PdM 利用退化模型（伽马退化过程或维纳退化过程等）描述设备的退化过程进行寿命预测，基于预测结果针对目标函数运用优化方法寻找最优的设备维修方案。如采用伽马过程来描述单个单元的退化过程，引入长期预期维护成本率作为维护策略的目标函数，利用半再生理论实现对长期预期维修费用率的优化，采用维护策略性能以及鲁棒性来评估新框架的有效性。② 基于机器学习的 PdM 利用机器学习方法实现设备寿命预测，根据预测结果，设计了以成本为目标的动态运维方案；利用长短期记忆神经网络进行寿命预测，给出了系统在不同时间窗下的故障概率，以平均成本率为标准，获得了比周期性预测策略和理想预测维护策略更好的结果。

（四）存在的问题

1. 数据问题

工业设备、产线、ERP、MES 等产生的数据复杂异构多样且不平衡。获得数据类型包括设备的振动、温度、压力数据，利用红外无损检测技术获得工业设备的图像数据，利用超声检测、射线检测、声发射检测、视频等手段获得的音频视频数据，以及物流、管理、经营、服务等文档数据。此外，工业生产中的健康数据较多，异常数据或设备的退化数据较少，导致很难建立功能效果良好的机器学习模型。

2. 复杂与个性问题

高新技术的发展导致工业生产过程更加复杂，机器学习的任务也逐渐向计算量大、复杂度高的方向发展，难以满足处理任务的实时性要求。同时，针对相似的工业场景执行相同的学习功能，由于工业场景中人、机、物、料、法、环各有差异，对应的机器学习模型的参数也需要较大的调整。

3. 不确定性问题

工业生产中的数据普遍存在噪声污染、工况复杂多变的工业生产也常常出现数据离群点、人为因素导致数据标记不准或错误等问题，这些不确定因素导致经典机器学习方法无法获得高效的学习结果。

4. 黑箱问题

具有黑箱特点的传统机器学习方法利用工业过程的数据作为输入输出建立学习模型，获得学习结果。这类学习方法很少利用行业知识经验且学习过程不透明，致使某些学习结果不可解释、不可控且不符合工业实际情况。

5. AI 芯片问题

AI 芯片发展呈现出从云到端，赋能边缘的趋势。应用于云端的人工智能芯片，普遍存在功耗高、实时性低、带宽不足、数据传输延迟等问题。在边缘端进行推理的应用场景较之云端更为多样化，且需求各异。随着深度学习算法的不断演进，当前 AI 芯片的架构也难以满足高算力、低功耗以及各类新算法的需求。而芯片的使用和对算法的支持离不开软件工具。目前，一些人工智能芯片仍然缺乏可用的软件开发工具，或者软件编译工具设计复杂，用户的开发和使用门槛过高，这些都需要在落地过程中不断完善。

（五）研究展望

1. 特征工程

鉴于工业场景的异常样本量偏小且常具有正负样本不均衡的问题，采用数据重构、相似类别之间的知识迁移和域自适应学习来增加所需样本数量，利用特征增广提高训练样本的多样性。结合无监督学习和监督学习的特征筛选方法，对高维数据进行降维转换，提取隐形数据特征和关键信息。

2. 鲁棒性研究

鲁棒性要求学习模型对噪声和离群点等不确定因素不敏感，从机器学习的损失函数、正则化、置信度、距离函数、优化器等方面入手改进以后的机器学习模型，从而添加或增强鲁棒性功能，对建立具有较好鲁棒性的工业人工智能理论具有重要意义。

3. 泛化性研究

针对工业生产中数据量大、个性化强、深度学习模型参数众多等问题，提出基于随机优化和分布式优化的加速学习算法，利用智能优化算法对模型超参数和超结构进行自动优化，最终获得具有良好泛化性的工业人工智能算法，用来快速且可迁移地处理工业生产中的监测、预测、诊断及优化等问题。

4. 可解释性研究

针对已有工业人工智能学习过程的黑箱特点，从可解释特征提取、可解释机器学习架构以及可解释结果评价等方面入手，建立工业生产专家知识经验和机器学习模型的交互机制，使得学习模型的推理过程和决策原因透明化，且用户端能够理解、信任并有效管理机器学习系统，对建立更加符合实际的工业人工智能理论具有突破性意义。

5. 通用性软硬结合研究

当前工业人工智能逐渐从专用算法到通用算法发展，短期内以异构计算为主来加速各类应用算法的落地，中期要发展自重构、自学习、自适应的芯片来支持算法的演进，长期则朝着具有更高灵活性、适应性的通用智能芯片方向发展。除了少量定制化人工智能芯片具备一定功能外，大多数人工智能芯片本身并不具备功能，必须结合相关软件来实现，因此软硬结合是非常必要的。其中，软件层面包括人工智能算法、算法的移植、芯片驱动程序、配套软件工具、人机交互界面等。此外，对芯片架构的改进也是提升芯片性能的主要手段。

工业人工智能技术综合了工业生产大数据和工业运行中的知识经验，利用人工智能技术，结合工业互联网和大数据技术，通过自感知、自比较、自预测、自优化和自适应，实现工业生产过程的优质、高效、安全、可靠和低耗的多目标优化运行。在分析工业人工智能关键技术的基础上，以预测性维护技术为典型场景，系统地总结了预测性维护（主要包括寿命预测和维修决策）的研究现状，进而探索当前工业人工智能研究面临的问题以及未来的研究方向，旨在为工业智能化的发展提供参考。

第二节 面向医药生产的智能机器人及关键技术研究

一、医药行业智能机器人的发展情况及面临挑战

（一）医药行业智能机器人的发展情况

医药行业与国计民生息息相关，是"中国制造 2025"强国战略中培育新型生产方式的重点领域。智能制造时代的到来使得技术与技术之间相互碰撞、不断融合，促使生产方式发生了巨大变革。近年来，我国医药市场持续扩大与增长，药品需求量逐年增加，为提高医药生产的效率与质量，医药生产开始逐渐从传统的人为参与生产转变为以智能机器人为基础的自动化、智能化生产。

自 1957 年第一个工业机器人诞生后，经过半个多世纪的发展，机器人在

工业生产中得到了广泛应用。近年来，随着人工智能、大数据、传感器等技术的发展，机器人逐渐从传统的工业机器人发展为能够自主实现感知、分析、学习、决策的智能机器人。2015 年，智能机器人首次问世，在短短几年内，智能机器人已经广泛应用于教育、医疗、服务、工业等多个行业。我国于 2017 年启动了共融机器人重大研究项目，旨在增强机器人与人、与作业环境、与机器人同伴的交互能力，使其能够自主适应复杂动态的环境并进行协同作业，进一步促进了智能机器人的应用与发展。

智能机器人的参与使得医药生产变得自动化、智能化，显著提高了医药生产效率与质量，保障了人民的用药安全。我国在"十四五"医药工业发展目标中明确指出："要加强国家基本药物供应保障能力，系统性改善临床用药短缺情况，增加罕见病治疗药物品种数，进一步完善国家医药储备体系，显著增强应对重大灾情、疫情或其他突发事件的应急研发和应急生产能力。"随着目前用药需求的增大，医药生产效率的提高愈发重要，如在 2020 年初，新冠肺炎席卷全球，疫苗接种是目前最有效的预防措施之一。随着疫情形势的逐渐严峻，国内外疫苗供不应求，疫苗的研发与生产效率亟需提高，传统的医药生产已无法满足需求。此外，如何在提高医药生产效率的同时保证医药生产质量，也是目前医药生产中需要解决的问题。因为药品受到污染而发生医疗事故的事件仍然存在，药品生产污染严重时甚至会危及生命，社会影响巨大，所以医药生产质量安全不容小觑。国家食品药品管理总局在 2010 年颁布的新版《药品生产质量管理规范》中对药品的无菌生产、在线质量检测、药品生产质量等方面都提出了更加严格的要求，然而目前我国无菌药品的生产基本依靠人工检测与管理，效率低成本高且风险大。虽然生产人员会穿着无菌化服装，但实际上生产人员仍是最大的污染源之一，产品易受到二次污染。此外，在药品配制过程中可能产生对身体有害的成分。澳洲卫生部已证实，一些化疗药品的配制过程可能会产生药物辐射，危害生产人员的身体健康。因此，在医药生产中引入智能机器人，一方面提高了医药生产效率与质量，另一方面也保障了生产人员的身体健康。

在各国政策的推动下，医药行业的自动化、智能化生产已逐步走向正轨。国外内已经涌现出一大批与智能机器人相结合的制药企业，通过对传统生产线升级转型，建立以智能机器人为基础的医药生产线，显著提高了医药生产效率与质量。在对智能机器人关键技术的攻坚上，也有众多学者提出了相应的方法，如在配药制药过程中采用基于多源信息融合的控制技术，灌装密封过程中的柔性抓取技术，高精度质量检测以及在高速智能搬运过程中的路径规划、任务调度技术等。随着智能机器人在医药生产中的应用越来越广泛，对智能机器人关键技术的攻坚也显得越来越重要。因此，结合实际医药生产中智能机器人所面临的挑战，对面向医药生产的智能机器人及其关键技术进行了阐述与分析。

（二）医药生产中的智能机器人及其挑战

现代医药生产是制药设备集成化、自动化、智能化的产物，需要融合制药工艺、机械制造、自动化控制、计算机技术、智能控制等多个专业学科的技术知识。目前常见的医药生产主要由配药制药、灌装密封、质量检测、搬运 4 个部分组成，通过相应智能机器人的协调分工合作，实现医药生产过程中高效智能柔性化生产。下面将对上述 4 个部分的智能机器人进行简单阐述，同时对目前智能机器人的现状与挑战进行分析与总结，如图 5-1 所示。

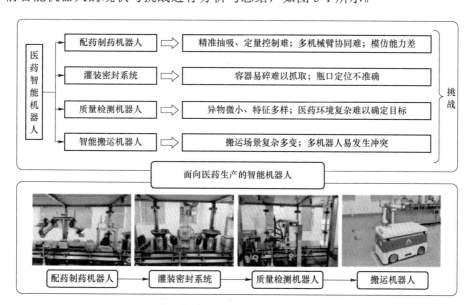

图 5-1　常见的医药智能机器人及其面临的挑战

1. 配药制药机器人

配药制药主要通过对液体或固体原料按照不同的比例进行混合，来满足医药生产中原料混合操作的要求。配药制药过程主要包括对原料的种类识别、容器消毒、药品原料抽取与混合 3 个部分。因此，配药制药机器人主要由识别模块、加药模块、振荡混合模块组成。其中，对药品进行精准上料与混合、均匀温度控制、保证无菌环境是决定最终药品质量的关键。以西林瓶类药品的配药制药为例，完整的流程为：一是容器消毒，对西林瓶整体进行消毒，防止药品受到污染；二是原材料种类识别，通过对原材料容器上的信息进行识别，判断为哪种原材料；三是药品原料抽取与混合，利用注射器穿刺瓶塞，以一定的比例抽取不同的药液注射到瓶中，摇匀混合。《药品生产质量管理规范》中对配药制药生产设备从洁净等级到加工工艺以及设备智能化都有了更高的指标。

目前配药制药机器人所面临的挑战主要包括以下几个方面。首先，难以实现精准抽吸、定量控制。由于制药工艺复杂，配药制药过程中药液的用量需要精准控制，需要提高机械臂的控制精度，使其能够实现原料的精准抽吸，降低抽吸误差对药品质量的影响。其次，多机械臂的协同配药难。为了提高制药效率，实际生产过程中往往会采用多个机械臂进行操作。有些药品的原材料难以溶解，针对这些难溶性药品，需要在配药过程中多次推拉来保证药品完全溶解，如何对多机器臂进行协同控制，最大化提高制药速度是亟需解决的问题。最后，模仿能力差。新药研发一方面关系着人类健康，另一方面关系着医药产业的发展。各种新型疾病的出现、病毒变异导致原有药物药效降低以及尚未研制出某些疾病的针对性药物等问题都显示出新药研发的重要性，然而传统的新药研发速度难以满足需求。目前配药制药机器人可采用模仿学习的方法来提高研发速度，但机器人与示教人员之间存在难以逾越的数字鸿沟，其感知、学习、模仿能力需要进一步加强。

2. 灌装密封系统

药品经过配药制药后会进行灌装密封，灌装密封系统主要是对药品的包装进行操作，在保证药品质量的前提下将药品存储起来，便于运输和使用。具体步骤主要包括制瓶（吹瓶）、灌装、旋盖、封口 4 部分，常见的灌装密封系统主要由灌装加塞工位、加盖封口工位、输送链道部分组成。其中，灌装加塞部分主要由灌装加塞机器人、灌装针头和吸盘、胶塞振荡漏斗组成。胶塞振荡漏斗中放有瓶塞，用于将其盛有的瓶塞有序输送到指定位置，灌装加塞机器人机械臂末端夹持器上同时安装有相互垂直的灌装针头和吸盘，以便机械臂通过吸盘吸取瓶塞完成加塞动作；加盖、封口部分主要由加盖封口机器人、垂直安装于其末端的轧盖夹具和吸盘、铝盖振荡斗组成；输送链条部分主要是将托盘输送到下一个工位的指定位置。

目前智能机器人在灌装密封系统中主要面临的挑战有：第一，无损抓取难以实现。由于药品容器一般采用玻璃等易碎材料，因此对药品容器进行抓取时，需采用柔性抓取，以防药品容器破碎。柔性抓取最主要的目的是无损伤地抓取物体，可通过改变抓取机构刚度或控制夹具应力大小实现。第二，瓶口定位不准确。在灌装密封系统中，瓶口定位是十分关键的环节，容器瓶口的定位准确与否直接决定了灌装密封的好坏。目前大多数生产线现场采用的是通过对生产线的运输轨迹进行预先定位或离线编程来进行瓶口定位。该方法的前提是工作环境由人为布局，依赖于生产线的运输轨迹不发生改变，是静态确定的，环境适应能力较差，而实际生产线可能出现由于机械抖动等环境因素导致的瓶口位置发生变化。同时，灌装容器形状多变、大小不一，摆放姿态各异，当面对这些情况时，上述静态方法都需要进行复杂繁琐的重新定位与编程，无法进行柔性生产。为解决上述问题，实现瓶口的自动定位，提出了许多瓶口定位的方法，如 Hough 变换、最小二乘圆检测法、随机圆评估法等。

3. 质量检测机器人

质量检测机器人主要在药品生产过程中进行检测，以保证药品的质量。通过对药品或容器进行图像采集，然后利用相应的算法对图像进行分析，得出最终的质量检测结果。质量检测机器人主要包括进料模块、视觉处理模块、分拣模块 3 部分。药品首先由输送链送到进料模块，然后将药品放置到视觉处理模块进行质量检测，最后由输送链送到分拣模块。药品质量检测主要包括以下 3 个部分。

（1）包装缺陷检测

包装缺陷检测主要对药品容器进行检测。当容器瓶口存在缺口或瓶口过薄等瑕疵时，难以进行密封，药品的密封性会受到影响；当容器瓶身出现裂缝等瑕疵时，注入液体时可能发生泄露甚至爆炸等。因此，在进行灌装密封时，首先会检查瓶口瓶身是否完整再进行后续操作。瓶口质量检测通常采用机器视觉的方法。

（2）医用异物检测

医用异物检测主要是对药品中的可见异物、不溶性微粒进行检测，这些物质的直径一般大于 50 μm，在一定条件下可以用肉眼观测到，如在药品生产、灌装过程中产生的玻璃屑、毛发、纤维、可见橡胶等异物。《中华人民共和国药典》里对可见异物、不溶性微粒的检测标准有着严格的规定。常见的医用可见异物检测方法有灯检法、光阻法、光散射法、显微计数法等。

（3）医用成分检测

医用成分检测主要是对药品的理化性质进行分析，检测最终的有效成分是否形成，当药品为中草药时，主要是用来检测药品中是否含有重金属、有害元素、农药残留等。常见的医用成分检测方法有光谱法、色谱法、物理常数测定法、生物活性测定法等，对于不同的药品需要采用不同的检测方法。

目前智能机器人在医药质量检测中主要面临的挑战有：① 医药异物微小、种类繁多、特征多样。药品在生产和灌装过程中可能会混入如玻璃屑、毛发、橡胶、纤维等可见微小异物，这些异物往往形态各异、特征多样，液体中的异物还会随着时间动态变化，从而加大了检测难度。其中，对于中药药材来说，由于其组成成分复杂、种类多样，存在着难以将异物杂质与实际的中药药材进行识别分离的问题。② 医药生产线环境复杂，目标异物难以获取识别。在实际的质量检测中，低对比度的环境、液体中的气泡、容器上的透明痕迹、玻璃瓶身上的光斑、灰尘等都会给目标异物的精准识别带来较大的影响。药品种类多样、生产线环境复杂使得异物识别检测算法也更加复杂，检测速度随之变慢，难以满足高精度实时质量检测的要求。

4. 智能搬运机器人

智能搬运机器人主要用于完成药品的分拣、转运、储存等操作，常见的智能搬运机器人有分拣机器人、搬运机器人、码垛机器人等。一方面，由于许多药品受到剧烈振荡时可能会降低药效，因此对药品进行搬运码垛时需要尽力保持平稳，避免振动对药品质量产生影响。另一方面，医药搬运场景往往存在多种干扰，如人员走动、搬运场景的改变等。这些不确定性因素给高速高精度稳定搬运提出了更高的要求。

目前，搬运系统面临的主要挑战有：首先，搬运场景复杂，难以实现高速高精度稳定搬运物资。医药产品种类繁多，有药丸、药液、胶囊等，其对应的包装种类也形态各异,难以快速拾取堆叠,需要智能分拣机器人能够灵活控制,实现快速抓取。此外,搬运场景时刻动态变化,需要智能机器人能够及时感知识别。其次,搬运过程中易与其他智能机器人发生路径冲突导致碰撞或停留。采用多机器人可以完成比单一机器人更复杂的任务,显著提高搬运效率,但是需要智能机器人彼此间良好的分工协作。智能机器人之间的良好分工协作一方面需要对多个智能机器人进行合理路径规划,从而避免发生碰撞,另一方面需要采用合适的任务分配调度方法,以提高搬运系统的效率。

二、医药智能机器人关键技术

目前智能机器人在医药生产中得到了广泛应用,智能机器人一方面能够24 h连续工作,另一方面更易保证无菌环境,极大地提高了医药生产的效率和质量。国内外许多制药企业将智能机器人应用到实际的医药生产中,取得了不错的成效。但是同时也暴露出了医药智能机器人的一些不足,如在配药制药过程中智能机器人难以实现精准抽吸、定量控制;在灌装密封中难以实现无损抓取;在质量检测中难以实现实时高精度检测;在搬运过程中难以合理规划提高搬运效率等。针对上述在配药制药、灌装密封、质量检测、智能搬运中智能机器人应用时所面临的挑战,下面将结合自身团队以及相关学者的研究对相应的关键技术研究进行阐述与分析。

(一)多源信息融合控制与人机交互技术

1. 基于多源信息融合的控制技术

在配药制药过程中,机器人需要获取药瓶的位置、药品的种类、药品的用量、感知抓握时的力度等多种信息,这需要机器人能够对多源信息进行感知,结合机械臂的精确控制与多机械臂间的协同配合,进而实现对原料的精准抽吸与定量控制。为了保证配药制药的生产效率,在配药制药过程中多使用机械臂来实现自动化操作。由于配药制药场景工艺复杂,单一机械臂难以操作实现,因此需要采用多机械臂进行高效协同作业。要实现多机械臂协同作业,首先需要实现对单一机械臂的精确控制,提高其避障能力和操作灵活性,避免多机械臂在运行时发生碰撞。对此,Du 等提出一种新的数值序列处理方法,利用闭环框架求解自由度冗余机械臂的逆运动学问题,该方法能够有效避免多机械臂在运行时发生路径干涉。Li 等提出了基于多源信息融合的自动避障方法，实验结果表明，该方法具有高障碍识别率。机械臂的操作灵活性主要取决于其控制和定位是否精准，Liang 等对精确约束平行机械臂单元有了新的突破，六点精确约束并联机械臂单元具有结构简单、体积紧凑等优点，适用于精确定位。丁承君等对基于多源信息融合的移动机械手末端执行器的精确定位问题进行了深入的研究，实现了机械手的视觉与超声信息的融合，进一步提高了机械臂的控制精度。针对医药生产环境复杂，易受到不平衡光照与多种背景的干扰，机械臂难以进行正确有效抓取的问题，Zhang 等提出了基于保护校正的单 RGB 图像三维物体姿态估计的抓取算法。利用改进姿态估计算法（FastNet-V1）提取单幅图像的多层次特征，将改进的姿态估计算法与抓取姿势校正算法（CGP）相结合用于机械臂抓取。实验结果表明，在正常光照下机械臂对 3 个目标的平均抓取成功率为 83.3%，对单幅图像的检测速度可达到 1.490 帧/s。

由于机器人在自主配药制药过程中存在轨迹多样化、控制流程复杂化等问题，在进行自主决策时需要优化轨迹以加速配药制药过程。对此，Amor 等针对两个或多个机械臂协同操作同一对象，提出一种控制协作系统的运动和机械手与被抓物体之间相互作用力的策略，为互连的非线性系统开发了一种新的分散轨迹跟踪控制方法。通过上述研究可以看出，将多源信息融合技术与机械臂控制相结合，使智能机器人在配药制药过程中能够达到精准抽吸与定量控制的要求，保证了配药制药的质量与效率。

2. 人机交互技术

与人共融是智能机器人发展的新趋势，在新药研发的配药制药过程中，智能机器人需要感知人的动作、理解配药的意图、作出相应的决策。但由于智能机器人与示教人员之间存在难以跨越的数字鸿沟，必须提高智能机器人在新药研发过程中的模仿学习能力。智能机器人在模仿学习中常常会遇到运动模仿泛化能力差的问题，对此，于建均等引入一种基于动态系统的模仿学习方法，有效解决了运动模仿存在无法收敛到目标点以及泛化能力差的问题，为智能机器人在配药制药场景下模仿配药人员的相关操作奠定了基础。从观察中模仿学习开启了智能机器人从大量在线视频中学习的可能性。Cheng 等证明了从观察中模仿学习在经验上达到了与从演示中模仿学习相当的性能，极大地扩展了从观察中模仿学习的发展前景。Stone 提出了两种从观察中进行模仿学习的算法，使得智能机器人能够仅从状态轨迹中模仿所展示的技能，而无需了解演示者选择的动作。机器人在模仿学习时不仅要学到人机交互过程中专家所演示的动作，动作执行的安全稳定性和动作的完成度也是需要关注的重点，基于此，Hwang 等提出一种基于姿势模仿与平衡学习的模仿算法，开发的平衡控制器使用强化学习机制，能够在在线模仿的过程中稳定机器人。通过采用机器人模仿示教人员这种人机交互技术进行新药的配制，新药研发的效率与速度可以得到极大的提高。

（二）柔性抓取与瓶口定位技术

在灌装密封过程中需要经常对一些易碎的药品容器进行抓取，且这些容器可能大小、形状不一，因此需要研究柔性抓取来实现无伤抓取。在将容器抓取放置到指定位置后，需要将药液转移到容器内，此时需要对容器瓶口进行精确定位，防止药液溅出。因此，针对柔性抓取与瓶口定位技术开展研究是必要的。

1. 柔性抓取技术

为了避免药品与容器中的某些物质发生反应影响药品质量，通常会采用玻璃这类化学性质稳定的容器。但玻璃制品在受到较大外力时可能会破碎，因此在灌装密封过程中，对西林瓶、安瓿瓶等易碎容器需要进行柔性抓取。与常见的刚性抓取相比，柔性抓取不仅需要具有较高的灵活性与柔韧性，还需要保证无伤抓取物体。对于如何改变抓取机构刚度与控制夹具应力大小，Wei 等受章鱼触手的启发，提出一种新型自适应欠驱动多指手（OS Hand），与传统的刚性触手相比，OS Hand 具有自适应性高、抓取配置多样、抓取力范围大等优点，在需要大量抓取、移动、释放等灵活操作的医药配药制药机器人领域有着很好的应用前景。针对非轴对称圆柱体等不规则几何形状的工件，Jiang 等设计了一种包含定位和夹紧系统的新型柔性夹具，可用于夹持各种形状的医药容器。Liu 等研究了一种具有包络抓取（EG）和捏抓取（PG）模式的两指软机器人抓手，设计结合了两个可变腔室高度的双模块气动执行器（DMVCHA）。在 PG 模式下，DMVCHA 的高被动顺应性允许较大的接触面积，实现与物体的垂直平面接触，提高了抓取的可靠性，适合抓取中小尺寸的物体。在 EG 模式下，DMVCHA 成为可变腔室高度的气动网络执行器，提供更大的抓取力，适用于抓取较大尺寸的物体。两种模式的抓手可以满足医药生产中药品容器形状各异的需求，实现无损伤灵活抓取。Chandrasekaran 等设计了一种新型变刚度柔顺机器人抓取机构，该抓取器能够部分适应被抓取物体的表面，并可以利用嵌入在抓取钳口的柔性旋转元件迅速改变其刚度，易于实现玻璃安瓿瓶、西林瓶等易碎的药品容器的柔性抓取。

2. 瓶口定位技术

在完成对药品的包装容器的检测后，需要对瓶口进行定位，以便将药液精准转移到容器中。然而，在实际灌装密封过程中，瓶口的图像往往会存在干扰，影响瓶口定位。Zhang 等通过 CCD 摄像机拍摄安瓿和青霉素瓶的数字图像，利用 OpenCV 函数提取瓶子图像的感兴趣区域，进行滤波、分割，并采用基于像素扫描的方法提取瓶子直径、高度、瓶颈位置等特征参数，实现了对瓶口的精准定位。针对瓶口图像的边缘干扰较多，易出现定位不准确的情况，周显恩等提出一种三点随机圆检测及拟合度评估的瓶口定位方法，与常见的瓶口定位方法相比，在保证执行速度的同时提高了定位精度，实现了在瓶口严重破损或存在大量干扰时的精确定位。彭永志等在此基础上进行了改良，提出一种基于密度的 DBSCAN 随机圆检测的多瓶口定位算法，将瓶口定位的平均定位误差降低到 0.553 pixels，平均执行速度降低到 1.359 ms，满足灌装密封系统中准确性和实时性的要求。

3. 基于机器视觉的质量检测技术

（1）基于机器视觉的包装缺陷检测技术

为了防止当药液容器瓶口出现裂缝、缺口等瑕疵时对药品的密封性造成影响，需要首先进行瓶口缺陷检测。进行缺陷检测的第一步是进行图像采集，光照条件对图像采集的质量有很大影响，自然光条件下亮度是动态变化的，因此 George 等提出一种利用内部照明系统进行玻璃瓶图像采集与检测的机电装置，避免了外部光源产生的反射，能够获得高质量的图像，进而可以捕捉到细小的缺陷。Özturk 等则是通过将传统 CNN 算法的单值偏差输入转换为偏差模板，利用偏差模板来平衡图像的亮度，从而使所采用的图像处理算法不受环境条件的影响。对图像进行采集后即可进行缺陷检测，目前瓶口缺陷检测的方法主要分为两类：一类是基于深度学习的检测算法，如 Song 等通过对全卷积单阶段目标算法进行改进，检测效果相较原有算法提高了 6.9%，将其应用在瓶口缺陷检测中，提高了瓶口缺陷检测的精度。但由于深度学习算法通常需要大量的样本图像，学习时间较长、对样本的可靠性依赖较高，不利于实现快速检测，因此提出了另一类算法——阈值分割方法，该类方法简单、计算量小，但阈值的选择对最终精度的影响较大。对此，Zhang 等提出一种基于离散傅里叶变换和最优阈值法的缺陷检测算法，利用离散傅里叶变换中的谱残差法突出缺陷区域，然后通过多次迭代确定缺陷区域分割的最优阈值。黄森林等对阈值分割算法做出了进一步改进，提出一种基于投影特征的迟滞阈值分割算法，该算法的检测速度可达 38 ms，正确率可达 99.4%。

（2）基于机器视觉的医药异物检测技术

医药中的异物可以分为可见异物和不溶性微粒。针对医药中的可见异物检测，传统方法主要采用人工灯检法，即工人在暗室中利用专用的检测灯进行检测。该方法速度较慢，检测结果具有很强的主观性，同时可能存在由于疲劳导致的漏检、误检现象。目前，许多公司如德国 Seidenader、意大利的 Brevetti C.E.A.、国内的楚天科技等结合机器视觉推出了全自动灯检机，提高了检测速度和精度。为进一步实现高速高精度检测，满足实际生产中的需求，张辉等通过改进模糊细胞神经网络图像分割方法得出了药液中异物的目标特征和动态变化信息，采用基于支持向量机的分类算法进行了异物识别。Zhang 等提出一种结合单帧图像和多帧图像处理的深度多模型级联方法来检测和识别外来微粒。实验表明，该多任务分步方法提高了外来微粒检测的准确性，降低了强噪声情况下的漏检率，实验结果漏检率为 1.86%，误检率为 2.38%。Dai 等采用三阶差分法对输液瓶内可见异物进行检测，实现了对产品质量的在线实时检测。对于不溶性微粒常常采用光阻法和显微计数法，光阻法主要是利用传感器输出的信号强弱来判断微粒大小，速度更快，但显微计数法能够更加精确地得到结果，因此实际中往往会采用光阻法进行初步的筛选。国外对光阻法的研究较早，日本的 Eisai 公司早在 20 世纪 80 年代就提出了光阻法，国内近些年也有众多学者针对如何提高光阻法计数的速度与精度进行了研究。梁明亮等通过采用透镜阵列加探测器阵列来改进优化光路设计，有效增大了不溶性微粒的特征信号，进而提高了不溶性微粒的检测率，对玻璃屑的检测率可达 96.7%，纤毛检出率达到 86.3%。李健乐等通过改进前置放大电路，提出一种无需消除药液中的气泡，采用输出电压来区分气泡与污染颗粒的方法，提高了光阻法颗粒计数的效率。

（3）基于高光谱成像的成分分析技术

高光谱成像技术由20世纪70年代的多光谱成像技术发展而来，其生成的图像在每个像素上能够提供几十到几百个连续狭窄波段的光谱信息，具有光谱范围广、分辨率高、在光谱范围内连续成像等优点。近年来，鉴于高光谱图像在反映物质内部性质方面的优越性，高光谱成像技术在成分分析中运用得越来越多。高光谱成像技术在中药及化学类药物性态及成分检测中的应用已经十分广泛，相比传统的可见光视觉传感器所采集到的图像，基于高光谱成像技术的医药图像检测更利于分析医药内部性质及其变化，因此，可以利用基于高光谱图像的检测技术检测药物最终的有效成分是否形成。针对疫苗中蛋白质抗原的检测与分析，Dabkiewicz等利用近红外光谱技术测定了黄热病疫苗中蛋白氮的含量；针对疫苗水分含量的检测，Zubak等利用近红外分析方法测定冻干脑膜炎球菌疫苗中的水分含量。与其他成分检测技术相比，基于高光谱图像的检测技术具有对生物细胞活性损伤小、残留生成物少以及分析速度快等优点，在医药成分检测和质量检测方面具有巨大潜力。由于基于高光谱图像的检测技术需要从高光谱图像所包含的大量数据中提取出有用信息，从数据校准校正、数据压缩、谱维数降低和数据分析到最终结果的确定都需要一定的时间。因此，目前基于高光谱图像的检测技术在医药行业应用还不普及，需要进一步研究与探索。

4. 路径规划与任务分配调度技术

（1）路径规划技术

路径规划技术是指如何使机器人从位置A到位置B找到最符合约束条件的路径。路径规划问题首次在20世纪60年代被提出，随着智能搬运机器人的发展，路径规划技术越来越得到重视。目前常见的算法有A＊算法、蚁群算法、遗传算法等，针对不同的应用场景对这些算法进行选择，实现最优路径规划。目前单个机器人的路径规划技术已经十分成熟，而多机器人的路径规划往往会遇到路径冲突的问题，从而影响整体的搬运效率。针对搬运过程中出现的碰撞问题，Zhang等提出了活力驱动的遗传算法，该算法能够在最小化任务时间的同时实现无冲突路径规划。在路径冲突处理策略中，不仅考虑了一个网格单元中的公共路径冲突，还关注了相邻网格单元中交换位置时机器人之间的路径冲突。相较于传统算法遇到碰撞时往往采用等待的解决方式，Zhang等提出一种基于碰撞分类的 AGV 无碰撞路径规划策略，根据碰撞类型提出了 3 种在发生碰撞时的解决方法——选择候选路径、后面的 AGV 在出发前等待、修改后续 AGV 的路径。实验表明该策略提高了多机器人搬运的效率。

（2）任务分配调度技术

当系统中同一时间段内多个机器人执行不同任务时，往往会出现任务分配调度难以稳定控制及优化的问题。对此，Ghassemi 等提出了多智能体任务分配算法，将任务规划问题转化为二部图的最大加权匹配问题，利用 Blossom 算法进行求解，使得每个机器人能够自主地确定其应该承担的最优任务序列。Fan 等提出了基于市场拍卖的任务分配算法，在任务分配过程中，机器人会结合任务本身的成本和任务之间的相关成本进行竞价，以优化所有机器人总距离和机器人总运行时间这两个性能指标。随着多机器人系统的发展，由于分布式算法对未知环境具有较强的适应能力，分布式协调成为多机器人系统的主要组织方式。根据以往的研究可以发现，机器人只与本地网络中的少数成员进行交互，并通过网络传输与大多数其他成员进行连接。即使采用相同的协调策略，不同的网络拓扑结构也会对系统协调效率产生直接和显著的影响。Liu 等分析了复杂的网络特性如何影响多机器人协调中的协同通信和交互，并通过分析网络特性提出一种网络调整方法，以提高多机器人协调的效率。

三、展望与趋势

（一）制药设备的发展方向

随着国家对制药设备标准的进一步提高和对药品需求量的进一步增大，对医药生产的生产效率和质量提出了更高的要求，智能机器人的发展为医药生产带来了新的机遇。国家颁布的新版《药品生产质量管理规范》中对制药设备的稳定性、安全性、生产效率相较以往有了大幅提高，因此为提升制造工艺技术和生产效率，目前制药设备主要朝着集成化、自动化、智能化的方向发展。其中，制药设备集成化是指将多种制药设备集成在一个设备中，使其能够完成多种制药工艺。制药设备集成化能够很好地避免设备之间的交叉污染、减少操作人员和设备占用空间以及降低安装技术的要求；制药设备自动化是指在没有人参与的情况下，制药设备通过自动检测、信息处理、分析判断，自动调节完成

人工智能在控制领域的理论与应用

预期的工艺。制药设备自动化能够极大地提升制药设备的产能和生产效率；制药设备智能化是指在计算机网络、物联网、人工智能和大数据等技术的参与支持下，制药设备能够自主完成对应工艺的制药，其中以智能机器人为主的制药设备正在被越来越多的制药公司采用。

同时，为响应2020年9月中国在第75届联合国大会中提出的2030年前"碳达峰"、2060年前"碳中和"的目标，医药生产在快速、高效发展的同时，也朝着绿色的趋势发展。通过加快医药生产线的绿色改造升级、推进资源高效循环利用、积极构建绿色制造体系，建立以智能机器人为基础，结合大数据、人工智能等新兴技术，实现药品从原料到存储运输的柔性化、定制化、智能化生产，促进药品生产向高效、绿色的方向发展。

（二）未来面向医药生产的智能机器人发展方向

随着智能机器人在医药生产中应用的不断增多，在关键技术方面不断突破，医药生产效率与质量得到了显著提高。尤其是在面对2020年初的新冠肺炎时，以智能机器人为基础的医药生产方式的产能及效率能够在一定时间条件下满足需求，没有出现长时间的物资匮乏现象，但同时也暴露出了一定的问题，智能机器人在医药生产的实际应用中仍然存在不足。受到制药设备发展趋势的影响，未来面向医药生产的智能机器人主要朝着以下3个方面发展。

1. 实时性、可靠性

虽然神经网络的发展使得质量检测取得了突破性进展，但目前质量检测实时性仍有不足，尤其是在基于高光谱图像的检测技术方面，由于高光谱图像数据信息量大，检测速度相对较慢，可以结合云计算等技术进行进一步的完善提高。同时质量检测的检测对象单一，检测内容有限，无法满足医药市场的需求。"多模态""多模型""多任务"在医学成像、人脸识别、智能交通等领域取得了良好的效果，因此可以整合深度学习中的"多模态""多模型"和"多任务"，提高医疗质量检测的水平。

2. 自主性、灵活性

目前配药制药机器人在灵活性和决策能力方面还有所欠缺，主要表现在感知能力较弱。在实际医药生产中，由于生产环境复杂多变，大多数机器人只是在结构化环境中执行各类简单的、确定性的任务。因此，一方面需要加大对新型传感器的研究，使机器人能够结合多源信息感知技术更好地感知环境，自主做出最优的决策；另一方面需要进一步对人工智能、类脑机器学习等方面进行研究，提高智能机器人的自主决策能力。

3. 交互性、协作性

在复杂的医药研发和生产环境下，单一机器人难以完成作业，通常需要人机配合、多机器人协同作业来提高配药制药的灵活性，但目前智能机器人交互能力较差，难以理解医药人员的意图和预测医药研究人员的行为，在配药制药过程中易与研究人员发生碰撞，无法有效地配合作业，且存在着一定的安全隐患。因此，未来需要对共融机器人进行进一步的研究，增强机器人与环境、人类、机器人的交互能力，提高智能机器人的协作和感知解释环境的能力。

医药安全是重大的民生和公共安全问题，事关人民生命安全和国家繁荣稳定。智能机器人能够极大地提高医药生产的效率与质量，对医药行业有重大意义。对医药生产中智能机器人在配药制药、灌装密封、质量检测、智能搬运等方面的应用进行了概述，并指出了目前所面临的问题与挑战，同时基于此对相应的关键技术进行了综述与分析，最后结合国家相关政策对面向医药生产的智能机器人的未来发展趋势进行了展望。相信未来，在研究学者与制药企业的共同努力下，智能机器人在实时可靠性、自主灵活性、交互协作性方面能够得到进一步的提高，满足实际需求，从而使得医药智能机器人在生产效率与质量上实现新的突破，极大提升医药生产水平。

第三节　人工智能对我国食品安全监管的影响

一、人工智能在食品安全大数据中的应用

（一）后厨中人工智能的应用

针对计算机智能识别 AI 来讲，其无论是在餐厅后厨中，还是在食堂中，均能得到较好应用；其能够监控厨房工作人员是否依据相关规定穿戴口罩、衣帽，还能监视是否出现热血生物，比如老鼠等；另外，还需要指出的是，计算机智能识别 AI 还能够对厨房当中的各种设施设备进行标记，如保健设施、消

毒设备及清洗设备等；此外，还能标记厨房当中的各种容器及清洗水池，并将其当前实用状态记录下来。在监控冷菜间的各种条件当中，主要有如下硬性规定。

首先，实现专人专管，只有指定的人才能进入冷菜间，而对于那些非指定的人，那么会禁止入内，如果强行入内，会即刻报警。还需要强调的是，在进入到冷菜间之前，不仅要二次更衣，而且还需要进行全身消毒，衣服上还需要设置 RFID 标识，以方便监管。其次，针对冷菜间的温度而言，通常情况下，需要控制在 25 ℃以下。最后，在日常运营中，需将相配套的紫外线灯打开，对空气进行全面消毒。与传统的监管模式相比较，采用先进的人工智能监控模式，有助于监管过程当中人力、物力投入情况的大幅降低，并且还对食品风险预警的实时性、准确性的提升，提供切实保障，最终可达到降低其安全风险的目的。基于计算机辅助下的人工智能，还具有良好的食品安全监管效能，在此驱动下，不仅能大幅提高此方面的监管水平，而且还能加强监管效能，可谓一举多得。通过人工智能的合理化应用，还能在企业之间甚至行业之间树立威慑力，不仅能对市场乱象进行监督，而且还能维护市场秩序，有助于企业生产行为的规范化、合理化。通过人工智能的利用，通过开展实时性、全面性监测，针对从中发现的问题，能够及时报警，且对相关证据进行自动留取。如此一来，便能较好地节约政府的监管成本，促进其监管精确度的提升，实现监管维度的扩展，为政府决策制定与部署提供切实支撑。

（二）智能配餐中计算机人工智能的应用

针对人工智能配餐而言，其能够围绕特定人群，依据现实情况及具体需要，对食材进行合理化、科学化搭配，并且还能依据其口味、营养需求的不同，制定人性化的食谱，因而能够向消费者提供营养均衡的营养餐。需要强调的是，因人体健康状况并不是始终不变的，因此，在制定食谱时，需要将周期性、个性化及多样性问题考虑在内，而智能配餐便能够较好地解决此类问题。与计算机人工智能的基本发展契机相结合，智能餐厅与传统餐饮企业相比较，有助于人工成本的降低。比如，配置自动炒菜机，能够在花费更少的时间情况下，得到口味与传统手工炒菜相同的菜品，因此，定制化服务以及精细化的菜品，与当下消费者的个性化需求相适应，有助于消费体验的提升。另外，还需要强调的是，通过与云服务、大数据相结合，智能化分析每位顾客的用餐信息，并且还能对餐厅每日整体的盈利情况展开智能化剖析，借此可促进餐厅的优化升级，使其在餐饮市场上占据更好地位。

（三）食品检测中人工智能的应用

可选用一种能够穿戴的设备来进行食物的检测。可穿戴式设备如同一个圆形胸徽，内部不仅有 1 个微型摄像头，而且还设置 1 个运动传感器，当将其打开之后，可根据预设的速率对佩戴者前方的场景画面进行自动拍摄，此种可穿戴式相机能够对佩戴者所处场景进行自动记录。另外，此设备还能够实现数据的传输，开展交叉数据集测试，其中的一半数据集用作训练，而另外一半用作测试，有试验证实，其在食品检测中的准确率分别达到了 91.4%、86.3%。因此，其在食品检测中有着不错的应用效能。

二、人工智能影响食品安全监管的现实阻碍

利用人工智能实施食品安全的智慧监管，已成为我国食品安全监管现代化转型的重要内容。当前，国内许多地市监管部门都在加快推进本地区的智慧监管体系建设。但是，由于整体上国内的智慧监管建设尚处于起步阶段，在具体的实践建设过程中，各地市监管部门还面临着一系列现实因素，阻碍了人工智能在当地食品安全监管工作中的实践应用及其效能发挥。

（一）监管信息交互障碍

目前，随着国内食品安全智慧监管建设的深入推进，各地食品监管机构在进行跨地区甚至跨部门信息交互时，普遍都面临着一些信息共享方面的障碍，这给智慧赋能后的地区食品安全监管工作带来不少困扰，严重制约了各地食品安全智慧监管的综合效果。这种局面的产生是多方面原因造成的结果。① 由于在食品安全智慧监管的建设和布局上面，国内缺乏整体性的、长远性的规划建设方案，这就导致了在实际进行建设的过程中，各地方政府部门盲目地去跟风建设，没有整体性的规划设计标准，也没有统一的建设方案，最后各地方政府进行食品安全智慧监管建设的结果，也只能是一个个孤立的信息系统数据库，彼此之间无法实现互联互通。推进食品安全智慧监管，需要构建具有国家

层面信息互联互通的监管系统，因此，国家有必要进行整体层面的先期规划，避免各地建设浪费人力与资金。② 食品安全智慧监管建设的制度标准不健全。各地在建设食品安全智慧监管系统时，由于缺乏制度性建设标准作指导，比如数据方面的部门数据标准、跨部门数据标准、信息转换相关标准等，这就导致各地的食品安全智慧监管系统数据库建成后，监管数据库信息就只能在本部门内部进行使用，而无法实现与其他部门数据库的信息交互共享。③ 地区之间发展进程不同步。由于我国幅员广阔，地区之间发展差异巨大。在推进食品安全智慧监管建设的过程中，不同地区间的规划发展以及建设进度都不同步。发达地区的智慧监管系统持续升级，系统功能日趋完善，而欠发达地区的智慧监管建设可能尚处于规划之中。也就是说，各地区在信息化进程上的不同步，也是导致地区之间监管信息交互共享障碍的一大原因。而食品监管信息的交互障碍，会制约监管部门对有关食品安全事项的监测管理，进而影响该地区食品安全智慧监管的整体效果。

（二）制度建设明显滞后

相对于技术的开发应用而言，与之相关的管理制度建设往往具有滞后性。就当前国内的智慧监管实践而言，许多地区在智慧监管硬件建设方面做得不错，但是在相关管理制度建设这一块则做得明显不足。相关管理制度建设的欠缺，给各地食品安全智慧监管工作的开展带来许多掣肘，严重影响了人工智能在食品监管工作中的作用发挥。① 监管信息管理方面的制度缺乏。监管信息管理主要涉及信息管理的主体及范围、数据标准管理、数据资源管理、数据分析管理、数据安全管理等具体内容。对于监管信息管理的问题，由于智慧监管在国内兴起的时间很短，许多地市监管部门在推进智慧监管建设的过程中，很容易忽视这方面的制度建设，由此也造成了各地区监管部门在监管信息交互共享、监管信息公开等方面面临许多问题。② 系统管理方面的制度建设不足。系统管理方面的制度主要包括系统平台的使用、运行维护以及安全管理等具体内容。食品安全智慧监管是一种主要依托智能化监管平台，对法定食品安全事项进行线上监管的食品监管方式。因此，加强智慧监管系统平台的制度化管理很重要，这是保障线上监管活动正常开展的基础。但在具体实践中，一些地区监管部门在系统平台的管理方面，还存在制度化程度不够高、管理不够全面的问题。③ 其他保障性制度建设上的欠缺。这主要是指对监管人员的专门培训制度，因为智慧监管系统的操作需要专门知识，实践中很多监管人员不经培训往往是无法胜任岗位工作的。

（三）技术应用不够成熟

在国内，食品监管部门将人工智能引入食品监管领域，大力推行食品安全的智慧监管，是近几年才出现的一种食品安全监管模式上的创新，食品安全智慧监管在国内尚属于一种新兴事物。技术应用上的不够成熟，使得我国的食品安全智慧监管面临不少问题，智慧监管的效果也受到影响。① 监管识别方面的问题。当前国内的智慧监管系统在图像识别、行为分析等方面还存在不少缺陷，这使得监管部门在实施智慧监管的过程中，可能会接收一些错误的预警信息，由此会导致监管偏差的产生。② 系统安全方面的问题。智慧监管系统面临的安全风险，主要包括保密监管信息的泄露、网络黑客的攻击以及计算机病毒的入侵等。由于智慧监管系统数据库里储存有许多重要的监管信息，而这些信息可能会牵涉到某些食品生产经营企业的切身利益，因此在自利动机的驱使下，这些企业就存在入侵系统篡改信息的可能，比如企业擅自篡改台账、修改监控数据等。③ 一些外界的、物理性的因素也可能成为影响监管系统正常运行的障碍，比如一些不可控的鼠虫害、外界突然的断电等。因此，监管部门在进行系统建设的时候，就要考虑到这些可能对监管系统构成威胁的风险因素，并预先做好应对准备，以免因为监管系统运行方面的问题，使得本地的食品安全智慧监管工作开展受阻。

（四）监管人员观念制约

虽然国内很多地市监管部门通过不懈努力，建立起了本地区的食品安全智慧监管网络体系，并逐步在地区推行食品安全的智慧监管。但是，由于食品安全智慧监管在国内尚属于一种新兴事物，人们甚至很多食品监管人员对其都并不熟悉，而且操作智慧监管系统还需要监管人员具备一定的计算机、软件知识。因此，在某些推行食品安全智慧监管的地市，由于监管队伍的整体素质不够高，从而造成了智慧监管系统的操作人员，对自己操作的监管系统某些功能认识不够全面，自然智慧监管系统的监管效能发挥就会受到很大影响。此外，在一些已推行食品安全智慧监管的地区，监管人员仍然不转变自己的传统监管思维，继续沿用老一套的做法，将事后惩处作为食品安全监管工作的重心，进行被动式监管。如此，即使食品监管部门拥有先进的食品安全监管手段，但是由于监管人员的观念问题，也会使得智慧监管效能大打折扣，并不能真正发挥出智慧监管工具手段实际具有的监管效用，这不得不说是一种对监管资源的极大浪费。更有甚者，有些地方的食品监管部门根本就不重视现代监管工具手段的应用，更谈不上运用人工智能技术对本地区的食品安全实施智慧监管的问题。

（五）机构改革整合不够

在 2018 年新一轮政府机构改革中，国家将工商、食药监和质检等部门的职能进行整合，新组建了国家市场监管总局，各地政府在机构改革上与中央保持一致，也纷纷调整机构组建地方的市场监管局。自此，食品生产加工、流通及销售诸环节的质量安全监管工作，就全部由国家和地方各级的市场监管部门具体负责。从长远来看，国家实施市场监管"三合一"机构改革，对于解决食品监管领域存在的多头监管、职能交叉等问题，具有重要的现实意义。但是，各地政府部门要在短时间内完成市场监管的机构改革任务，并实现重组机构的高效运作，这是一件比较困难的事情。事实上，当前国内各地方政府在"三合一"机构改革方面，普遍都存在机构改革进程偏慢的问题，新机构在内部管理、人员融合以及机构设置等方面面临着诸多的问题。新机构对于监管人员、监管职能的整合不到位，客观上会影响到当地食品安全监管工作的开展，并制约智慧监管的效能发挥。同时，曾经分别隶属于工商、食药以及质检等部门的监管系统，在"三合一"机构改革以来，许多地方依旧无法实现各系统间的有效兼容与信息交互，这也给当地的食品安全数字化监管工作带来了不小的困扰。总之，在当前国内深化机构改革的背景下，许多地方在"三合一"机构改革当中存在的机构设置、人员管理混乱，新机构对原单位人员、监管职能与监管系统整合不到位的情况，也成为影响当地食品安全智慧监管效能发挥的重要因素。

（六）政策资金支持不足

进行食品安全智慧监管体系建设，是一项需要较多财力和人力支持的事项。尤其在监管系统建设的早期，基本所有的项目建设资金都由政府完全承担，因为对于这样的监管系统建设，企业和公众都缺乏直接参与的动机。但是，由于整体层面上中央政府都缺乏智慧监管建设的顶层设计，因此中央政府也不太可能专门拨付财政资金来搞建设，智慧监管的建设资金也就只能来自各地政府的单独支持了。我国是一个地域极为辽阔的国家，不同地区之间发展差异巨大。这就让人想到了各地政府在监管建设财政支持能力方面的问题，像东部发达地区上海、杭州等，这些地方政府能够有充足的财政资金，用以支持本地区的食品安全智慧监管项目建设，而像西部地区大多数地市的政府部门，是没有充裕的财政资金支持本地区的食品安全智慧监管建设的。这样就会造成发达地区与欠发达地区，在推进食品安全智慧监管建设的进程上存在巨大差异；而且即使发达地区的地方政府也不可能一直大力地支持这一个项目的建设，毕竟地区还有很多其他的重点项目建设需要财政支持。这就产生了食品安全智慧监管系统后期的运行、维护、升级改造的费用问题。总之，智慧监管建设就是一项需要较多财力和人力支撑的项目，发达地区和欠发达地区在智慧监管建设上未来该如何走向，值得我们思考。

（七）社会参与程度较低

食品安全关系所有人的切身利益，吸纳更多社会主体积极参与食品安全的综合治理，对于改善食品监管工作、提升食品监管效果均具有重要作用。社会公众作为食品安全社会共治的重要参与主体，提高他们参与食品安全监管的积极性、主动性，有助于提升地区食品安全治理的综合效果。根据调查反馈来看，当前国内不少推行食品安全智慧监管的地区，其监管人员普遍反映当地食品安全智慧监管的社会参与度偏低，智慧监管的监管优势未能得到充分发挥，由此也导致了这些地区食品安全智慧监管的实践效果不够理想。究其原因，一方面可能是由于智慧监管在国内兴起的时间还比较短，社会大众对其还不够熟悉和了解，许多社会公众不知道如何通过智慧监管 App 端口，具体参与到本地区的食品安全智慧共治工作中去；另一方面可能与当前我国缺乏监管共治的社会氛围有关，而监管共治社会氛围的缺失，使得不少社会公众始终无法形成参与监管的意识和动机，进而造成食品安全监管社会参与不足的问题长期存在。对此，各地在推行食品安全智慧监管建设时，除了注意加强智慧监管方面的宣传之外，还应为培育地区监管共治的社会氛围而持续努力，不断提高地区社会公众参与食品安全监管的积极主动性，最大限度地发挥出食品安全智慧监管应有的监管优势和作用。

三、优化人工智能在食品安全监管中的应用措施

人工智能在食品监管领域的创新性应用，极大地促进了我国食品安全监管的现代化转型发展。但是，在当前国内的食品监管实践中，还存在一系列的现实因素，阻碍了人工智能在食品监管工作中的应用及其作用彰显。对此，可以从以下几个方面着手，来促进人工智能在我国食品监管领域的实践应用。

（一）强化顶层方案设计

对于当前我国食品安全智慧监管在实践建设上存在的缺乏规划、不同地区食品监管部门之间无法实现信息共享的问题，政府应该从这几个方面来着手解决。① 制定国家层面的食品安全智慧监管建设整体规划方案，有了全国性的规划方案作指导，国内各地的食品安全智慧监管建设也就不会显得那么盲目，从而避免各地智慧监管建设资金和人力的浪费。② 提出全国统一的食品安全智慧监管数据建设标准，这样就能为后来进行食品安全智慧监管建设的其他地市，提供一份智慧监管数据建设方面的指导或参照。基于相同数据建设标准建立起来的食品安全智慧监管系统，有助于实现跨地区、跨部门之间的信息交互共享。同时，这些具有相同采集、存储标准的食品监管数据，可为全国性的食品质量溯源提供数据支持。③ 对先前各地市建立的食品安全智慧监管信息数据库进行资源整合，通过某种信息转换方式或者转换标准，将这些分散的监管数据信息集中起来，并实现这些监管数据库信息能够交互共享，从而最大限度地利用好现有智慧监管信息库数据的价值。④ 适当将政策、资金向欠发达地区倾斜，加快推动这些地区的食品安全监管信息化进程，缩小其与发达地区在监管信息化进程上的差距，从而避免国内各地市在新一轮的城市发展竞争中，将彼此间的差距进一步拉大。⑤ 进一步健全我国食品安全智慧监管建设的其他配套性制度措施。比如智慧监管队伍的人才引进储备制度，公众参与方面的激励引导措施等。

（二）建立健全制度体系

当前我国各地的智慧监管实践还普遍存在管理制度建设滞后的问题，给智慧赋能后的食品安全监管带来了负面影响。为解决上述问题，各地监管部门应做好以下三方面的工作：第一，加强对监管信息数据的管理工作，并制定本部门的《智慧监管数据管理办法》。在数据管理制度中明确监管信息管理的主体及范围，并对数据标准管理、数据资源管理、数据分析管理、数据安全管理等事项作详细具体地规定。数据标准管理涉及监管信息交互共享的问题，所以对于数据编码以及接口标准等规定事项，需要参考国家或者其他地区的相关标准进行制定。数据安全管理应包含对外信息提供、用户身份管理、网络安全管理、监管信息修改等主要内容。第二，加强智慧监管系统平台管理，并就系统平台的使用、运行维护和安全管理制定专门的管理制度。使用管理制度应该明确规定平台负责人、专门操作人员、平台数据录入、数据修改等具体事项内容。运行维护制度应明确规定运维负责人、运维费用、联系方式、服务时段等相关内容。安全管理制度则应对系统操作安全、密码与权限安全以及资料数据安全等内容作具体规定。事实上，建立完善的系统平台管理制度，对于保障线上监管活动的正常开展十分重要。第三，建立监管人员的系统培训管理制度，加强食品监管人员上岗培训和在岗培训方面的事项管理。由于智慧监管系统的操作需要监管人员具备相应的计算机知识，但现实中很多监管人员并不具备这方面知识，所以就需要监管部门对其进行必要的上岗培训。同时，人工智能技术发展日新月异，相应地智慧监管系统也会不断升级，故加强对监管人员进行在岗培训也是很重要的。

（三）落实技术支撑体系

目前，人工智能技术在图像识别、行为识别等方面，虽然已有较高的识别率（90%以上），但是仍然达不到完全准确的程度，这就不可避免地带来监管偏差。为了减低因图像识别带来的监管偏差，各地食品监管部门应不断推进地区智慧监管系统的升级改造，或者尝试借助深度学习的方法"训练"监管系统。在系统安全稳定方面，为了最大限度地保障线上食品安全监管活动的正常开展，监管部门需要做好以下几方面工作。① 对有关的食品监管信息数据进行分类管理，对那些涉及监管企业切身利益的重要数据，可以考虑使用区块链技术进行存储管理，或者建立加密数据库进行专门管理。② 做好对各种网络攻击、病毒入侵的系统防范工作，通过不断更新系统病毒库，从而保持对最新类型的计算机病毒的防范。③ 提升服务系统承载能力，合理划分不同用户的服务系统使用时段，尽可能避开用户集体使用系统的情况，从而防止出现系统崩溃的情况出现。④ 加强对监管系统硬件设备的维护保养，尽量减少各种因硬件设备损坏造成的系统不能使用的情况出现。⑤ 做好监管部门的危机预案，对于各种可能出现的危机情况，监管部门内部管理者要熟悉不同危机的各种应对解决办法，真正做到防范于未然。总之，食品监管部门就是要做好智慧监管系统的各种风险防范工作，加强系统平台硬件方面的维护保养，不断推进地区食品安全智慧监管系统的升级改造，以保障所有食品安全监管活动的持续正常开展。

（四）重视监管观念更新

调查表明，监管人员观念陈旧也是影响食品安全智慧监管效果的重要原因。因此，要提高食品安全智慧监管的效果，推动人工智能在食品安全监管工作中的实践应用，那么就需要食品监管人员与时俱进，积极转变自身一些过时的监管观念，转而以全新的监管思想来指导其监管行为活动。具体而言，各地食品监管人员需要做好以下 3 方面的观念转变。① 从传统监管转向数字化监管。在当今的信息时代背景下，我国所有的监管人员都应该变更过去传统的监管观念，转变过去单凭人力开展食品监管工作的思路，转而形成依靠数据实施监管的工作思路，重视运用互联网、大数据、人工智能等现代科技手段进行数字化监管，并在具体的监管实践中努力提高监管的工作效率。② 从追责式监管转向预防式监管。追责式监管是一种被动的监管方式，其最显著的特征就是以相关损害的发生为前提。食品安全问题是个关系公众身体健康的重要问题，监管部门若是将事后惩处作为监管工作的重心，而放任某些食品安全隐患、风险的长期存在，这样不仅违背了食品安全监管的根本目的，而且还很容易造成一些难以挽回的损失。而预防式监管则是一种以防范相关损害发生为前提的监管思维，这种监管思维可有效减少相关损害的发生，是一种先进且契合时代发展主题的监管思想。因此，食品监管人员应该摒弃追责式的监管思维，转而以一种预防式的监管思维来开展食品监管工作。③ 从单维监管转向多元化监管。长期以来我国的食品监管都是由政府单维监管的，随着社会主义民主政治的发展，加之单维食品监管模式的弊端凸显，这些原因使得政府单维管控的食品监管格局越发不合时宜。基于此，我国的食品监管人员应与时俱进，及时转变传统的食品监管主体观念，形成多元化的食品监管主体观念。总而言之，食品监管人员在监管观念上也要与时俱进，如此方可最大限度地发挥新型监管工具手段的应有作用。

（五）加快推进机构整合

为解决当前国内许多地方"三合一"机构改革当中存在的机构设置与人员管理混乱，新机构对原单位人员、监管职能及监管系统整合不到位的问题，更好地促进人工智能在食品监管工作中的应用及其作用发挥，建议这些地方政府需做好以下三方面的工作。第一，加快推进新机构在监管人员方面的整合。对于新设立的市场监管部门而言，其最重要的监管资源就是来自旧监管机构的监管人员，他们也是开展食品监管工作的核心力量。各级市场监管部门应加强本部门人员的制度管理，培养全体监管人员新的部门归属感。同时，市场监管部门还要做好人员任用的工作，根据各监管人员的实际情况，合理匹配与之相适应的职能岗位，尽可能地发挥他们所拥有的专业技能。第二，加快推进新机构在监管职能方面的整合。新旧监管机构的职能整合，并不是简单地将原机构的所有职能部门组合起来，而是要根据新的监管形势和要求，重新划定或设置新监管机构的职能部门，从而更好地为新时期的市场监管工作服务。此外，新机构的重要职能部门还应具有适当的职能弹性，以为将来可能的职能调整预留空间。第三，加快推进新机构在监管系统上的整合。在实施"三合一"机构改革之前，工商、食药监和质检各机构都有本部门的监管系统。在机构改革以后，各地市场监管部门就面临着对原单位监管系统进行整合的问题。为了尽可能减少系统整合成本，市场监管部门可以考虑通过特定信息转换方式或者转换标准，来实现不同系统间的兼容与信息交互。加快推进市场监管机构的全面整合，加强监管机构内部的信息交互，对于提升食品安全智慧监管的工作成效具有显著作用。

（六）注重人财物保障供给

鉴于进行食品安全智慧监管体系建设，需要花费大量的人力、物力和财力资源，尤其是在智慧监管体系建设的初期，基本所有的建设资金都要由政府一力承担，毕竟这种公益性质的项目建设，企业和公众都没有直接参与投资建设的动机。但是，基于人工智能实施食品安全的智慧监管，对于推进我国食品安全治理的现代化转型意义重大。因此，在食品安全智慧监管项目建设的早期，各地政府部门应尽力做好人财物方面的保障供给任务。在智慧监管体系完成初期建设之后，后期的运行维护与升级改造方面，则可以考虑积极吸引社会资本的参与，以减轻政府财政方面的资金压力。因为在智慧监管系统投入运行后，某些食品企业可凭借其良好表现而成为该项目的受益方，因此吸引这部分市场主体参与地区智慧监管系统的运行维护和改造升级，是一种现实可行的方案选择。此外，由于我国不同地区之间的发展差异巨大，东南沿海地区的经济发展比较快速，这些地区的地方政府财政资金充裕，可以较好地支持本地的食品安全智慧监管体系建设。而对于许多西部地区的地市政府来说，他们在推进本区域的智慧监管体系建设时，往往会面临财政资金支持不足的窘境。这样就会造成发达地区与欠发达地区，在食品安全监管的信息化进程上差距越来越大。对此，国家有必要通过政策扶持或者设立专项资金资助的形式，对欠发达地区的食品安全智慧监管体系建设进行专门支持，加快推动欠发达地区食品安全监管的信息化进程，避免在新一轮的城市发展竞争中，东西部城市间的差距进一步拉大。

（七）营造监管共治的氛围

食品安全智慧监管在我国尚属一种新兴事物，人们大多对其都还不甚了解。但是，进行食品安全智慧监管体系建设，对于推进我国食品安全治理的现代化转型意义重大。为了让人们更多地了解食品安全智慧监管的有关内容，以及帮助有些监管人员转变监管观念。食品监管部门应该加强食品安全智慧监管的宣传，通过互联网、手机、电视、报刊杂志等途径，经常向广大群众普及智慧监管的科学知识，让他们更多地了解加强食品安全智慧监管建设的重要意义，多开展一些与食品安全智慧监管相关的主题社会活动，调动广大社会公众参与食品安全社会共治的热情。对于监管队伍内部人员，食品监管部门一方面要多对他们进行思想教育，督促他们尽快转变监管思想，向他们灌输预防式、主动式监管思维；另一方面还要重视对监管人员的培训，通过经常性的培训活动，不断提升他们的科学文化知识和业务水平，让他们熟悉智慧监管系统平台的功能应用，并能够熟练地使用智慧监管平台进行监管活动；此外，还要强化他们的监管服务精神等。对于各类食品企业，一方面要强化他们的主体责任意识，让他们自觉履行好生产经营单位的食品安全责任；另一方面也要激发他们参与食品安全监管的积极性，让他们主动参与到食品安全的智慧共治工作中来，最终促使我国的食品安全监管形成一种政府、公众以及企业等多方主体共同参与的综合治理格局。

第六章
智能控制的发展研究

第一节　中国的智能控制四十载

一、智能控制发展过程及中国智能控制科技成果

人工智能的产生与发展，促进了自动控制向着它的当今最高层次——智能控制发展。智能控制代表了自动控制的最新发展阶段，也是应用人工智能实现人类脑力劳动和体力劳动自动化的一个重要领域。

自动控制在发展过程中既面临严峻挑战，又存在良好发展机遇。为了解决自动控制面临的难题，一方面要推进控制硬件、软件和智能技术的结合，实现控制系统的智能化；另一方面要实现自动控制科学与人工智能、计算机科学、信息科学、系统科学和生命科学等的结合，为自动控制提供新思想、新方法和新技术，创立自动控制的交叉新学科——智能控制，并推动智能控制的发展。

智能机器是能够在各种环境中自主地或交互地执行各种拟人任务的机器。拟人任务即仿照人类执行的任务。智能控制是驱动智能机器自主地实现其目标的过程。或者说，智能控制是一类能够独立地驱动智能机器实现其目标的自动控制。

为了聚焦研究目前国际上公认的"智能控制"，讨论范围局限于讨论基于人工智能理论和生物智能机理的控制，既不包括"广义智能控制论"，也不涉及与智能控制相关但有所区别的"智能系统""智能化系统""智能检测"以及一般的"智能自动化"等领域。介绍国内外智能控制的简要发展历程，概括中国智能控制基础研究、学术研究和科技研究取得的成果。

（一）智能控制发展过程

智能控制是一门具有强大生命力和广阔应用前景的新型自动控制科学技术，它采用各种智能化技术实现复杂系统和其他系统的控制目标。从智能控制的发展过程和已取得的成果来看，智能控制的产生和发展正反映了当代自动控制的发展趋势，是历史的必然。智能控制第一次思潮出现于 20 世纪 60 年代，智能控制的早期开拓者们提出和发展了几种智能控制的思想和方法。20 世纪 60 年代中期，自动控制与人工智能开始交接。1965 年，著名的美籍华裔科学家 Fu 等（傅京孙，美籍华人）首先把人工智能的启发式推理规则用于学习控制系统，1971 年 Fu 又论述了人工智能与自动控制的交接关系，由于他的重要贡献，已成为国际公认的智能控制的先行者和奠基人。

20 世纪 60 年代中期至 70 年代中期，中国未能加入早期国际智能控制研究行列。1978 年 3 月，全国科学大会在北京召开，发出"向科学技术现代化进军"的号召，迎来了中国科学的春天。

随着人工智能和机器人技术的快速发展，智能控制的研究出现一股又一股新的热潮，并获得持续发展。各种智能控制系统，包括专家控制、模糊控制、递阶控制、学习控制、神经控制、进化控制、免疫控制和智能规划系统等已先后开发成功，并被应用于各类工业过程控制系统、智能机器人系统和智能制造系统等。20 世纪 70 年代中期，Feigenbaum 牵头的专家系统开发获得成功，在 20 世纪七八十年代世界范围内取得可观的经济效益。1983 年 Hayes 等提出专家控制系统。1986 年，Åström 等发表了"专家控制"的相关论文。在 20 世纪七八十年代，中国的专家控制和专家规划系统开发蓬勃发展，出现不少成果。

模糊控制是智能控制的又一活跃研究领域。Za•deh 于 1965 年发表了他的著名模糊集合论文，为模糊控制开辟了新的领域。此后，国内外对模糊控制的理论探索和实际应用两个方面，都进行了广泛研究，并取得一批令人感兴趣的成果。

Saridis 对智能控制系统的分类和智能递阶控制做出杰出贡献。他将智能控制发展道路上的最远点标记为智能控制，其团队建立的智能机器理论采用"精度随智能降低而提高"（IPDI）原理和三级递阶结构，即组织级、协调级和执行级，这些思想成为智能递阶控制的基础。智能递阶控制思想对各类智能控制系统具有普遍的指导作用。Pitts 等于 1943 年提出一种"似脑机器"的神经网络模型。20 多年来，基于神经网络控制的理论和机理已获进一步开发和应用。以神经控制器为基础的神经控制系统已在非线性和分布式控制系统及学习系统中得到不少成功应用，中国的神经控制研究与应用成果令人瞩目。20 世纪 80 年代以来，中国学者先后提出一些新的智能控制理论、方法和技术。周其鉴等于 1983 年发表了关于仿人控制的论文，之后又发展为仿人智能控制专著。吴宏鑫等提出的"航天器变结构变系数的智能控制方法"和"基于智能特征模型的智能控制方法"等，为智能控制器的设计开拓了一条新的道路。蔡自兴等于 2000 年提出和开发了进化控制系统和免疫控制系统，把源于生物进化的进化计算机制与传统反馈机制相结合，用于控制可实现一种新的控制——进化控制；而把自然免疫系统的机制和计算方法用于控制，则可构成免疫控制。进化控制和免疫控制是两种新的智能控制方案，推动了智能控制研究进入新世纪以来向新的领域发展。

单一智能控制往往无法满足一些复杂、未知或动态系统的控制要求。20 世纪 90 年代以来，特别是进入 21 世纪以来，各种智能控制互相融合，"取长补短"构成众多的"复合"智能控制，开发某些综合的智能控制方法来满足现实系统提出的控制要求。所谓"智能复合控制"指的是智能控制方法与其他控制方法（经典控制和现代控制）的集成，也包括不同智能控制技术的集成。仅就不同智能控制技术组成的智能复合控制而言，就有模糊神经控制、神经专家控制、进化神经控制、神经学习控制、专家递阶控制和免疫神经控制等。以模糊控制为例，就能够与其他智能控制组成模糊神经控制、模糊专家控制、模糊进化控制、模糊学习控制、模糊免疫控制及模糊 PID 控制等智能复合控制。"多真体系统"（MAS）是一种分布式人工智能系统，能够克服单个智能系统在信息资源、时空分布和系统功能上的局限性，具备并行、分布、交互、协作、适应、容错和开放等优点，因而在 20 世纪 90 年代获得快速发展，并在 21 世纪以来得到日益广泛的应用。在这种背景下，分布式智能控制系统也应运而生，成为智能控制的一个新的研究领域。

随着网络技术的快速发展，网络已成为大多数软件用户的交互接口，软件逐步走向网络化，为网络服务。智能控制适应网络化趋势，其用户界面已逐步向网络靠拢，智能控制系统的知识库和推理机也逐步与网络接口交接。与传统控制和一般智能控制不同的是，网络控制系统并非以网络作为控制机理，而是以网络为控制媒介；用户对受控对象的控制、监督和管理，必须借助网络及其相关浏览器和服务器来实现。无论客户端在什么地方，只要能够上网就可以对现场设备及其受控对象进行控制与监控。智能控制系统与网络系统的深度融合而形成的网络智能控制系统，是当今智能控制的一个新的研究和应用方向，已成为 21 世纪智能控制的一个新亮点。

进入 21 世纪以来，智能控制在更高水平上复合发展，并实现与国民经济的深度融合。特别是近年来，各先进工业国家竞相提出人工智能、智能制造和智能机器人的发展战略，为智能控制的发展提供了前所未有的发展机遇。中国政府发布的《中国制造 2025》《新一代人工智能发展规划》和《机器人产业发展规划 2016—2020 年》等国家重大发展战略，为智能控制基础研究及其在智能制造、智能机器人、智能驾驶等领域的产业化注入活力。

（二）中国智能控制科技成果

1967 年，Leondes 等首次正式使用"智能控制"一词。这一术语的出现要比"人工智能"晚 11 年，比"机器人"晚 47 年。可见，国际上开始研究智能控制的时间较晚。相对于人工智能和机器人学，中国的智能控制研究虽然起步晚于智能控制的发源地美国，但自国际智能控制学科诞生后，就基本上保持紧密跟踪状态，许多研究与国际智能控制前沿研究保持同步，并有所创新。

1. 形成智能控制学科

随着智能控制新学科形成的条件逐渐成熟，1987 年 1 月，在美国费城由 IEEE 控制系统学会与计算机学会联合召开了智能控制国际会议（ISIC）。这是有关智能控制的第一次国际学术盛会，中国学者与来自美国、欧洲、日本及其他国家和地区的代表出席了这次学术盛会。提交大会报告和分组宣读的论文及专题讨论，显示出智能控制的长足进展。这次会议及其后续影响表明，智能控制作为一门独立学科已正式登上国际学术和科技舞台。

自 20 世纪 90 年代以来，国内对智能控制的研究进一步活跃起来，相关学术组织不断出现，学术会议经常召开。已成立了一些关于智能控制的学术团体，如中国人工智能学会智能控制与智能管理专业委员会及智能机器人专业委员会，中国自动化学会智能自动化专业委员会等。与智能控制相关的刊物，如《模式识别与人工智能》《智能系统学报》和《CAAI Transaction on Intelligence Technology》（《智能技术学报》）期刊等先后创刊。这些情况表明，智能控制作为一门独立的新学科，已在中国建立起来了。1993 年由中国学者组织召开的首届"全球华人智能控制与智能自动化大会"，后修改更名为"智能控制与自动化世界大会"（WCICA），至今已举行 13 届，说明在中国已经形成智能控制学科，而且对国际智能控制的发展起到很大的促进作用。

此外，还举办了中国智能自动化学术会议、全国智能控制专家讨论会等，交流智能控制和智能自动化的研究成果。在其他相关会议上，也有反映国内智能控制、模糊控制、神经控制及其应用研究成果的论文发表。例如，在 1994 年举行的第二届智能控制专家讨论会上，就有一批大会报告以及其他一些优秀的科技论文宣读，内容十分丰富，反映出中国智能控制的蓬勃发展。又如，在中国智能自动化学术会议上，也有颇具影响的智能控制报告和论文发表。

2. 基础理论与方法研究颇具特色

中国的智能控制研究在跟踪国际发展步伐的同时，也创造了具有中国特色的智能控制研究成果。智能仿人控制、基于智能特征模型的智能控制方法、生物控制论、神经学习控制、智能控制四元结构理论、免疫控制系统、多尺度智能控制等是这些成果的突出代表。

（1）基于智能特征模型的智能控制方法

吴宏鑫及其团队在智能控制理论与方法上取得了创新成果，他们提出的"航天器变结构变系数的智能控制方法"和"基于智能特征模型的智能控制方法"等，为复杂航天器和工业过程智能控制器的设计开拓了一条新的道路。此外，还在交会对接和空间站控制等方面进行了创新研究。其理论方法已应用于"神舟"飞船返回控制、空间环境模拟器控制、卫星整星瞬变热流控制和铝电解过程控制等控制系统。

（2）多学科、多层次、系统化的智能控制方法

王飞跃是国际上较早进入智能控制领域研究的学者之一。他采用多学科、多层次、系统化的研究方法，从交叉性的角度探索智能控制，从结构、过程、算法和实现方面建立了一个解析和完备的智能控制理论，并应用于许多工程中的复杂系统的控制和管理。例如，代理控制方法、智能指挥与控制体系、智能

交通系统、智能空间和智能家居系统以及综合工业自动化等领域。他主持的"智能控制理论与方法的研究"获得 2007 年国家自然科学奖二等奖。此外，王飞跃还提出了"平行控制"思想，是一种从学习控制发展到智能控制的学习控制方法论，将实际系统与人工系统相结合，用人工系统的计算实验完善实际系统优化控制策略，帮助实现对复杂系统的有效控制。

（3）智能控制系统和生物控制论研究

涂序彦也是较早进入智能控制领域研究的学者。1976 年他在国内率先开展了智能控制研究。1980 年主持研制的"模糊控制器"等智能控制器，多次获河北省科技进步奖；1986 年承担国家自然科学基金项目"智能控制系统"，提出"多级自寻优智能控制器""多级模糊控制"和"产生式自学习控制"等新方法，还将智能控制应用于冶金等生产过程；撰写了《生物控制论》专著，推动了国内生物控制论研究。

（4）模拟人的控制行为与功能的仿人智能控制

仿人控制综合了递阶控制、专家控制和基于模型控制的特点，实际上可以把它看作一种混合智能控制。仿人控制的思想是周其鉴等于 1983 年正式提出的，现已形成了一种具有明显特色的控制理论体系和比较系统的设计方法。仿人控制的基本思想是在模拟人的控制结构的基础上，进一步研究和模拟人的控制行为与功能，并把它用于控制系统，实现控制目标。

（5）智能控制四元交集结构理论

智能控制的学科结构理论体系是智能控制基础研究的一个重要课题。自 1971 年傅京孙提出把智能控制作为人工智能和自动控制的（二元）交接领域之后，萨里迪斯和蔡自兴分别提出三元交集结构和四元交集结构。这些智能控制学科结构思想，有助于对智能控制的进一步深刻认识。蔡自兴于 1987 年提出的四元智能控制结构（见图 6-1），认为智能控制是自动控制（AC 或 CT）、人工智能（AI）、信息论（IT 或 IN）和运筹学（OR）四个子学科的交集。智能控制四元交集结构理论成果，已被收入了《中国大百科全书》。

（6）智能制造过程的多尺度智能控制

李涵雄提出智能制造是个多尺度复杂性和不确定性的过程。一个工厂通常拥有一个以上包含不同过程的生产线。每个过程可能集成多种机器或装备组合。整个制造过程可视为递阶结构，从底层的机器控制，到中层的监督控制和

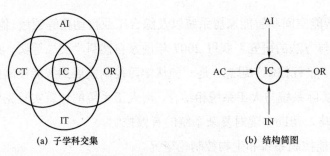

(a) 子学科交集　　　　　　　　(b) 结构简图

图 6-1　智能控制的四元结构

生产调度，再到高层的企业管理。对于不同层级的特性与动力学差异需要不同的连续和离散控制作用。

制造过程具有很多不同类型的装备与系统，集成为展现多尺度动态特性的递阶结构系统。制造控制是一种多尺度建模与控制任务，涉及底层过程的智能传感、系统离线的优化设计、在线多变量过程控制和高层决策的智能学习等。该领域的系统性工作应当采用自底向上的方法逐步建立起来，从动态建模到系统设计、过程控制和智能监控，再到全厂管理控制。这个开发任务将是一个长期的挑战。

（7）纳米机器人控制取得新的突破

纳米操作机器人是一种纳米级空间操作的机器人，中国在该领域的研究已取得突破。中国科学院沈阳自动化研究所微纳米课题组利用纳米操作机器人在单分子病毒三维可控操作方法研究方面取得最新科研成果。2005 年，中国科学院沈阳自动化研究所建立了国内第一台纳米操作机器人系统，并在此基础上率先开展了与生命科学相交叉的前沿科学研究，在单分子病毒三维操作方面的应用正是该研究的代表。针对该问题，纳米课题组以基于 AFM 的纳米操作机器人为基础，研究了针对腺病毒的三维空间操作控制方法。实验结果表明，利用基于局部扫描技术的三维操作策略，不仅能够实现对病毒分子在三维空间中的自由操作，还能根据设计构筑出全病毒分子的三维纳米结构，这不仅为病毒浸染细胞过程的实时检测迈出了坚实一步，同时为发展基于病毒分子的新型三维纳电子器件提供了技术途径。

3. 专著论文发表丰硕、科技研究成果显著

中国学者在国内发表的与智能控制相关的论文数以万计，仅从维普资讯中文期刊服务平台查询到的“智能控制”相关论文，据不完全统计，2004 至今

可达三万余篇。下面给出一部分具有代表性的具有代表性的智能控制论文或者大会报告。

1980 年，涂序彦等编著出版《生物控制论》专著，研究生理调节系统、神经系统控制论、人体经络控制系统。1981 年，蒋新松在《自动化学报》上发表《人工智能及智能控制系统概述》综述论文。1983 年，周其鉴、柏建国等在国际会议上发表仿人控制设计的论文，提出仿人智能控制的思想。1989 年，张钟俊等在《信息与控制》上发表《智能控制与智能控制系统》的综述论文，得到广泛引用。1991 年，蔡自兴等在中国人工智能学会第 7 届学术大会上作了《智能控制研究的进展》大会报告。1993 年 8 月，杨嘉墀和戴汝为在第一届全球华人智能控制与智能自动化大会上作《智能控制在国内的进展》的大会报告，全面总结了中国智能控制在理论方法研究、控制系统设计和实际应用各方面的进展。1995 年，杨嘉墀发表了《中国空间计划中智能自主控制技术的发展》论文。1999 年，宋健在国际自动控制联合会（IFAC）第 14 届世界大会开幕式上作了《Intelligent control：A goal exceeding the century》的报告，对智能控制的最高目标、研究途径和注重创新等给予富有远见的指导。1999 年吴宏鑫等提出基于智能特征模型的智能控制，2005 年又提出组合自适应模糊控制方法，并用于航天器和月球探测车的控制。此外，张明廉等、李洪兴等、李祖枢等研究了多级倒立摆的平衡与摆起的自稳定智能控制理论与方法。

在过去 40 年，特别是近 20 年来，中国广大智能控制科技工作者对智能控制进行了多方面研究，取得不俗的科技研究成果。

4. 应用研究成果

如果说中国智能控制的理论基础研究开展还不够广泛深入，那么其应用研究就比较普遍，应用领域也比较广泛，举例简介智能控制在一些行业的应用状况。

（1）在过程控制和智能制造中的应用

从 20 世纪 80 年代开始，智能控制在石油化工、航空航天、冶金、轻工等过程控制中获得迅猛的发展。除了上面讨论过的航空航天领域外，在石油化工领域将神经网络和优化软件与专家系统结合，应用于炼油厂的非线性工艺过程控制，有效地提高生产效率，节约生产成本。在冶金领域，采用模糊控制的高炉温度控制系统，可有效提高炉内温度控制精度，进而提高钢铁冶炼质量。随着《中国制造 2025》的贯彻执行，中国在智能制造领域的控制必将获得快速发展。

（2）在机器人控制中的应用

目前，智能控制技术已经应用到机器人技术的许多方面。基于多传感器信息融合和图像处理的移动机器人导航控制与装配、机器人自主避障和路径规划、机器人非线性动力学控制、空间机器人的姿态控制等。近年来，智能服务机器人、智能医疗机器人、无人驾驶车辆、物流机器人和其他专用智能机器人已获得快速发展和广泛应用。其中，人机合作控制、非结构环境中导航与控制、分布式多机器人系统控制、类脑机器人控制与决策以及基于云计算和大数据的网络机器人决策与控制等技术正在得到大力开发与应用。用智能控制技术武装机器人，将极大推动机器人行业的发展，提高机器人的智能化程度和行业水平。

（3）在智能电网控制中的应用

智能控制对电力系统的安全运行与节能运行方面具有重要的意义。在电网运行的过程中，将智能控制技术应用于电网故障检测、测量、补偿、控制和决策系统中，能够实现电网的智能化，提高电网运行效率。采用模糊逻辑控制技术能够及时发现电网中的安全隐患，提高智能电网应急能力，增强电网的可靠性、抗干扰能力，保证智能电网系统的稳定运行。将专家控制系统应用于电网规划，可以充分利用电力专家的经验和知识，不断优化电网的规划质量，提高电网优化效率。

（4）在现代农业控制中的应用

先进设备在中国农业中的应用不断增加，农业生产过程的智能化程度也越来越高。将智能控制技术应用于农事操作过程中，能够调节植物生长所需的温度、肥力、光照强度、CO_2 浓度等环境因素，实现对植物生长因素的精准控制，实现规模化的发展和农业最大利益。同时，建立农业数据库，使生产者能够大面积、低成本、快速准获取农业信息，根据市场确定农产品数量，实现农业数据处理的标准化与智能化。

（5）智能交通控制与智能驾驶

智能交通是一种新型的交通系统或装置，是人工智能技术与现代交通系统融合的产物。智能交通系统需要具备对驾驶环境和交通状况的全面实时感知和理解的能力，其中具备自主规划与控制以及人机协同操作功能的智能车辆是实现未来智能交通系统的关键。对自主驾驶车辆或者辅助驾驶车辆来说，利用环境感知信息进行规划决策后需要对车辆进行控制，例如对路径的自动跟踪，此时性能优良的控制器成为智能车辆必不可少的部分，成为智能车辆的关键。

中国在智能驾驶领域取得不少研究成果。例如，2011 年 7 月 14 日，国防科技大学、中南大学、吉林大学联合开发的自主车辆，完成了中国首次长距离（长沙至武汉）高速公路自主驾驶实验，实现了在密集车流中长距离安全驾驶，创造了中国无人车自主驾驶的新纪录，标志着中国无人车在复杂环境识别、智能行为决策和控制等方面实现了新的突破，达到世界先进水平。2012 年 7 月，军事交通学院研制的 JJUV-3 实验车完成天津—北京城际高速公路的自主驾驶实验，具备跟车行驶和自主超车能力。2015 年 12 月，百度无人驾驶车在国内首次实现了城市、环路及高速道路混合路况下的全自动驾驶。

此外，智能控制在智能安防、智能军事、智能指挥、智能家电、智慧城市、智能教育、智能管理、社会智能、智能军事和智能经济等领域，也已在中国获得日益广泛的应用。

二、中国智能制造发展的经验与展望

（一）党的十八大以来我国智能制造发展的经验总结

1. 政策引领：顶层设计彰显制度优势

习近平总书记指出，"用中长期规划指导经济社会发展，是我们党治国理政的一种重要方式"。智能制造的发展需要国家自上而下的政策支持。党的十八大以来，我国高度重视推动智能制造发展，不断出台发展与智能制造相关的战略规划和政策条例（见图 6-2），引导和支持攻关智能制造技术、培育建设智能制造产业，体现了卓越的制度设计智慧，彰显了统一组织领导的巨大政治优势，使我国智能制造事业发展更具有长远性、持续性、系统性，体现了中国特色社会主义市场经济下制造业发展的特点。

我国智能制造取得的重要成就离不开一系列前瞻性的宏观发展规划。党的十八大以来，党中央高瞻远瞩，不断加强对智能制造中长期规划的制定、落实和全面领导。从党的十八大首次提出"实施创新驱动发展战略"，到《中国制造 2025》《智能制造发展规划（2016—2020 年）》《"十四五"智能制造发展规

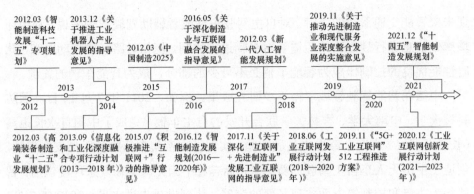

图 6-2　2012—2021 年中国推动智能制造发展的相关政策梳理

划》等战略部署的相继出台，我国智能制造事业始终在战略设计上先行一步，为智能制造的中长期发展定目标、把方向。

相较于西方多党竞争带来的"人走政息"，党中央领导下的智能制造事业发展更具有连续性。党的十八大以来，我国根据智能制造的实际技术需求和开展情况，在智能制造发展的不同阶段实施具体制度安排，如 2017 年针对智能制造的关键核心技术需求年针对智能制造的关键核心技术需求，发布《新一代人工智能发展规划》加快技术攻关，2018 年在全球工业互联网建设起步阶段年在全球工业互联网建设起步阶段，国务院出台《工业互联网发展行动计划（2018—2020 年）》抢先进行战略布局等，通过建体系、聚资源、定标准等手段有针对性地连续推进发展智能制造的步伐。

政策引领展现了强大的统筹动员和组织执行能力政策引领展现了强大的统筹动员和组织执行能力，推动了智能制造的系统性发展。党的十八大以来，面对不同阶段的智能制造发展任务，顶层设计始终发挥着总揽全局、协调地方、组织动员、合力攻坚的核心领导作用，统筹整合资金、人力资本等各项资源要素，避免了不同区域、细分领域内的同质化竞争，形成地方与中央上下联动、"全国一盘棋"的发展格局。

2. 试点先行：发挥示范项目龙头作用

充分发挥试点企业与示范项目的典型示范和辐射作用，是加快制造强国建设，探索制造业转型升级新路径、新模式的重要举措和先进经验。2015 年，为深入实施"中国制造 2025"，工信部确定并公布了首批信部确定并公布了首批 94 个智能制造专项项目和 46 个智能制造试点示范项目。自此之后，工信部于 2015—2018 年连续 4 年遴选"智能制造试点示范项目"总计 305 项，2017—2020 年连续年连续 4 年遴选"制造业与互联网融合发展试点示范项目"总计 467 项，2018—2021 年连续年遴选"工业互联网试点示范项目"总计 355 项，项目牵头单位多为行业龙头，产业链长、带动性强，分布遍及全国。除此之外 2017 年国务院部署创建年国务院部署创建"中国制造 2025"国家级示范区，聚焦重点领域和各地优势产业完善简政放权、财税金融、土地供应、人才培养等政策措施。2019 年，在全国遴选出海尔 COSMOPlat、东方国信 Cloudiip 等首批等首批"跨行业跨领域工业互联网平台"，并于 2020 年、2022 年陆续新增 5 项和 14 项，加快标杆示范引领作用，依托工业互联网等基础设施的建设，形成了以龙头企业带动，以重大项目引领，中小微企业积极跟随，通过头部企业带动上下游产业链发展的格局。随着试点示范工作的持续开展，各地区结合当地产业实际发展情况，从营造智能制造良好政策环境、创新智能制造业态模式、提高产品服务供给质量、拓展产业合作和消费新空间等方面，加大政策引领和财政扶持力度，以点带面，逐步形成了一些可复制推广的智能制造新模式，为进一步推动智能制造发展奠定了坚实的基础。

3. 全面覆盖：推动各类主体跨域协同

党的十八大以来，国家本着统筹兼顾、分类指导的发展原则，坚持制造业发展"全国一盘棋"和"因企施策"相结合，有效促进了不同类型、不同发展阶段的企业主体协同一致、优势互补、共同进步。

首先，国有企业、民营企业协同发展。一方面，在企业智能化转型的进程中，国有企业充分发挥海量生产数据和丰富应用场景的优势，系统布局新型基础设施，聚焦国家重大战略需求和产业发展瓶颈，发挥了国有企业在新一轮科技革命和产业变革浪潮中的引领作用；另一方面，国家始终支持、保护、扶持民营经济发展。2017 年，《国务院办公厅关于进一步激发民间有效投资活力促进经济持续健康发展的指导意见》中指出，鼓励民营企业进入轨道交通装备、"互联网＋"、大数据和工业机器人等产业链长、带动效应显著的行业领域，在创建"中国制造 2025"国家级示范区时积极吸引民营企业参与，并在基础设施、融资服务等方面提供制度支持，引导民营企业聚焦主业和核心技术，涌现出以格力、美的、比亚迪、吉利为代表的一批民企智能制造排头兵，有力加快了整体的数字化、智能化转型步伐。

其次，大中小企业融通创新。一方面，发挥龙头企业的牵引作用。针对具备较好数字化基础的大型企业，在进行示范项目专项支持的同时，鼓励其立足行业优势和上下游配套资源，搭建跨行业跨领域和特定行业区域工业互联网平台，推动产业链供应链深度互联和协同响应，为上下游中小企业的数字化转型起到带头支撑作用。另一方面，印发了《中小企业数字化赋能专项行动方案》《关于开展财政支持中小企业数字化转型试点工作的通知》等引导性政策文件。鼓励中小企业上平台，借助平台工业 App 和解决方案，发挥龙头企业的带动作用：加快培育"专精特新"企业和制造业单项冠军企业，为大企业、大项目和产业链提供配套支。而形成一批智能制造引领新工业模式，探索出智能制造各方联动、潜力释放的长效机制和有效路径。

4. 强化保障：制度安排适应发展需求

党的十八大以来，国家深刻把握智能制造发展过程中的困难和需求，及时调整标准体系、创新激励政策、金融财税政策等制度安排，以适应智能制造产业的发展需求。第一，加强标准体系建设，于 2015 年、2018 年、2021 年发布三版《国家智能制造标准体系建设指南》，持续优化标准供给，鼓励和支持企业、科研院所、行业组织等参与国际标准制定，形成不断完善、较为完整的智能制造标准体系。第二，强化知识产权运用，加强制造业重点领域关键核心技术知识产权储备，鼓励和支持企业运用知识产权参与市场竞争，支持组建知识产权联盟，培育了一批具备知识产权综合实力的优势企业，构建产业化导向的专利组合和战略布局。第三，努力破解融资难题，引导各类金融机构加大对科技创新企业的支持力度，优化授信管理和服务流程，完善特许经营权、收费权等权利的确权、登记、抵押、流转等配套制度，加快构建普惠金融体系，并积极探索"科技创新券""云服务券"等新型创新补助方式。第四，构建安全保障体系，从 2015 年开始，我国连年开展电信行业网络安全技术应用试点示范项目，建成国家级安全态势感知平台并投入使用，逐步构建针对工业互联网设备平台、工业 App 等的安全评估体系，将安全可控贯穿智能制造发展全程。

（二）我国智能制造发展的未来展望

2022 年 10 月，党的二十大胜利召开，指引着全党全国各族人民迈上全面建设社会主义现代化国家新征程，强调"高质量发展是全面建设社会主义现代化国家的首要任务",并提出"经济高质量发展取得新突破,科技自立自强能力显著提升"是未来五年发展的主要目标任务之一。在世界百年未有之大变局加速演进、新一轮科技革命和产业变革深入发展的背景下,制造业高质量发展是经济高质量发展的重点领域,智能制造则是实现制造业高质量发展的关键之举。在"以推动高质量发展为主题"的新发展格局中,我国智能制造的发展仍有一定差距,未来发展任重道远。为此,需要发展智能制造是一项长期系统工程,抓好重点领域和关键环节,在"扬长"的同时,坚持把"补短"作为重中之重。

1. 坚持创新驱动,实现科技自立自强

党的十八大以来,我国智能制造以工业强基示范项目为抓手,解决了一批核心基础零部件、关键基础材料和先进基础工艺的"卡脖子"问题。但我们应当清醒地认识到,与部分发达国家相比,我国智能制造领域的科技创新能力还不强,芯片、传感器、工业机器人等核心技术装备与软件系统仍然依赖进口,"技术短板"制约了我国智能制造的发展。《报告》提出,要"完善科技创新体系""坚持创新在我国现代化建设全局中的核心地位""加快实施创新驱动发展战略""加快实现高水平科技自立自强",这也是我国智能制造发展一以贯之的关键任务。第一,完善科技创新体系,把科技自立自强作为智能制造发展的战略支撑。健全新型举国体制,围绕重大工程和重点领域急需的关键技术,面向国家重大科技需求进行"有组织科研",集聚力量进行关键核心技术攻关,突破一批"卡脖子"的基础零部件和技术工艺。第二,加快基础研究的产业转化。针对典型场景和细分行业的实际需求,鼓励装备制造商、高校、科研院所、用户企业、软件企业供需互动、协同创新,推进工艺、装备、软件、网络的系统集成和深度融合,推动工业知识软件化和架构开源化,研制面向细分行业的嵌入式工业软件、集成开发环境和工业软件平台。第三,强化企业科技创新主体地位。正如《报告》指出,"发挥科技型骨干企业引领支撑作用,营造有利于科技型中小微企业成长的良好环境,推动创新链产业链资金链人才链深度融合。"

2. 强化数实融合,深化智能技术应用

当下,数字经济的消费互联网阶段红利逐渐消退,数字技术开始从消费端向生产端全面渗透,将成为实体经济高质量发展的关键支撑。《报告》指出,要"如快发展数字经济,促讲数字经济和实体经济深度融合,打造具有国际竞争力的数字产业集群"。即智能制造是数字技术与实体经济深度融合的核心技术范式,通过数据要素与组织各层级业务活动及流程进行差异化动态匹配,将驱动生产方式的智能化转型,巩固实体经济根基。目前,制造业整体上仍处于从机械自动化向数字智能化过渡的阶段,强化数实融合,普及智能制造应用是未来一段时间的重要任务。第一,推动数字化、智能化技术与制造装备、生产流程深度融合。通过智能车间、智能工厂建设,开发面向特定场景的智能成套生产线以及新技术与工艺结合的模块化生产单元,推动数字孪生、人工智能等新技术创新落地应用。第二,深化智能化技术推广应用。当前,制造业的低端程控软件和企业管理软件得到了很好普及,但复杂产品设计和智能化生产的高端软件缺失,尤其是在中小企业中仍未得到广泛普及,需要进一步推进各行业各主体的数字化转型。引导龙头企业发挥带动作用,依托工业互联网、集成式工业软件带动产业链上下游企业同步实施智能制造,并且充分考虑不同层次企业的投入成本和转型效果的关系,针对典型应用场景,根据企业行业属性、规模体量、技术优势、地区差异、资源禀赋、产权属性等特征,推广一批符合企业需求的数字化设备和服务。第三,进一步完善基础设施建设。梅特卡夫曾指出,政府技术政策的任务不是预测哪种创新将会胜出,而是应当通过构建基础设施来支持企业,创造条件使创新涌现更为容易。一方面,继续推进工业互联网、物联网、5G 等新型网络基础设施规模化部署,鼓励各行各业围绕资源配置、供应链协同、产品全生命周期管理等构建各具特色的工业互联网平台;另一方面,发展智能制造、构建工业互联网需要强大的算力支撑数据超大容量和算法的复杂性,因此需要加快工业数据中心、智能计算中心等算力基础设施建设,以支撑新技术应用。

3. 探索特色路径,促进区域协调发展

《报告》指出,要"促进区域协调发展""构建优势互补、高质量发展的区域经济布局和国土空间体系"。当前,我国智能制造区域发展仍不平衡,智能制造试点示范项目分布主要集中在长江三角洲、珠江三角洲、环渤海地区,而吉林、甘肃、青海、西藏等东北、西部地区项目则相对较少,急需深入实施区域协调发展战略,促进东北、中西部等地区的智能制造加快崛起。第一,因地制宜探索各具特色的区域智能制造发展路径,制定差异化数字化转型方案,鼓励地方创新完善政策体系，引导各类资源聚集，如利用当地能源优势，因地制宜依托水电、风电主攻绿色智能生产；面向"一带一路"，加快装备制造企业国际化进程，等等。第二，在国家智能制造的顶层设计下，引导各省（区、市）跨区域协同发展，推动跨地区开展智能制造关键技术创新、供需对接、人才培养等合作，鼓励地方、行业组织、龙头企业等联合推广先进技术、装备、标准和解决方案。第三，加大对欠发达地区的信息基础设施建设和数字化普及力度，并适当予以财政金融支持，强化指导监督和跟踪检测，解决数字壁垒造成的空间发展失衡问题。

4. 实施人才强国，弥补数字人才缺口

习近平总书记在党的二十大中做出了"科技是第一生产力、人才是第一资源、创新是第一动力"的重要论断，指出要"深入实施科教兴国战略、人才强国战略、创新驱动发展战略"。四面对我国智能制造的迅猛发展和巨大潜力，我国目前智能制造人才缺口巨大。国家人力资源和社会保障部发布的数据表明，2020年我国智能制造领域的人才缺口为300万人，到2025年人才缺口将达到450万人。为此，在智能制造的新征程中，需要加强智能制造专业人才队伍建设，调整优化专业人才队伍结构，完善专业人才保障和激励机制，提升专业人才队伍能力。第一，以智能制造发展需求为导向、实务培养为原则，建立健全智能制造人才培养体系。继续贯彻落实《中国制造 2025》提出的"完善从研发、转化、生产到管理的人才培养体系"的要求，响应《报告》中加强基础学科、新兴学科、交叉学科建设，加快建设中国特色、世界一流的大学和优势学科的指引，加快培养智能制造急需的专业技术人才、经营管理人才、技能人才，尤其注重新工科背景下交叉学科复合型人才培养。第二，推进产教融合建设。推动智能制造的人才链、教育链同产业链、创新链有机衔接，引导智能制造企业与高等院校、职业教育互通培养模式，加强应届毕业生、在职人员、转岗人员数字化技能培训，打破产业人才需求与院校教育之间的壁垒，探索中国特色学徒制。第三，加大智能制造人才的吸引力度，实施"政策引才"。鼓励智能制造企业多形式、多渠道引进优秀专业人才，有针对性地实行人才梯队配套、科研条件配套和管理机制配套等特殊政策。

5. 提供制度保障，优化产业发展环境

政府既要做好顶层设计，以战略指引智能制造发展，又要肩负规范协调智能制造健康发展的重任，以一系列制度设计保障优化智能制造发展的整体环境。第一，争取智能制造标准领航，推动智能制造标准化工作走深走实。定期修订《国家智能制造标准体系建设指南》，加快数字孪生、工业 5G 等重点技术标准的修订与推广，推动标准成果在行业规模应用和企业落地实施。此外，加强智能制造技术、标准、人才的对外交流，深化参与国际标准化制定活动和双多边标准化合作，鼓励智能制造装备、软件、标准和解决方案"走出去"。第二，加大智能制造领域的财政金融支持，引导各类资源向智能制造领域集聚。通过税收优惠、财政补贴等政策扶持企业开展数字化转型，鼓励国家相关产业基金、社会资本、金融机构加大对智能制造的投资力度，开发符合智能制造特点的供应链金融、融资租赁等金融产品，有效提升数字化转型企业获取资源和市场资本的能力。第三，以行业组织、地方政府、产业园区、龙头企业、科研院所为依托，搭建智能制造公共服务平台，提供专业化、一站式的智能制造咨询诊断、安全评估、培训推广等服务。第四，加强安全保障。《报告》指出，要"推进国家安全体系和能力现代化""着力提升产业链供应链韧性和安全水平"，智能制造具有人机结合、虚实融合的特征，智能制造的安全问题不容小觑，需要保证创造设备接入、第三方企业接入、功能组件接入的可信任环境，面向智能制造平台的研发、生产、服务、全阶段，针对智能制造平台的设备层、物联网层、平台层以及应用层各方，构建支撑智能制造的新型网络安全保障体系。

第二节　智能制造发展面临的问题及对策

一、中国智能控制研发中存在问题及对策建议

（一）中国智能控制研发中存在问题

1. 研究以跟踪为主，创新不够

在智能控制的发展过程中，中国智能控制科技工作者在模糊控制、递阶控制、专家控制、神经控制、多真体（MAS）控制、网络控制等领域都能够紧跟国际发展潮流，但自主创新成果尚不够多，国际影响力有待提高。在仿人控

制、进化控制和免疫控制等领域，中国学者虽然提出相关思想，为这些领域的开创与发展做出贡献，但跟进力度不足，国际影响需要进一步扩大。国内重复研究的多，创造性研究的少；停留于实验成果的多，能够在工程上应用的少。需要各方面共同努力，尽快转变这一局面。

2. 缺乏更高水平的研究成果

从前面列出的智能控制科学技术研究成果可以看出，中国智能控制研究虽然已取得一大批值得庆贺的成果，但缺乏更高级别的奖项。在国家科学技术奖中，智能控制研究所获奖项均为国家级二等奖，还没有实现国家级一等奖零的突破。在这些二等奖奖项中，又是以科技进步奖为主，自然科学奖和技术发明奖成果较少。在吴文俊人工智能科技奖中，智能控制研究奖项的科技水平也还需要进一步提高。由此可见，中国智能控制研究的整体水平有待提高，不仅要向更高的国家科技水平前进，而且要努力攀登智能控制研究的国际高峰。

3. 服务国民经济重大战略不够

中国智能控制研究与应用的整体水平不够高的原因，除了研究力度不够和缺乏创新驱动外，还与服务国民经济重大战略不够有关。需要将智能控制的研究、开发和应用与国民经济的重大战略对接，在服务国家重大需求中寻找发展机遇。现在，人工智能出现蓬勃发展的大好形势，国家制定了一系列重大发展战略，特别是《中国制造2025》和《新一代人工智能发展规划》。智能控制应该也能够在这些国家战略框架内占有一席之地，谋求与人工智能取得同步发展。

4. 产业化规模和核心技术有待扩大

中国智能控制产业已建立了初步基础，但如同人工智能产业一样，中国的智能控制产业的规模还不够大，关键核心科技的创新能力还不够强，自主知识产权也不够多。

5. 急需培养各层次智能控制人才问题

中国智能控制已有一批领军人才，但不够多，特别是中青年科技骨干有待锻炼和成长，需要从国家发展战略角度有计划地培养智能控制各个专业和行业的高素质人才，各层级的人才一个也不能少。

6. 值得高度重视学风问题

长期以来，在智能控制教材和课程建设中出现一些不正之风，教材抄袭、评优送礼、弄虚作假时常可见。这些做法有失学术公平公正，违背科学道德，不利智能控制学科健康发展，令人痛心。

（二）发展中国智能控制的对策建议

根据中国智能控制的发展历史与现状以及发展机遇和存在问题，现就发展中国智能控制问题提出如下建议，供研究和决策参考。

1. 打牢智能控制科技基础

中国智能控制的科技基础要进一步打牢。一方面要加强智能控制理论基础和方法研究，实现智能控制某些基础和理论研究的突破，为智能控制应用建立可靠基础；另一方面要建立一批国家级智能控制技术与产业研发基地，为智能控制产业化提供技术保障。

2. 加大国家政策支持力度

建议在现有国家发展战略的基础上，为智能控制提供相应的政策支持。例如，在《新一代人工智能发展规划》中，专题提供发展我国智能控制的规划；在《中国制造 2025》中考虑智能控制对智能制造的作用和发展策略；在《机器人产业发展规划（2016—2020 年）》中重点部署智能机器人的控制发展规划。需要把握当前大好机遇，出台鼓励政策，加大政府经费支持力度，吸引社会金融资本投入。

3. 抓住发展机遇实现产业化

在上述国家发展战略的大力支持下，智能控制产业要主动发力，与智能制造、智能机器人等产业密切融合，在服务国民经济发展过程中壮大自身，大力推进智能控制的产业化。智能制造、智能机器人、智能交通、智能家居、智能电网、电动汽车、智能建筑、智能电网、智慧农业及食品加工等行业都需要开发与应用各种智能控制系统，是智能控制的广阔用武之地。

4. 培养智能控制各级人才

智能控制教育是智能控制科技和产业发展以及高素质人才培养的根本保证。中国现有的自动化、智能科学与技术、机电工程等专业和控制科学与工程等学科已为国家培养了一批智能控制科技人才，但远未能满足智能控制科技和产业发展的需要。需要在人工智能、智能科学与技术、控制科学与工程等一级学科下，设立智能控制二级学科，培养足够数量的智能控制高素质人才。此外，要建立职业技术学院和技工学校，对口培养智能控制中层科技人才和技术工人，全面保证智能控制产业发展的需求。要特别鼓励民间教育机构开办培训机构，培养智能控制人才。

5. 加强国际科技学术交流

"智能控制与自动化世界大会"已成为国内外智能控制科技与学术交流的重要平台，每届大会都吸引大批海外学者和师生参加。此外，中国每年有众多的智能控制工作者走出国门参加与智能控制相关的国际学术会议，也有一定数量的学者出国参加智能控制国际合作研究。不过，中国智能控制的国际交流总体上有待加强。有必要加强与国外的智能控制科技合作，共同研究智能控制的基本理论与方法，开发重要的智能控制应用系统。同时，充分利用国内开放的环境，邀请国外高层智能控制专家来华进行合作研究，促进中国智能控制整体水平的进一步提升。

6. 成立智能控制学术组织

迄今为止，国内智能控制学术和产业组织只有中国人工智能学会智能控制与智能管理专业委员会及中国自动化学会智能自动化专业委员会，还没有一个单一的智能控制学术组织。为适应智能控制科技和产业发展需要，应当筹备成立智能控制学会或智能控制专业委员会，并加强联合，创造条件建立中国智能控制产业联盟，为推动中国智能控制产业的发展服务。

7. 创办全国智能控制刊物

国内还没有一份公开出版的智能控制的科技学术刊物，有必要创造条件，筹备出版《智能控制》之类的期刊，报道与宣传国内智能控制研究开发成果，为国内外智能控制科技与学术交流服务。

8. 加强智能控制科学普及

在已有成绩的基础上，进一步加强智能控制科普工作，包括建立各级智能控制科普基地，鼓励智能控制科普创作，出版智能控制科普作品和科普杂志，举行智能控制系统和智能机器人科普竞赛，举办智能控制夏令营和冬令营活动，普及智能控制知识，培养广大青少年对智能控制科技的兴趣，为中国智能控制的发展培养大批后备军。

回顾智能控制在国内外的发展过程，归纳中国智能控制的科学研究和科技教育的代表性成果，指出中国智能控制的存在问题，提出发展中国智能控制的建议，可供研究与决策参考。

智能控制已成为自动控制的一个新的里程碑，发展成为一种日趋成熟和日臻完善的控制手段，并获得日益广泛的应用。作为人工智能的一个重要研究与应用领域，智能控制同人工智能一道已进入一个前所未有的大好发展新时期，走上发展的康庄大道。要认真学习与贯彻习近平总书记对发展中国人工智能的指示，紧密对接《新一代人工智能发展规划》和《中国制造 2025》等国家战略，不失时机地大力发展中国的智能控制科技与产业，高度重视智能控制人才培养，迎头赶超智能控制国际先进水平，为建设中国成为制造强国和智能强国做出历史性贡献。

二、持续推进智能制造的意义及有效途径

（一）智能制造是制造业支撑中国式现代化的应有之义

十八大以来，在党中央的统筹领导下，以智能制造为主攻方向的制造强国建设取得了重大进展，制造业规模持续全球第一，智能化方向加速升级，智能制造应用市场规模全球领先，企业数字化网络化智能化转型全面提速，全国工业企业关键工序数控化率由 2012 年的 24.6%提升至 2021 年的 51.3%，数字化研发设计工具普及率达到 74.7%。

通过智能制造工程的实施、智能制造示范工厂和示范场景的推动，我国智能制造系统化建设逐步完善。智能制造关键装备、关键零部件和生产、管理、运营类软件自主化水平不断提高，智能制造集成能力大幅提升，涉及流程型、离散型制造业各个行业涌现出一批智能制造集成商，炼化、印染、家电、钢铁等领域处于世界领先水平，"国际标准—国家标准—行业标准—团体标准"的标准体系基本完善，基础共性和关键技术国家标准的覆盖率达到 97.5%。同时，企业通过实施智能制造取得良好的经济效益，智能制造试点示范项目生产效率平均提高 48%，产品研制周期平均缩短 38%，产品不良品率平均降低 35%。可以说，党的十八大以来的这十多年，中国智能制造踏踏实实走出了一条协同推进、数网融合、智能探索的特色化道路。

新时代新征程上，要在"点"的突破和"线"的拉动基础上，在制造业全面展开实施智能制造。要深刻领悟"两个确定"决定性意义，增强"四个意识"、

坚定"四个自信"、做到"两个维护",坚持不懈用习近平新时代中国特色社会主义思想凝心铸魂,认真总结中国特色的智能制造推进方法和经验,既不同于德国工业 4.0,也不同于美国工业互联网,形成智能制造中国特色理论体系,在国际舞台上讲好中国智能制造新故事。

一是要坚持人民至上,智能制造的实施要满足人民日益增长的美好生活需要。中国式现代化是人口规模巨大的现代化,是全体人民共同富裕的现代化,要把民生产业放在首要突出位置,通过智能制造实现民生产业的数字化转型升级。建立民生产品的全产业链数字化可追溯体系,为人民提供更加安全的食品、更便捷的交通工具、更先进的信息消费产品和更丰富的产品选择。针对人民的个性化需求,大力推动个性化定制,运用智能化手段畅通消费端、研发端和生产端,提高产品的附加属性和易用性。

二是要坚持高端化、智能化、绿色化方向,通过智能制造实现产业可持续发展和产品价值链中高端提升。中国式现代化是人与自然和谐共生的现代化,坚定不移地走生产发展、生活富裕、生态良好的文明发展道路。从智能制造的实践来看,能够切实提高原材料利用水平,降低单位产品能源消耗和水资源消耗,是实现工厂碳追踪的关键技术之一。同时,作为智能制造重要的新模式之一,共享制造对于解决传统污染行业问题起到了巨大作用,如宁夏共享铸造、山东共享印染、江西共享备料,通过数字化技术,引入智能化生产线,改变了传统铸造行业、印染行业、家具行业多点式布局、污染难以管控、难以治理的问题。

三是要坚持自立自强,解决智能制造的专用装备、核心基础零部件和元器件、关键工业基础软件等短板问题。实施产业基础再造工程和重大技术装备攻关工程,围绕智能制造的现实需求和未来路线开展产品布局和关键技术突破,尤其是涉及国防安全和经济安全的重点领域,要组织开发专用智能制造生产线,以用带创,以创促用,到 2025 年基本形成全行业智能制造专用装备、零部件和软件的自主化研发与应用的良性格局。

四是要实现制造业数据的价值创造,通过智能制造促进数字经济和实体经济深度融合,推动现代服务业同先进制造业。制造业是数字化技术的最佳应用场景,也为数字经济提供最为丰富、最大规模、最有价值的大数据。十年来的智能制造发展基本解决了制造业的数据采集和数据传输问题,制造业数字采集传输能力得到大幅提升，部分行业通过人工智能建模方法实现了多源异构数据支撑下产品预测和决策。下一步要继续融合制造业、服务业等不同行业来源、不同结构类型的复杂数据，从数据中发现新的产品特征、生产特征和服务特征，进而优化企业产品研发，构建动态高级生产排程方法，减少企业库存，实现数据创造价值。

（二）持续推进智能制造的有效途径

目前，我国制造业的智能化发展已经迈过了初级阶段，正在向中高级阶段推进，未来仍有很长的一段路要走，也存在一些必须克服的难题。由于不同行业产业的特点不同，即使是同类型企业的工艺流程也各有特色，因此，推进实施智能制造的模式和途径也有差别。行业龙头企业由于具有明显的技术、人才、资金等优势，对实施智能制造重视程度高，推进速度和效果均比较明显，但中小企业在实施过程中遇到的困难往往会多一些，如人才、资金等的制约，智能制造的实施效果并不是很理想。有些企业实施智能制造更多的是希望得到项目资金支持，对实施过程和效果往往关注不够；有些企业对与智能制造有关的硬件建设比较重视，而对于软件建设、工艺改进、数据积累等关注不足，支撑智能化建设与发展的基础薄弱；有些企业往往考虑眼前利益多，缺乏智能制造实施的顶层设计、长远规划；绿色制造的推进在很多中小企业尚未得到足够重视等。这些既是智能制造推进实施进入攻坚阶段遇到的难题，也是制造业发展过程中的共性问题，必须统筹思考，系统解决。

党的二十大报告明确提出，坚持把发展经济的着力点放在实体经济上。习近平总书记指出，建设现代化产业体系，坚持把发展经济的着力点放在实体经济上，推进新型工业化，加快建设制造强国、质量强国、航天强国、交通强国、网络强国、数字中国。新形势下，新一轮科技革命和产业变革与我国加快转变经济发展方式形成历史性交汇，为我们实施创新驱动发展战略提供了难得的重大机遇。智能制造是我国制造业创新发展的主要抓手，是制造业转型升级的主要路径，要坚持把智能制造作为建设制造强国的主攻方向，推进智能制造，加快建设制造强国。未来十年，是我国从制造大国变成制造强国的关键时期。正如习总书记强调的"要以智能制造为主攻方向，推动产业技术变革和优化升级，推动制造业产业模式和企业形态根本性转变"，加快发展数字化、网络化、智能化转型，重视智能制造相关产业的工业基础能力建设，大力开展各类智能制造所需人才的培养培训工作，聚焦重点领域突破关键智能制造基础共性技术，重点提升重大智能制造装备集成创新能力，同步推进绿色制造，加快实现制造强国的战略目标。

加快培养智能制造所需的各类人才。目前企业普遍缺乏智能制造方面的人才，中小企业尤为明显。由于智能制造涉及很多领域、多个学科，既有系统规划、也有底层设备的使用维护等多个类型的工作，对人才的具体要求也不一样。因此，高等院校、职业技术学院等要结合产业发展需求，及时调整培养方案，改革培养方式；同时，企业也要积极参与人才培养相关环节，有效推进产教融合；政府也要加强引导和支持力度。

充分发挥龙头企业的带动作用，构筑智能制造优良生态环境。龙头企业的供应链长、关联性大、带动性强，具有集群产业竞争优势，具备形成智能制造的核心作用。龙头企业在推进智能制造实施过程中，在工艺优化、产品质量、生产效率、资源利用、能耗与排放等方面，均可以对供应链的相关企业提出要求，相互之间形成共生关系，带动智能制造的实施。

高度重视软硬件环境建设，协调推进智能制造实施效果。智能制造实施要取得理想效果，必须软硬件同步推进。目前企业普遍关注装备的智能化改造或购买智能装备，把看得见的硬件装备作为智能制造的核心效果，而对软件的布局、集成应用关注度不够，因而实施效果往往不理想。特别是根据自身工艺积累，开发相应的工业应用 App 就更少。因此，必须协调推进软硬件建设，特别是选择一些实施效果好的龙头企业作为应用示范，可以很好地带动供应链上的企业以及行业的中小企业。

加强基础工艺研究和装备研发，构筑智能制造的发展基础。智能制造的核心是智能，关键是实现制造过程与人工智能、大数据、物联网等地深度融合。因此，企业必须高度重视基础工艺、关键工艺研究，积累归纳工艺数据，提升制造效率和产品质量，形成核心竞争力。有了这样的基础，再结合应用人工智能、大数据、物联网等新技术，数字化和智能化的实现才会有坚实的基础。

协调推进绿色智能制造。产品制造涉及从设计、加工、包装、使用到报废处理的整个生命周期。在"碳达峰""碳中和"双碳目标的大背景下，低碳化、高效率、节能化已经成为制造业转型升级的必然趋势，也是制造业高质量发展的必然结果。因此，绿色制造是未来制造企业可持续发展的目标，而智能制造是实现绿色制造的一种方式与手段。绿色智能制造就是以智能化、数字化的方法消除产品生命周期过程中的各种浪费，建设高效率、低排放、高利用率的绿色智能制造体系，使制造业实现柔性、智能、低碳的目标。系统深入学习领会二十大精神，立足新发展阶段，只有保持战略定力，深入实施智能制造工程，才能为促进制造业高质量发展、构筑国际竞争新优势提供更有力的支撑。

第三节　智能制造的理论体系架构

一、智能制造理论体系构建

（一）理论体系总体架构

人们对智能制造目标、内涵、特征、关键技术和实施途径等的认识是一个不断发展、逐步深化的过程，当前迫切需要在总结过去智能制造发展历史、理论和实践研究成果的基础上，形成一个智能制造理论体系架构，该理论体系架构旨在以功能架构模型描述构成智能制造理论体系的各个组成部分，明确各部分的主要内容及其相互关系，从而为智能制造的进一步研究、教学和实践提供框架和指导。

基于近年科研和教学工作，提出一个智能制造理论体系的总体架构（见图 6-3)，它由 8 个模块组成。

（二）各构成模块及其主要内容

第一，理论基础——阐明智能制造理论的基本概念、范畴、基本原理等。涉及智能制造的基本概念、术语定义、内涵外延、特征、构成要素、参考架构、标准规范等。第二，技术基础——阐明发展智能制造的工程技术基础和基础性设施条件等，涉及工业"四基"和基础设施两个方面。第三，支撑技术——属于智能制造的关键技术，涉及支撑智能制造发展的新一代信息技术和人工智能技术等关键技术。第四，使能技术——也属于智能制造的关键技术，涉及智能制造系统性集成和应用使能方面的关键技术，归结为 3 大集成技术和 4 项应用

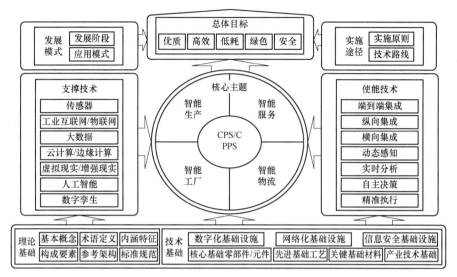

图 6-3　智能制造理论体系架构示意图

使能技术。第五，核心主题——阐述构成智能制造的核心内容和主要任务，概括为"一个核心"和"四大主题"。"一个核心"即赛博物理系统（CPS），以及由此构建的赛博物理生产系统（CPPS）。CPS/CPPS 的实现形式和载体为智能制造"四大主题"——智能工厂、智能物流、智能生产和智能服务。第六，发展模式——阐述智能制造发展演进阶段的划分、特点和范式，包括演进范式、发展阶段和应用模式等。第七，实施途径——阐述实施智能制造的基本原则，并给出推进智能制造落地的实施步骤建议。其包括在业界已被广泛引用的智能制造"三要三不要"原则，以及规划落地实施的步骤建议。第八，总体目标——阐述智能制造总体目标"优质、高效、低耗、绿色、安全"的具体内涵及意义。

（三）智能制造理论体系架构的主线特点

智能制造理论体系架构的构建，体现了从基础到应用、从理论到实践、从技术到实现、从任务到目标等系统化、层次化的特点，具体表现在：聚焦总体目标——"优质、高效、低耗、绿色、安全"；围绕核心主题——以赛博物理融合（生产）系统 CPS/CPPS 为核心，围绕智能工厂、智能生产、智能服务、智能物流四个主题；强化两大基础——智能制造理论基础和智能制造技术基础；突出两类关键技术——支撑技术和使能技术；阐明发展阶段、演进范式和可参考的应用模式，给出实施原则和具体实施步骤。

二、智能制造的总体目标、核心主题和关键技术体系

（一）总体目标

工业 4.0 是正在发生之中的新工业革命，面临着一系列的变化和挑战。"智能化"是未来制造技术发展的必然趋势，赛博物理融合的智能制造是其核心。在工业 4.0 时代，智能制造的总体目标可以归结为如下五个方面。

第一，优质——制造的产品具有符合设计要求的优良质量，或提供优良的制造服务，或使制造产品和制造服务的质量优化。第二，高效——在保证质量的前提下，在尽可能短的时间内，以高效的工作节拍完成生产，从而制造出产品和提供制造服务，快速响应市场需求。第三，低耗——以最低的经济成本和资源消耗，制造产品或提供制造服务。其目标是综合制造成本最低，或制造能效比最优。第四，绿色——在制造活动中综合考虑环境影响和资源效益，其目标是使整个产品全生命周期中，对环境的影响最小，资源利用率最高，并使企业经济效益和社会效益协调优化。第五，安全——考虑制造系统和制造过程中涉及的网络安全和信息安全问题，即通过综合性的安全防护措施和技术，保障设备、网络、控制、数据和应用的安全。

（二）核心主题

1. 赛博物理系统和赛博物理生产系统

CPS/CPPS 是智能制造理论体系架构中的核心。CPPS 是 CPS 在智能制造中的具体应用，它通过制造系统和制造活动的各个层级（产品、制造装备、制造单元、生产线、工厂、服务等），各个方面（纵向、横向、端到端）的各种颗粒度物理对象映射——数字孪生，实现"人—机—物"连接，给各种设备赋予计算、通信、控制、协同和自治功能，将智能机器、存储系统和生产设施相融合，使人、机、物等能够相互独立地自动交换信息、触发动作和自主控制，实现一种智能、高效、个性化、自组织的生产方式，从而构建出真正的智能工厂，实现智能生产。

未来智能制造过程中，物理系统中的智能化生产设备和智能化产品将成为 CPS 的物理基础，虚拟产品和虚拟生产设备等通过数学模型、仿真算法、优化

规划和虚拟制造等构成赛博系统，物理系统和赛博系统通过工业互联网和物联网协同交互，构建出基于数字孪生的 CPPS，实现"人—机—物"之间、物理系统和赛博系统之间的网络互联、信息共享，从而可在赛博空间对生产过程进行实时仿真和优化决策，并通过赛博系统实时操作和精确控制物理系统的生产设备和生产过程，支持在智能制造新模式下实现生产设施、生产系统及过程的智能化管理和智能化控制。

2. 四大主题——智能工厂、智能生产、智能物流和智能服务

（1）智能工厂

智能工厂重点研究智能化生产系统和过程，以及网络化分布式生产设施的实现。智能工厂是工业 4.0 中的一个关键主题，其主要内容可从多个角度来描述，此处仅从工厂模式演进的角度予以阐述。

数字工厂是工业化与信息化融合的应用体现，它借助于信息化和数字化技术，通过集成、仿真、分析、控制等手段，为制造工厂的生产全过程提供全面管控的整体解决方案，它不限于虚拟工厂，更重要的是实际工厂的集成，包括产品工程、工厂设计与优化、车间装备建设及生产运作控制等。

数字互联工厂是指将物联网（IoT）技术全面应用于工厂运作的各个环节，实现工厂内部人、机、料、法、环、测的泛在感知和万物互联，互联的范围甚至可以延伸到供应链和客户环节。通过工厂互联化，一方面可以缩短时空距离，为制造过程中"人—人""人—机""机—机"之间的信息共享和协同工作奠定基础；另一方面还可以获得制造过程更为全面的状态数据，使得数据驱动的决策支持与优化成为可能。

智能工厂从范式维度看，智能工厂是制造工厂层面的信息化与工业化的深度融合，是数字化工厂、网络化互联工厂和自动化工厂的延伸和发展，通过将人工智能技术应用于产品设计、工艺、生产等过程，使得制造工厂在其关键环节或过程中能够体现出一定的智能化特征，即自主性的感知、学习、分析、预测、决策、通信与协调控制能力，能动态地适应制造环境的变化，从而实现提质增效、节能降本的目标。

（2）智能生产

智能生产是工业 4.0 中的另一个关键主题。在未来的智能生产中，生产资源（生产设备、机器人、传送装置、仓储系统和生产设施等）将通过集成形成

一个闭环网络，具有自主、自适应、自重构等特性，从而可以快速响应、动态调整和配置制造资源网络和生产步骤。智能生产的研究内容主要包括：① MOM生产网络——基于制造运营管理（MOM）系统的生产网络，生产价值链中的供应商通过生产网络可以获得和交换生产信息，供应商提供的全部零部件可以通过智能物流系统，在正确的时间以正确的顺序到达生产线。② 基于数字孪生的生产过程设计、仿真和优化——通过数字孪生将虚拟空间中的生产建模仿真与现实世界的实际生产过程完美融合，从而为真实世界里的物件（包括物料、产品、设备、生产过程、工厂等）建立一个高度真实仿真的"数字孪生"，生产过程的每一个步骤都将可在虚拟环境（即赛博系统）中进行设计、仿真和优化。③ 基于现场动态数据的决策与执行——利用数字孪生模型，为真实的物理世界中物料、产品、工厂等建立一个高度真实仿真的"孪生体"，以现场动态数据驱动，在虚拟空间里对定制信息、生产过程或生产流程进行仿真优化，给实际生产系统和设备发出优化的生产工序指令，指挥和控制设备、生产线或生产流程进行自主式自组织的生产执行，满足用户的个性化定制需求。

（3）智能物流和智能服务

智能物流和智能服务也分别是智能制造的主题之一，在一些场合下，这两者也常被认为是构成智能工厂和进行智能生产的重要内容。智能物流主要通过互联网、物联网和物流网等，整合物流资源，充分发挥现有物流资源供应方的效率，使需求方能够快速获得服务匹配和物流支持。

智能服务是指能够自动辨识用户的显性和隐性需求，并且主动、高效、安全、绿色地满足其需求的服务。在智能制造中，智能服务需要在集成现有多方面的信息技术及其应用的基础上，以用户需求为中心，进行服务模式和商业模式的创新，因此，智能服务的实现需要涉及跨平台、多元化的技术支撑。

在智能工厂中，基于 CPS 平台，通过物联网（物品的互联网）和务联网（服务的互联网），将智能电网、智能移动、智能物流、智能建筑、智能产品等与智能工厂（智能车间和智能制造过程等）互相连接和集成，实现对供应链、制造资源、生产设施、生产系统及过程、营销及售后等的管控。

（三）关键技术体系

1. 支撑技术

支撑技术是指支撑智能制造发展的新一代信息技术和人工智能技术等关

键技术。

（1）传感器与感知技术

传感器是一种"能感受规定的被测量并按照一定的规律（数学函数法则）转换成可用信号的器件或装置，通常由敏感元件和转换元件组成"。感知技术是由传感器的敏感材料和元件感知被测量的信息，且将感知到的信息由转换元件按一定规律和使用要求变换成为电信号或其他所需的形式并输出，以满足信息的传输、处理、存储、显示、记录和控制等要求。

传感器与感知技术主要涉及智能制造系统中常用传感器的工作机理、感知系统构成原理、传感信号获取/传输/存储/处理、智能传感网络、传感器与感知技术应用等。

（2）工业互联网/物联网

工业互联网是指一种将人、数据和机器连接起来的开放式、全球化的网络，属于泛互联网的范畴。通过工业互联网，可连接机器、物料、人、信息系统，实现工业数据的全面感知、动态传输、实时分析和数据挖掘，形成优化决策与智能控制，从而优化制造资源配置、指导生产过程执行和优化控制设备运行，提高制造资源配置效率和生产过程综合能效。工业互联网三大主要元素包括智能设备、智能系统和智能决策。工业互联网在智能制造中的应用，将是以底层智能装备为基础，以信息智能感知与交互为前提，以基于工业互联网平台的多系统集成为核心，以产品全生命周期的优化管理和控制为手段，构建一种可实现"人—机—物"全面互联、数据流动集成、模型化分析决策和最优化管控的综合体系及生产模式。物联网是指由各种实体对象通过网络连接而构成的世界，这些实体对象嵌入了电子传感器、作动器或其他数字化装置，从而可以连接和组网以用于采集和交换数据。

IoT 技术从架构上可以分为感知层、网络层和应用层，其关键技术包括感知控制、网络通信、信息处理、安全管理等。5G 作为具有高速度、泛在网、低功耗、低时延等特点的新一代移动通信技术，将在物联网应用方面发挥巨大作用。

（3）大数据

从 3V（volume，velocity，variety）特征的视角，大数据被定义为具有容量大、变化多和速度快特征的数据集合，即在容量方面具有海量性特点，随着海量数据的产生和收集，数据量越来越大；在速度方面具有及时性特点，特别是数据采集和分析必须迅速及时地进行；在变化方面具有多样性特点，包括各种类型的数据，如半结构化数据、非结构化数据和传统的结构化数据。

从智能制造的角度，大数据技术涉及的内容有：大数据的获取、大数据平台、大数据分析方法和大数据应用等。特别值得关注的是工业大数据及其应用，工业大数据是指在工业领域信息化和互联网应用中所产生的大数据，来源于条形码、二维码、RFID、工业传感器、工业自动控制系统、物联网、ERP/MES/PLM/CAX系统、工业互联网、移动互联网、物联网、云计算等。工业大数据渗透到企业运营、价值链乃至产品生命周期，是工业4.0的"新资源、新燃料"。工业大数据应用中，重点需要解决两大关键问题：面向工业过程的数据建模和复杂工业环境下的数据集成。

（4）云计算/边缘计算

云计算是一种基于网络（主要是互联网）的计算方式，它通过虚拟化和可扩展的网络资源提供计算服务，通过这种方式，共享的软硬件资源和信息可以按需提供给计算机和其他设备，而用户不必在本地安装所需的软件。云计算涉及的关键技术包括基础设施即服务（IaaS）、平台即服务（Paas）、软件即服务（SaaS）等。一些学者提出了一种新的制造平台——云制造，即与云计算、物联网、面向服务的技术和高性能计算等新兴技术相结合的新型制造模式（如李伯虎院士团队提出的"智慧云制造——云制造2.0"）。

边缘计算是指在靠近设备端或数据源头的网络边缘侧，采用集网络、计算、存储、应用核心能力为一体的开放平台，提供计算服务。边缘计算可产生更及时的网络服务响应，满足敏捷连接、实时业务、数据优化、应用智能、安全与隐私保护等方面的需求。边缘计算为解决工业互联网/物联网、云计算在智能制造的实际应用场景中遇到的问题（如数据实时性、资源分散性、网络异构等）提供了技术途径和方案。智能制造中边缘计算涉及的关键技术有感知终端、智能化网关、异构设备互联和传输接口、边缘分布式服务器、分布式资源实时虚拟化、高并发任务实时管理、流数据实时处理等。

（5）虚拟现实/增强现实/混合现实

虚拟现实（VR）是一种可以创建和体验虚拟世界的计算机仿真系统和技术，它利用计算机生成一种模拟环境，使用户沉浸到该环境中。虚拟现实技术具有"3I"的基本特性，即：沉浸、交互和想象。增强现实（AR）是虚拟现实的扩展，它将虚拟信息与真实场景相融合，通过计算机系统将虚拟信息通过文字、图形图像、声音、触觉方式渲染补充至人的感官系统，增强用户对现实世界的感知。AR技术的关键在于虚实融合、实时交互和三维注册。混合现实（MR）结合真实世界和虚拟世界创造了一种新的可视化环境，可以实现真实世界与虚拟世界的无缝连接。在智能制造应用中，VR/AR/MR有许多应用场景，如设备运维、物流管理、标准作业程序VR/AR支持、虚拟装配及装配过程人机工程评估、工艺布局虚拟仿真与优化、交互式虚拟试验、基于AR的全息索引、操作技术培训等。

（6）人工智能

人工智能是研究使用计算机模拟人的某些思维过程和智能行为（如学习、推理、思考、规划等）的学科，它研究开发用于模拟、延伸和扩展人类智能的理论、方法、技术及应用系统，主要包括计算机实现智能的原理、制造类似于人脑的智能机器，使之能实现更高层次的应用。人工智能研究的具体内容包括机器人、机器学习、语言识别、图像识别、自然语言处理和专家系统等。

人工智能将在智能制造中发挥巨大的作用，为产品设计/工艺知识库的建立和充实、制造环境和状态信息理解、制造工艺知识自学习、制造过程自组织执行、加工过程自适应控制等提供强大的理论和技术支持。

（7）数字孪生

数字孪生可充分利用物理模型、实时动态数据的感知更新、静态历史数据等，集成多学科、多物理量、多尺度、多概率的仿真过程，在虚拟空间中完成映射，从而反映相对应的实体对象的全生命周期过程。在智能制造中，数字孪生以现场动态数据驱动的虚拟模型对制造系统、制造过程中的物理实体（如产品对象、设计过程、制造工艺装备、工厂工艺规划和布局、制造工工艺过程或流程、生产线、物流、检验检测过程等）的过去和目前的行为或流程进行动态呈现，基于数字孪生进行仿真、分析、评估、预测和优化。

2. 使能技术

使能技术是指智能制造系统性集成和应用使能方面的关键技术，归结为3大集成技术和4项应用使能技术，主要包括端到端集成、纵向集成、横向集成、动态感知、实时分析、自主决策、精准执行等技术。

（1）系统集成技术——横向集成、纵向集成和端到端集成

第一，横向集成——即价值网络的横向集成。横向集成的本质是横向打通企业与企业之间的网络化协同及合作。第二，纵向集成——即纵向集成和网络化制造系统。其实质是将企业中从最底层的物理设备（或装置）到最顶层的计划管理等不同层面的 IT 系统（如执行器与传感器、控制器、生产管理、制造执行和企业计划等）进行高度集成，纵向打通企业内部管控，其重点是企业计划、制造系统与底层各种生产设施的全面集成，为智能工厂的数字化、网络化、智能化、个性化制造提供支撑。第三，端到端集成——即贯穿全价值链的端到端工程。未来的智能制造系统中，在 CPS、DT 等技术的支持下，基于模型的开发，可以完成从客户需求分析描述到产品结构设计、加工制造、产品装配、成品完成等各个方面，也可以在端到端的工程工具链中，对所有的相互依存关系进行定义和描述，实现"打包"开发的模式，从而开启个性化定制产品的可行性。

（2）应用使能技术——状态感知、实时分析、自主决策和精准执行

第一，状态感知。状态感知是智能系统起点，也是智能制造的基础。它是指采用各种传感器或传感器网络，对制造过程、制造装备和制造对象的有关变量、参数和状态进行采集、转换、传输和处理，获取反映智能制造系统运行工作状态、产品或服务质量等的数据。由于物联网的快速发展，未来智能制造系统状态感知的数据量将会急剧增加，从而形成制造大数据或工业大数据。第二，实时分析。实时分析是处理智能制造数据的方法和手段，它是指采用工业软件或分析工具平台，对智能制造系统状态感知数据（特别是制造大数据或工业大数据）进行在线实时统计分析、数据挖掘、特征提取、建模仿真、预测预报等处理，为趋势分析、风险预测、监测预警、优化决策等提供数据支持，为从大数据中获得洞察和进行自主决策奠定基础。第三，自主决策。自主决策是智能制造的核心，它要求针对智能制造系统的不同层级（如设备层、控制层、制造执行层、企业资源计划层）的子系统，按照设定的规则，根据状态感知和实时分析的结果，自主作出判断和选择，并具有自学习和提升进化的能力（即还具有学者提出的"学习提升"功能）。由于智能制造系统的多层次结构和复杂性，故自主决策既涉及底层设备的运行操控、实时调节、监督控制和自适应控制，

也包括制造车间的制造执行和运行管控，还包括整个企业的各种资源、业务的管理和服务中的决策。第四，精准执行。精准执行是智能制造的关键，它要求智能制造系统在状态感知、实时分析和自主决策基础上，对外部需求、企业运行状态、研发和生产等作出快速反应，对各层级的自主决策指令准确响应和敏捷执行，使不同层级子系统和整体系统运行在最优状态，并对系统内部本身或来自外部的各种扰动变化具有自适应性。

第四节　面向 2035 的智能制造技术预见和路线图研究

一、智能制造技术路线图研究方法和过程

中国工程院研究团队在"制造强国战略研究"中，持续推动智能制造理论体系的构建，提出了中国智能制造发展战略，并于 2019 年启动"面向 2035 的智能制造技术预见和路线图"研究工作。根据本研究团队前期研究成果，智能制造系统是由智能产品、智能生产及智能服务三大功能系统以及工业智联网和智能制造云两大支撑系统集成而成。其中，智能产品是主体，智能生产是主线，以智能服务为中心的产业模式变革是主题，智能制造云和工业智联网是支撑，如图 6-4 所示。因此，对智能制造技术预见和技术路线图的研究也紧紧围绕这几个方面展开，但不完全相同。根据专家研究领域分布情况，将路线图工作分为 6 个子方向：智能产品、离散型制造、流程型制造、新模式新业态、工业智联网、智能制造云。

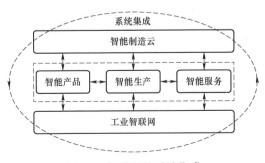

图 6-4　智能制造系统集成

智能制造技术路线图在研究与编制过程中，研究团队结合了通用方法和具体实践经验，采用了"定性＋定量"的路线图研究与绘制方法，以专家为核心、流程为规范、数据为支撑、交互为手段，提高路线图的前瞻性、科学性和规范性。路线图研究工作由李培根、谭建荣、柴天佑、卢秉恒、李伯虎等十余位院士牵头，组织1 600余位专家学者、工程师，其中也包括美国、德国、日本专家，开展国内外技术最新动态和趋势的分析，以及对智能制造相关技术发展的预测和路线图的研究工作。智能制造6个方向的研究人员借助工程科技战略咨询智能决策系统平台（iSS），按照技术体系与态势分析、技术清单、问卷调查与专家研讨、技术路线图绘制四个步骤开展研究工作。

在智能制造技术路线图绘制过程中，数据分析结果与专家研讨进行多轮交互，一方面以数据来支撑专家对问题的研判，另一方面引导专家按照规范化的流程开展智能制造技术路线图绘制工作。同时，根据专家意见，修正数据分析结果。

（一）第一步：技术体系与技术态势分析

1. 技术体系构建

首先，分别构建6个方向的多层级技术结构，形成每个方向的技术体系，用于描述智能制造各领域内技术之间的关系，梳理技术脉络、划分研究边界。技术体系作为体现专家知识与共识的可视化形式，可以指导对客观数据开展技术态势扫描。

工业互联网作为一级技术，网络智能化技术、网络连接技术、网络安全技术、网络标识解析技术等作为二级技术，新一代光通信、网络安全认证加密技术、标识编码技术、工业网络智能管理系统等等作为三级技术。

2. 技术态势扫描

根据技术体系中的各项技术内容，确定检索关键词，如表6-1所示，为流程智能制造工厂确定的关键词表。第一层对应技术体系的二级技术，第二层对应技术体系的三级技术，第三层为检索论文专利等数据的关键词。关键词确定后，各方向通过数据库获取论文、专利、研究报告等智能制造领域客观数据，从全球、国家、研究者、研究主题等多个维度对智能制造领域进行分析。

表 6-1 流程制造智能工厂检索关键词

第一层	第二层	第三层
方法	智能自主控制	工艺参数选择，自学习，智能过程制造，运行控制，自优化校正，人机协同增强智能，群体集成智能，自愈控制，协同控制，智能集成控制，智能协同优化控制，分布式协同控制，知识型工作自动化，生产线一键控制
	虚拟制造	三维虚拟现实技术，网络化，物联网，工业互联网，工业认知网，数字化网络化制造，半实物仿真，混合智能建模，尺度多场耦合建模，因果关系模型，多层次多尺度一体化建模，AspenONE 套件，gPROMS，ChemCAD
行业应用	石化、钢铁、有色、轻工，选矿	冷轧、分馏、连退、磨矿、焙烧、磁选、浮选、铝电解、催化加氢、催化裂化、催化重整、精馏、高炉、回转窑

在整个技术体系构建和技术态势扫描过程中，由专家确定技术体系，研究人员根据技术体系确定检索关键词（或数据检索式），并获取数据；使用 iSS 平台对数据进行分析后，专家提出关键词修改意见，将分析结果与专家进行多轮交互，并对数据分析结果进行修正与迭代，最终完成对 6 个方向的智能制造技术态势扫描。

智能制造技术态势扫描结果可以支撑专家从定量的角度厘清智能制造领域过去和当前的宏观发展态势。客观数据的引入有助于降低智能制造技术发展方向分析的偏好性，帮助专家对研究背景形成较为一致的认识。同时，以迭代交互的方式将专家意见融入数据分析的过程，可以提高智能制造技术态势扫描的准确性。

（二）第二步：技术清单

基于智能制造技术态势扫描的结果，6 个方向分别使用聚类分析与自然语言处理等方法，挖掘智能制造领域核心研究主题，经过人工整理后，总结出若干关键技术条目，形成初始技术清单。然后检索并筛选各个国家地区开展的智能制造领域面向未来的关键技术项对初始技术清单进行补充，得到候选技术清单。最后，召开三轮专家研讨会，第一轮研究会上，专家对候选技术清单进行补充，增加分析中遗漏的技术项；第二轮研讨会上，删除内容不合适或颗粒度过小的技术项、合并内容相似技术项；第三轮研讨会上，专家调整清单中技术项的颗粒度，使清单中的所有技术项保持颗粒度基本一致，并撰写每个技术项的范畴与内涵，最终形成 6 个方向的面向 2035 的智能制造关键技术清单。

表 6-2 为智能制造关键技术清单示例，第一列为技术编号，第二列为遴选出的关键技术，第三列为技术范畴与内涵，主要描述该技术的主要内容与边界，主要实现的功能与应用场景等。

表 6-2　智能制造关键技术清单示例

序号	关键技术	技术范畴与内涵
1	多视角多源信息融合与协同状态感知技术	现有流程工业状态感知技术是将过程传感器数据、视频、音频和图像等状态数据分别进行处理，无法有效融合。本项技术针对流程工业生产过程环境恶劣、机理复杂、数据量庞大、数据类型复杂等特点，将采用大数据与人工智能方法，实时感知各类过程状态数据（传感器数据、视频、音频等）和运行工况数据，进行分析处理，自适应调整感知策略和优化工况参数的检测质量，并可以对实时工况感知数据进行智能识别，实现产品产量、质量、能耗、排放等目标与生产全流程各工序相关机理知识、经验知识和数据知识的协同关联、深度融合

（三）第三步：问卷调查与专家研讨

基于遴选的智能制造领域关键技术清单，面向国际范围内智能制造领域高校、科研院所、企业专家广泛发放问卷或组织召开研讨会，围绕技术的重要性、核心性、带动性、颠覆性、成熟度、领先国家、技术实现时间等方面征求专家意见，汇总专家意见并进行分析，梳理确定技术发展的重要里程碑时间节点。

通过两轮问卷调查与专家研讨的结果，依据专家对技术领域的熟悉程度和投票数量，计算单因素指标得分。根据得分进行排序，6 个方向提出本领域内的关键技术，形成 86 项的关键技术池。围绕关键技术池，开展两轮 6 个课题组专家集体研讨，对关键技术清单进行再次遴选和合并，最终形成 27 项面向 2035 年智能制造技术预见清单。

（四）第四步：技术路线图绘制

智能制造技术路线图主要包括目标层、实施层、保障层等层次。目标层由 6 个方向的专家根据智能制造发展愿景、未来经济社会需求、领域战略目标与任务等方面讨论制定。实施层主要根据遴选的关键技术清单和通过专家意见收集到的重要时间节点绘制。保障层由专家根据政策、人才、资金支撑方面的需求讨论得出。

在绘制路线图初稿的基础上，由 6 个方向的院士牵头组织，对路线图中目

标层、实施层、保障层各条目进行调整，如添加、删除、时间调整等，以专家意见为核心，经过多轮专家研讨，使专家意见基本收敛，达成共识后，确定最终的技术路线图。图 6-5 为本次路线图的基本框架，路线图具有四项基本要素：基于时间序列；分层展现；有明确的里程碑节点；各层之间有联系的。

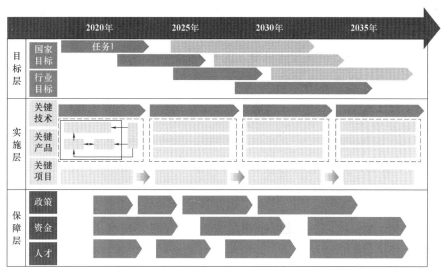

图 6-5　智能制造技术路线图基本框架示意图

二、智能制造技术发展路线图

本研究中技术路线图以时间为主轴，面向 2035 中长期，分阶段、分层次地呈现出智能制造技术和产品、离散型智能工厂、流程型智能工厂、智能制造新模式、智能制造云、工业互联网技术六大技术领域的发展目标、需求趋势、关键技术、重点任务、辅助支撑资源等五大方面的未来发展方向，以及主要升级路径和关键时间节点。

具体而言，在发展目标方面，分析了对领域或跨领域重大工程愿景。在需求趋势方面，梳理了面向经济社会与产业发展的重大工程科技需求。在关键技术方面，指出了领域优先发展主题及跨领域的发展方向，识别出了领域所需的核心技术，发现了需要突破的技术群。在重点任务方面，明确了未来重大科技攻关项目、关键科学问题和基础研究重要方向。在辅助支撑资源方面，提出了所需的政策、科研环境和保障条件，以及政策工具及管理措施。

（一）面向 2035 年的智能产品技术路线图

面向 2035 年的智能产品技术路线图，在需求方面，2035 年之前主要体现在以下方面。① 国际信息领域竞争加剧对于高性能计算技术、网络安全技术和传感感知技术的需求。② 国民经济重点领域的复杂、高性能、高精密零部件生产对高效智能化加工技术与装备的需求。③ 未来社会向智能制造和智慧生活转型发展对于新一代智能机器人的需求。④ 构建主动控制型交通系统运载工具智能化，交通设施智慧化、管理服务协同化的需求。⑤ 医疗服务模式逐步向个性化和智能化转变，对建设数字化、网络化、智能化医疗服务信息化体系的需求。

（二）智能产品发展的总体目标分两步

第一，到 2025 年，新一代人工智能系统技术在典型产品中成功应用，产品的数字化、网络化，智能化取得明显进展，在智能网联汽车、智能轨道交通、无人机、智能船舶、智能机电、智能医疗等典型智能产品，以及在制造领域的智能机床、智能机器人、智能成形装备等产品的应用和制造取得重点突破，对智能产品发展的实现起到示范作用。

第二，到 2035 年，实现新一代人工智能技术与产品深度融合，攻克一批关于智能产品的基础共性技术和关键前沿技术，掌握一批国际领先的关键核心技术，在智能机器人、智能机床、智能成形装备、智能工程机械、无人机、智能网联汽车、智能船舶、智能轨通交通和智能家电品等领域形成典型的优势产品，在相关智能产品产业链形成全球竞争优势，整体竞争力达到世界强国水平。

（三）智能产品重点领域的目标内容

第一，到 2025 年左右，攻克一批智能制造的基础共性技术，若干技术取得原始创新突破，到 2035 年左右，智能产品与技术在重点行业，重点企业得到充分应用。

第二，到 2025 年左右，重点产业 60%以上大型企业或专精特企业实施数字化智能化制造，70%上的装备实现数字化智能化，到 2035 年左右，关键部件和智能制造装备 90%实现自主化。

第三，到 2025 年左右，形成完备的轨道交通装备关键技术及重大装备体系，配套系统与装备，关键零部件与基础件制造能力显著提高并普遍推广，到 2035 年左右，成为世界先进的机器人创新中心，成为世界最大的机器人应用市场，形成若干个具有国际影响力的智能机器人产业集群，诞生一批行业原创技术。

第四，到 2025 年左右，基本建成自主可控完整的智能网联汽车产业链与智能交通体系，迈入汽车强国行列，到 2035 年左右，汽车制造业升级建成智能制造体系，初步实现基于充分互联协作的大规模定制生产，制造型服务商与服务型制造商融为一体，智能网联汽车更加安全可靠、节能环保、舒服便捷。

第五，到 2025 年左右，主流船舶绿色化、智能化水平国际先进，完全掌握高技术船舶的自主设计建造能力，到 2035 年左右，形成完善的船舶设计，总装建造、设备供应、技术服务产业体系和标准规范体系。

第六，到 2025 年左右，在新型移动医疗、新型诊断治疗，介入治疗和可穿戴智能设备，数字医学与人机接口技术和新型生物材料与纳米生物技术等方面取得重大突破，初步建成完善的智能化、一体化健康医疗卫生服务体系；全面建立全国范围医学信息技术体系，围绕健康医疗卫生信息网络，形成世界先进的现代化健康产业系统。

第七，到 2025 年左右，智能制造装备产业成为具有国际竞争力的先导产业，智能制造所需关键部件和制造装备 70%实现自主化，到 2035 年左右，应用智能制造的企业劳动生产率大幅度提高，材料和能源消耗显著减少，产品质量和一致性达到国际领先水平。

智能产品重点任务包括面向产品设计和工艺的知识库、数据采集与处理分析技术、分布式智能控制技术、人机共融机器人、智能传感器技术等方面，其发展路线图如图 6 所示对应位置所示，每个重点任务对应着若干子任务。

（四）发展智能产品的战略支撑与保障内容

面向 2035 年，发展智能产品的战略支撑与保障包括以下内容。

第一，整合创新体系资源、构建国家制造业智能化创新中心、推进产学研深入融合发展。第二，完善经费投入模式，发挥国家多部门政策实施的匹配性、统一性和连续性。第三，加强多层次人才队伍建设，提高创新人才待遇，防止人才流失。

在需求方面，2035 年之前主要体现在以下方面：ICT 技术飞速发展，数字化技术、互联网、物联网技术、人工智能技术、大数据技术、虚拟现实技术迅猛发展；国防、工业、民用等领域消费者对于产品的多样化、个性化、高质量、高时效、低成本、服务型的需求；3D 打印、激光加工、微纳制造、生物制造、机器人、智能制造等新制造技术革命发展的需求；制造型企业与社会转型升级需求，绿色经济、服务型经济发展需求，新一轮技术革命促进产业转型升级、产生新业态、新动能发展的需求；新时期国际环境对企业竞争需求、国际国内双循环新发展格局对制造业变革的需求。

离散型智能工厂发展目标包括以下内容：到 2025 年左右，数字化网络化制造在全国普及并得到深度应用，典型智能制造装备、工业互联网与大数据技术、智能工厂使能技术等智能制造关键技术取得突破并成功应用，到 2032 年左右，新一代智能制造技术及智能工厂在制造业实现大规模推广应用，实现中国制造业的转型升级；到 2027 年左右，新一代智能制造在重点领域试点示范并取得显著成效，打造 10 个标志性智能工厂，并开始在部分企业推广应用；到 2035 年左右，离散型智能工厂助力制造业总体水平达到世界先进水平，部分领域处于世界领先水平。

面向 2035 年，离散型智能工厂发展的重点任务包括企业智能决策系统、智能数控加工技术与装备、增材制造技术与装备、智能建模与仿真技术、离散型智能工厂、智能制造标准体系等方面。

第五节　智能制造评价理论研究

智能制造是新一轮工业革命的核心驱动力，世界制造业的重要发展方向，我国制造强国建设的主攻方向，其发展水平事关我国制造业的未来国际竞争力。经过持续努力，我国智能制造在初步概念普及、试点示范建立之后，逐步进入了深化应用和全面推广阶段。尽管智能制造在一些大型标杆企业中取得了快速发展和显著成效，但对一般企业尤其是中小企业而言，引入智能制造仍然面临特殊的挑战。多数企业发展智能制造处于起步阶段，企业内部仍存在认知困惑和实践误区，未能确定企业在智能化转型中所处的位次，难以明晰智能制造的实施路径。这些方面都是我国智能制造全面推广布局阶段亟待解决的问题。

企业对自身智能制造所处阶段作出合理判断是明确智能化发展路径的前提。构建智能制造评价体系以精准衡量企业的智能化水平，不仅可为制定行业宏观政策提供依据，也能够帮助企业及时识别瓶颈并科学规划发展路径，从而起到辅助管理决策的作用。目前，智能制造评价研究得到了学术界、工业界的广泛关注，有关智能制造评价的研究成果相继涌现，及时开展有关智能制造评价研究成果的调查、分类和总结，科学提炼领域的未来发展方向极有必要。也要注意到，现有的评述类文章较多关注智能制造的概念框架、技术进展，较少开展智能制造评价研究的进展调查与综述。针对于此，尽量全面回顾智能制造评价理论研究方向的已有文献，从评价体系、评价方法两方面对前沿进展进行梳理、归纳和总结；力求深入探讨该研究方向存在的问题并展望未来发展，以期为智能制造领域的从业者和研究者提供基础参考。

一、智能制造评价体系研究现状

在前期，智能制造的评价研究主要围绕某一类具体技术领域展开。随着有关智能制造认识的逐步加深，相应的评价体系也朝着由部分到整体、由单一向多元的方向发展。近年来，智能制造评价研究主要在关键技术、系统全局、行业领域等方面建立起了评价指标体系。

（一）面向数字化、网络化、智能化的关键技术评价

智能制造属于多种关键技术的综合应用。大数据、云计算、工业互联网、人工智能等新兴信息技术的出现、发展和应用，推动了我国制造业的数字化、网络化、智能化发展进程。

数字化制造可称为第一代智能制造，表现为以数字化为主要特征的信息技术应用于制造业。数字化阶段的主要评价内容是企业的数据管理能力。能力成熟度模型是常用方法之一，经典模型主要有国外研究机构提出的数据管理成熟度模型（DMM）、数据管理能力评价模型（DCAM），我国研制的数据管理能力成熟度模型（DCMM）等；多从数据战略与治理、数据质量与安全、平台与架构等要素入手，选取数据管理的评价维度。相较于以数字化技术为核心的第

一代智能制造，数字化转型是组织使用数字化思想改变其业务运营模式、价值创造方式以应对环境变化的过程。对数字化转型的评价不仅需要关注数字技术，还要更多关注组织的战略、人员、流程等要素。

互联网技术的发展及其应用推动了制造业向数字化、网络化制造的转型过渡。我国工业界准确把握互联网发展的新机遇，将工业互联网、云计算等新兴技术应用于制造业。工业和信息化部发布的《工业互联网平台评价方法》（2018年），为开展工业互联网平台的评价与遴选工作提供了依据。工业互联网平台建设能力评价框架包含了具体的评价指标体系和评价方法，在操作性上具有优势。云制造是一种基于云计算的先进制造模式，能够将制造资源转化为全面共享和流通的服务；关于云制造服务评价体系的研究涉及服务质量评价、服务信任评价、服务综合评价等。

智能制造最终将走向数字化、网络化、智能化制造，即新一代智能制造。在此阶段，AI 技术将充分赋能智能制造，使制造系统具有学习能力。美国斯坦福大学自 2017 年起逐年发布《AI Index》，《2018 中国人工智能指数》沿用 2017 年《AI Index》中的指数体系来度量我国 AI 的进展和影响。《国家新一代人工智能标准体系建设指南》（2020 年）明确，我国到 2023 年初步建立 AI 标准体系，为评估智能制造发展水平提供依据。已有的学术研究大多关注 AI 自身发展水平评估，也有对 AI 在智能制造中的应用进行论述，然而对 AI 技术在制造业应用水平评价方面缺少系统性的研究。

（二）面向智能制造整体的系统全局评价

针对关键技术的评价是对智能制造评价的局部揭示，而智能制造是一个复杂的制造系统，从整体视角提出全面系统的评价体系更能适应现实需求。相关研究主要有基于成熟度理论的评价、基于制造企业系统层级的评价、面向企业效益的评价。

能力成熟度模型不仅可用于评估数据管理能力，也适用于智能制造系统全局评价。我国发布的《智能制造能力成熟度模型》（GB/T 39116—2020），为智能制造能力评估提供了模型与能力要素参考。美国、德国分别提出了"制造成熟度等级手册"（2012 年）、"工业 4.0 就绪度模型"（2015 年）。有关智能制造能力成熟度的研究主要从企业层面、区域层面展开。在企业层面，智能工厂、中小企业、制造企业是重点研究对象，人员、组织、技术、流程等能力要素是各成熟度模型共同关注的元素。相对而言，区域层面评价考虑的评价维度更为宏观，如有研究从互联性、互操作性、虚拟化、信息透明度 4 个方面分析了欧盟各国制造业企业实施"工业 4.0"的就绪程度；在一定程度上服务于宏观政策的制定，而不同区域的战略与政策也造成研究者关注的评价维度存在差异性。

制造企业系统层级是对智能制造能力评价的另一个切入视角。系统层级指与企业生产活动相关的组织结构的层级划分，可分为设备层、单元层、车间层、企业层、协同层。按照企业生产组织的层级划分来构建智能制造评价指标体系，是一种简洁直观的思路，其进一步将生产活动上升到管理层面，基于管理活动的层级划分为智能制造系统评价提供了新视角。例如，有研究基于运营管理理念提出了智能工厂评估框架，将管理活动划分为战略规划、管理控制、运营控制；其中的运营控制对应于前述基于生产活动的层级划分，包含企业级、工厂级、机器级 3 个层级。

智能制造推动了产业模式的转变和创新，如服务型制造等先进制造模式出现，有效提升了工业生产效率和价值创造能力，对企业绩效具有正向促进作用。对企业效益的评价是检验智能制造实施水平的有效方式。《智能制造评价指数（征求意见稿）》（2020 年）规定，智能制造的评价框架包括过程类、成效类评价指标：前者主要衡量企业在实施智能制造过程中的基础保障与业务优化水平，后者重在衡量企业在实施智能制造后产生的效益效果。多数研究在对企业效益评价时重点关注经济效益指标，而事实上在一些理论研究和实践中，绿色甚至可持续也被纳入智能制造范式。于是部分研究从环境效益、可持续性的角度开展智能制造评价，丰富了智能制造企业效益评价的内容构成。

（三）面向制造业分类的行业领域评价

根据生产过程中使用的物质形态差异，制造业主要分为离散型、流程型。典型的离散制造业有机械、航空、船舶、汽车等行业，典型的流程制造业有石油化工、冶金、造纸、食品等行业。以"工业 4.0"为代表的离散智能制造是行业评价的重点。部分研究探讨了整个离散制造业的通用智能制造评价体系，如离散型制造企业工业 4.0 成熟度评估模型包含了产品、客户、运营、技术、战略、领导、管理、文化、员工 9 个维度，前 4 个维度用于基本的使能因素评估，后 5 个维度将企业组织层面纳入评估体系。还有部分研究聚焦具体行业领域（如机械制造、纺织制造）的智能制造评价研究，如有研究认为评价集中于广义的智能制造，而针对机械领域的评价研究较少，针对性构建"双 E 能力"量化评价指标体系来对智能机械制造进行评价。

与离散制造业以加工组装产品为主所不同，流程型制造过程涉及复杂的物理化学反应，工艺参数众多且互相关联；流程型企业对生产过程的流畅性、低错误率、实时反馈有着强烈需求。这些因素导致流程型企业智能制造评价具有一定难度，因而缺乏系统的研究；仅有少量文献开展初步研究，如将流程型企业智能制造能力划分为智能技术、智能生产、智能应用三类。也要注意到，一些类似的研究进展具有相通性，可为流程型企业智能制造评价提供参考借鉴，如用于流程工业关键绩效评价的多元统计组合预测方法、结合流程工业特点对 ISO22400 标准中的 34 个关键绩效指标进行改进以提升指标在流程工业适用性的方法。

在行业领域评价的实践方面，国家信息中心在有关部门指导下开展了"智能制造分级指标体系研究"，采用咨询服务机构评价、企业自评价相结合的方式推进企业智能制造发展水平评价工作，为政府掌握行业、区域的智能制造发展水平提供了依据。

二、智能制造评价研究存在的问题

（一）评价范式建立问题

评价范式是智能制造评价科学共同体进行研究时遵守的技术框架与模式范例。科学且符合时代潮流的智能制造评价范式可为智能制造评价活动提供理论基础和实践依据。当前，智能制造评价研究取得了阶段性成果，但评价标准不一、评价方法繁多，在评价范式的探索方面仍有不足之处。

1. 评价标准不完善

评价标准是形成智能制造评估意见与报告的判定基准，是对被评估项目的一种理想预期。现阶段，国内外学者虽然构建了多种智能制造评价框架，但是针对智能制造还没有形成一套真正的评价标准。究其原因，在于对智能制造这一兼具复杂性和系统性的概念没有统一、准确的认识。各工业大国都将智能制造视作工业发展的关键，提出"工业4.0""先进制造""互联工业"等战略规划，但相关战略各有侧重，顶层设计也不尽相同。如果机械地采用"拿来即用"的方式，极大可能导致评价标准不符合本土国情。在我国，目前智能制造标准体系尚不健全，研究者或评价者对智能制造的内涵认知不甚清晰，也就导致智能制造评价标准不明确、不具体。

2. 评价流程不规范

科学有效的评价流程是评价活动顺利开展的重要保证。现有研究形成了一般性的智能制造评价流程，包括明确评价原则、确定评价维度、设计评价方法、实证或实例分析等步骤。该流程覆盖了评价活动的大部分环节，但在关键步骤的设计与实施方面存在一些问题及缺陷。例如，部分研究过分重视对评价方法的改进，反而忽略了评价对象的复杂性以及评价的真正目的，造成最终的评价结果偏离最初的评价目标；也有部分工作仅讨论了需要关注的重点评价维度，对评价方法则未曾提及，使得可操作性不强；多数研究止步于获得评价结果这一步，而对评价结果的实践应用缺少充分讨论，未能发挥出智能制造评价服务于管理实践的应有作用。

3. 评价方法论缺失

评价范式是进行智能制造评价活动的一整套规范，包含且不限于前述的评价标准确定与评价流程设计。虽然各种智能制造评价方法相继被提出，但尚未形成公认的评价范式，众多研究成果难以显现有效合力以服务于智能制造行业。现有的研究视角相对具象化、片面化，对智能制造系统性、整体性的表现能力较为薄弱，难以在不同应用场景之间迁移应用。整体来看，缺少智能制造评价模型构建的顶层方法论依据；一些研究直接将已有的评价理论与方法套用到智能制造评价中，造成评价过程的信度和效度受到质疑，使得评价效果参差不齐。

（二）评价体系设计问题

评价指标体系关注的是被评价对象的系统特性。科学全面的评价指标体系既是开展智能制造评价的关键，也是将评价结果应用于管理决策的依据。智能制造是一个广泛而复杂的概念，研究者对智能制造的理解不尽相同；各式各样的评价指标体系相继被提出，相关研究呈现"百花齐放"的态势。尽管这些评价指标体系对智能制造的发展起到了促进作用，但其中仍存在诸多问题，制约着智能制造评价研究的深化与应用。

1. 指标选择不客观

科学客观的评价指标是进行智能制造评价的核心，也是进行有效评价的前提。在已有研究中，多数基于人员的知识或经验来选取关键评价指标。这种定性的指标体系构建过程存在知识结构局限、专家准入机制等问题，使得评价结论存在主观性、缺乏创新性；部分指标的选取比较抽象、难以量化，导致数据不可得或者需要采取问卷调查/专家打分的方式获取指标数据，难以保证评价数据的真实性和客观性，给后续评价工作的实施带来了困难。

2. 评价维度不全面

智能制造系统本身具有复杂性，加之追求优质、高效、低耗、绿色、安全等多个目标，导致了评价维度的复杂性和多样性。现有指标体系对智能制造内涵的全面表征能力不足，有关测度与评价侧重表达智能生产、支撑技术、组织人员、经济效益等维度，缺乏对智能制造模式、社会环境效益等方面的关注。此外，观察尺度、评价单元的不同会导致时空格局、评价维度的差异。就智能制造评价的空间尺度来看，已有研究以制造企业、智能工厂等微观尺度的评价为主，对国家、区域、省/市等宏观尺度的研究仍待开展；尽管存在不同空间尺度的评价研究，但对尺度关联、尺度间效应的关注有所缺失。就智能制造评价的时间尺度而言，多数研究基于某一特定时间截面展开，评价指标体系的构建未能突破静态层面，对不同时刻的动态分析尤显缺乏。

3. 行业研究不充分

制造业涵盖的领域较为宽泛，不同的细分制造方向既有共性又有个性，而目前智能制造的评价研究大多针对整个制造业的共性特征展开。就企业自身而言，因细分制造方向的个性差异，其智能化体系是有差别的，如离散制造企业、流程制造企业的生产结构存在不同，同属流程制造业的钢铁、造纸的生产及业务流程也有区别。一套面向制造业共性的整体评价体系，很难对这些存在鲜明个性的细分制造方向进行科学全面的判断，因而针对智能制造行业个性特征的评价方案相对缺乏。

（三）新技术融合问题

智能制造评价研究为判断智能制造所处发展阶段、拟定智能制造发展计划等提供了理论依据，但整体上仍停留在理论研究阶段，解决智能制造实际面临问题的能力依然薄弱。将评价理论有效应用于智能制造管理实践是值得关注的问题，尤其是新兴信息技术的出现和发展为智能制造评价理论走向实践应用提供了新思路，目前在这些方面存在一些制约因素。

1. 大数据应用能力相对薄弱

制造系统产生的数据正在经历爆炸式增长，大数据技术不仅是赋予制造"智能"的核心要素，也应是推动智能制造评价应用的有效手段。现有评价方法与大数据资源对接的能力存在明显不足，成为智能制造评价理论难以落地应用的重要原因。一方面，部分制造企业数字化水平偏低、数据采集不充分，在进行评价时难以保证指标数据收集的完备性和实效性。另一方面，企业丰富的数据资源没有被充分挖掘，如传统评价方法通常先建立评价指标体系，再以调查问卷、人工打分等方式获取指标数据，企业的大量数据与评价方法所需指标数据不协调、不匹配，导致数据的价值难以在评价过程中得到充分体现。

2. 评价服务平台建设存在不足

智能制造评价服务平台是推动评价理论走向实践应用的有效载体，为智能制造评价活动的开展提供平台支撑。目前，国内已有机构开发了智能制造评价服务平台，如中国电子技术标准化研究院建立的智能制造评价评估公共服务平台，可为制造企业提供自诊断服务；但在平台建设与应用方面仍面临以提升平台的灵活性来满足多元化个性化的评估需求，提升平台的智能性以满足评价过程中的实时、交互、规范、通用等要求，有效推进可持续的平台应用等为代表的瓶颈环节。这些有待解决的问题在一定程度上制约着智能制造评价的应用层次。

三、智能制造评价未来展望

（一）健全标准设计，建立智能制造评价范式

1. 完善智能制造评价标准体系

工业大国依据现有的战略、规定、政策等，积极发展符合本土国情的智能

制造评价标准。就我国而言，建议依据《国家智能制造标准体系建设指南》，明确智能制造的概念内涵，推动建设符合产业发展亟需的智能制造标准体系；管理部门、科研院所组织或参与制定不同视角、不同层面的智能制造评价标准体系（如国家评价标准、行业评价标准等），为智能制造评估活动提供一套标准框架。

2. 设计并优化智能制造评价流程

突出以目标为导向的评价，关注评估的动机和目的，确定评估的时间节点（事前、事中、事后）和评估对象（自评估、他评估）；针对不同的评估目标，确定相应的评价维度、数据来源、赋权方法、结果应用方式。在评价过程中关注评价对象、评价环境、决策目标的变化情况，适时开展评价流程的调整和再设计。发挥评价结果对改善管理实践过程的关键支撑作用，依据评价结果科学建立智能制造发展线路图，形成问题导向、动态调整、指导实践的智能制造评价流程。

3. 建立智能制造评价的科学范式

聚焦智能制造评价的关键构成要素，完善并规范评价标准、评价目的、评价者、被评价者、评价方法、评价结果。建议发挥政府的顶层设计作用，由上而下推动智能制造评价范式的理论框架建构，深化智能制造评价的学术界和工业界共识。注重实践应用转化，借鉴国外相对成熟的评价实践框架并与我国基本国情、制造行业特点相结合，设计智能制造评价范式的实践程序；融合理论框架与不同的实际场景，提升评价范式场景适应性，保持智能制造评价范式的动态更新和适时转换。

（二）优化指标体系，丰富关键核心评价内容

1. 构建评价知识库和数据库

针对智能制造评价指标体系构建的主观性、专家知识依赖性问题，构建国家级、省级智能制造人才专家库，借助信息技术收集并整理库内专家在长期研究实践中积累的经验知识，形成智能制造评价知识库；整合制造企业丰富的数据库资源，收集并整理不同粒度、多元维度的评价数据样本，形成智能制造评价数据库。通过知识、数据的归集提炼，支持改善评价数据的实时性、真实性。

2. 优化多维评价指标体系

在全面理解智能制造内涵的基础上，拓宽评价覆盖维度，保证评价指标的完备性，如对智能制造企业效益进行评价时，评价指标体系要综合反映经济、环境、社会等多个维度。针对不同智能制造模式补充个性化指标，如对服务型制造进行评价时，需要关注智能制造的业务视角，设计智能服务水平指数用于衡量客户多样化、个性化、定制化需求的满足能力。此外，加强智能制造评价不同时空尺度的挖掘：① 各级管理机构应引导开展宏观空间尺度的智能制造评价研究，精准支持政策制定；② 关注时间尺度上的动态评价，推动智能制造发展水平的动态预测；③ 研究不同尺度之间评价指标的差异性和变换机制，支持实现智能制造评价结果在普适性、针对性方面的同步提升。

3. 强化制造业细分方向的研究

制造业的细分方向众多，各级管理机构宜根据不同细分方向的典型特征来制定差异化的产业发展政策，引导高校、科研院所开展基于制造业行业划分的智能制造评价研究。借鉴以"工业 4.0"为代表的离散制造业相对成熟的评价方案，融入流程制造业的个性特征，研究流程制造业的智能制造评价方案，形成以离散制造业、流程制造业为主的两大类智能制造评价框架；进一步引入行业特征，将评价框架应用到代表性的制造业细分方向，形成智能制造评价的行业细分解决方案。

（三）强化新技术融合，推进理论与实践协同并进

1. 利用新兴信息技术赋能智能制造评价

制造企业应高度重视工业大数据中心的建设工作，结合物联网、智能传感等技术实现工业数据的收集、存储、处理，为实施智能制造评价提供完备的数据基础。发挥大数据在评价决策中的重要价值，结合数字孪生等技术拓宽智能制造评价空间，实现评价过程由静态向动态转变、评价环境由简单到复杂转变、评价数据由结构化向非结构化拓展。结合 AI 相关技术，研发人机交互的智能化评价决策支持系统，匹配实时、交互、规范的评价应用要求。

2. 建设并完善个性化评价服务平台

针对制造企业对自身智能制造发展水平的多元化评估需求，建议各级管理机构组织遴选具有资质的评估机构并形成专业的评价机构库，据此推进各类核

心评价业务系统建设，形成高度集成、灵活扩展的智能制造评价服务平台，为制造企业提供个性化、模块化的评测服务。鼓励制造企业参与自评自测活动，反馈评测体验和意见，改善和优化评价效果。各级管理机构利用评价服务平台的数据优势，分析掌握本区域企业智能制造发展的整体情况，制定相应政策和战略规划，引导企业高效率、高质量地发展智能制造。

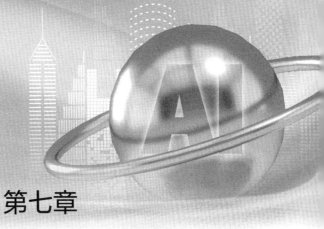

第七章
人工智能与自动化控制

第一节　自动控制理论发展及应用探索

自动控制理论在日常的生产经营生活中所起到的作用越来越重要，这种作用影响着现代生活与工业生产制造的各个方面，从机械工厂车间的自动生产流水线到校正线性系统，都需要运用到自动控制理论。自动控制能够在复杂多变的外部客观环境以及不可更改的条件下得到了更为方便的运用。比如，人类在高压高温条件下的高精度操控作业；又如，人们在工厂中被要求的精准而又快速的操作。在自动控制装置的帮助之下，人类可以突破生理客观条件的限制，完全解放自我。

一、自动控制理论的概念和特点

（一）自动控制理论的概念

自动控制是有别于人工控制的独立概念。自动控制能够通过外加一定的自动控制装置按照已经设定好的运行规律对设备、机器或者生产过程中特定的工作状态进行自动化的操作，从而能够全面替代人力工作，并达到人们期望的状态指标或者性能。自动控制技术能够有效地提升产品的质量或者企业的经济利益，并克服人工在恶劣环境中不能工作的不足点，帮助企业实现在该种环境中依旧能够正常进行生产经营的期望。控制论中，"反馈"和"系统"是自动控制理论的核心概念。其中，反馈是自动控制理论中最为核心的概念，这个概念能够应付各种风险因素对于被控制系统的影响。另外，科学技术的发展方向为全球研究者将对复杂性科学研究或者复杂系统科学进行越来越多的研究，而控制理论需要解决的主要问题在于调控系统的运动状态以及分析系统的结构和性质。在自动控制系统中，自动控制理论是能够研究变量的变化规律并对其进行改进的途径。

（二）自动控制理论的特点

自动控制理论具备以下两个特点：一是自动控制理论对定量研究较为重视，在控制理论的研究当中数学方法和理论得到广泛运用；二是自动控制理论能够从实践中获取丰富的理论来源，同时其理论的科学命题具有十分广泛的社会实践背景。自动控制理论的两个特点源于自动控制理论包含的"系统"和"反馈"的两个概念。

二、自动控制理论的发展过程

（一）自动控制理论的产生与形成

在实际的科学研究当中，理论的萌芽、形成和发展常常随着社会生产力的发展而逐步进行。2000 多年前，我国曾发明了指南车，这种产品属于能够进行自动调节的机器。18 世纪，瓦特将蒸汽机的汽锤调节器发明出来，这是世界上最早的自动控制装置。汽锤调节器的诞生加速了世界第一次工业革命的步伐，其发明表明控制理论进入起步阶段。19 世纪，Maxwell 发表了线性常微分方程的稳定性分析，其后，H.Nyquist 的"稳定裕量"和稳定判据、Hurwitz 和 Routh 的稳定性依据、W.R.E-vans 的"根轨迹法"、H.W.Bode 的频率法也逐步出现在世人面前。在这些前人的研究基础上，经典的反馈控制的理论基础形成，它是由美国自动控制理论的创始人 Wiener.N 所提出的。

（二）自动控制理论的发展

自动控制理论的发展主要分为三个阶段。第一个阶段是 20 世纪 40 年代～20 世纪 50 年代，该阶段为经典控制理论。第二阶段是 20 世纪 60 年代的现代控制理论，该理论是从线性代数的理论研究基础上得来。第三阶段在 20 世

70 年代末萌芽，为智能控制理论，该理论在发展和形成的过程当中融合了运筹学、自动控制、信息论以及自动控制等多个学科的理论基础知识。

（三）经典控制理论的产生和发展

20 世纪 40—50 年代为经典控制理论的时期，该时期理论的主要研究对象为系统中的各组成环节、元件的状态以及能够用线性微分方程描述特性的控制系统。18 世纪，自动控制技术在现代工业生产中逐渐得到应用，这种应用加速了世界第一次工业革命的脚步，这个时期最具代表性意义的是蒸汽机离心调速器。其主要理论及代表人物如下：1868 年，Maxwell 提出稳定性代数判据；1895 年，Routh 与 Hurwitz 提出劳斯判据和赫尔维茨判据，1932 年，Nyquist 提出频率响应法，1948 年 Ewans 提出根轨迹法。经典控制理论即建立在根轨迹法与频率响应法的基础之上。1948 年，《控制论》被美国控制论的奠基人 Weiner 提出并出版，该书的出现推动了反馈的概念，并为该学科奠定了理论基础。

（四）现代控制理论的产生和发展

20 世纪 60—70 年代，经典控制理论的局限性导致现代控制理论的产生。新理论的研究范围包括单入单出、多入多出以及线性和非线性问题，涉及的范围较广，应用的范围也较为广阔。该理论的产生主要是为了结论鲁棒控制、多入多出以及最优控制等较为复杂的问题。现代控制理论的发展体现了控制理论的信息化、智能化以及自动化的发展趋势，其发展并逐步走向成熟的过程反映了人类社会由机械化时代走向电气化时代。这段时期的主要理论与人物如下：1957 年，Bellman 等提出的动态规则；1959 年，布西和 Kalman 提出的状态空间法和卡尔曼滤波理论；1961 年，庞特里亚金提出的极小（大）值原理。

（五）智能控制理论的产生和发展

智能控制是指驱动智能机械设备自动实现目标的过程，这个概念的理论基础是运筹学、人工智能、信息论和控制论等学科的交叉理论知识。20 世纪 70 年代，"智能控制"概念由傅京孙教授最早提出。他在 1965 年就已经把人工智能学科的规则运用到学习系统当中。这说明 1965 年是智能控制理论的萌芽时间。1977 年，美国学者 Saridis 在傅京孙教授所提出的二元结构的基础之上，提出三元结构，即自动控制、人工智能和运筹学的交叉。中南大学的蔡自兴教授在 Saridis 的基础上将三元结构进一步扩展为自动控制、人工智能、运筹学、信息论的交叉的四元结构，智能控制的理论体系也得以形成和进一步完善。

智能控制是人类通过微机以及其他多种途径来模拟人类在日常生产经营活动中的智能控制和决策行为的过程，它是人工智能和自动控制的交集。尽管智能控制理论还未形成较为完整和成熟的理论体系，仅仅只是发展了十几年，但是，现有的智能控制的成果与理论发展表明其正在成为自动控制领域的热门学科之一。人工智能的发展受益于信息技术和计算机技术的快速发展，现如今人工智能已经逐渐成为一门单独的学科，并在实践过程中显示出很强的发展能力和生命力。因此，尽管将智能控制理论作为第三阶段的控制理论还稍显牵强，但随着人工智能的广泛运用和不断认可，智能控制理论在未来将更加的前沿、先进和令人无法想象。智能制造理论的学科研究将不断深入，并在不久的未来逐渐成为自动控制理论的第三阶段的重要分支。

三、自动控制理论的理论现状及专业前景

（一）自动控制理论的理论现状

尽管自动控制理论在生活和生产中的各方面均有所涉及，但是这并不代表经典控制理论被自动控制理论所替代。在经典控制理论阶段，自动控制运用于工业技术中的各种控制领域上，如生产过程、航空航天技术、通信技术以及武器控制等方面。现代控制理论被提出后也被运用于生态环境、社会系统、交通管理、经济科学以及生物和生命现象的领域研究当中。因此，这两个理论均在各自的领域当中运用广泛，所发挥的作用不可替代。

（二）自动控制理论的专业前景

在现代科技中，自动控制技术占据着较大的比重，智能控制技术能够在未来的科技发展中成为行业的主要发展趋势。我们人类应当将自动控制理论的内容掌握清楚，并在未来的社会发展、经济发展与科技发展中打造出更加具有科技感和智能的产品。智能手机、智能家居、智能飞机等智能化产品和设备是我

们运用自动控制理论和智能控制的技术发明出来以突破人类的生理和物理界限的产品,通过这些产品人类将更加舒适更加自由,能在机械设备上花费更少的时间来获取更高的享受。科技的日新月异使得社会的发展越来越快,人工智能、互联网技术、计算机网络等的突破性发展,使人类自身的局限性得以克服。而在不远的未来,自动控制技术将受到人们越来越多的重视,人类将不断地从重复的机械式活动中解放出来,将自动控制技术运用到生活和工作的方方面面。同时,人类对于自动控制理论的研究也将不断深入,认识将不断提高,对控制系统的要求也会越来越高,因此,自动控制理论有向专业化方向和综合方向发展的两种趋势。未来,自动控制的发展前景将会更加广阔,人们的生活也将越来越智能化和科技化。人类社会的发展将会受到自动控制发展的极大助益。

第二节　人工智能在机械制造自动化领域的研究

一、机械设计制造原则及其自动化的优势

(一)机械设计制造原则

首先,应该结合机械的功能需求进行设计和制造,以此保证机械设备在实际应用中可以有效运行。从工业生产角度来看,能源、材料、信息等是机械制造必需的资源,而且输入物质、能量、信息等过程又必须在设计、生产和自动化过程中分别加以优化。机械工程及其智能化控制系统,可以进行设计、生产和实现特殊功能等,综合性很强,在实现特殊功能方面,在机械设计与生产过程中一直发挥着关键功能。

其次,创新机械设计,不断应用先进技术,促进机械设计的发展。产品功能可以决定机械系统和产品设计的类型,可以实现能量、信息向各种形式能量的转化。例如,热燃机能够实现热能向动能的转化。负责信息转换的信息机,如计算机能够将输入的信息和能量进行合理处理,最终输出图像和声音信息等。

（二）机械设计制造及其自动化的优势

1. 提高机械生产的安全性

工业生产过程中安全和稳定尤为关键，只有生产安全得到保障，才能有效避免生产事故的发展，推动工业的快速发展。在机械设计制造期间，由于未能使用先进工具，且操作人员缺乏规范操作和安全防范意识，使得机械生产中频频出现安全事故，为企业和工作人员带来很大的损失和伤害。机械自动化的关键在生产系统，设计完善的系统能够促使生产效率提升，还可以实现对设备运行情况的实时监控，一旦出现问题，就可以及时了解，并使用有效的措施迅速、准确地控制和解决问题，降低事故发生的概率，有助于实现安全稳定的生产。

2. 提升生产效率

手工操作在传统生产的大多数环节中存在，极易发生员工操作失误和疏忽等因素降低生产效率。机械设计制造及其自动化技术的应用可以实现精准的计算和自动化加工，减少生产过程中的人工操作，而且一些危险操作由自动化代替，这样可以减少由人工操作不当造成的安全事故，使生产效率和质量得到极大保证。

二、人工智能技术在机械设计制造及其自动化中的应用

（一）人工智能技术在机械设计制造及其自动化中应用现状

新时期，智能技术在各个行业都有显著发展，尤其在发展飞速的机械制造业中，人工智能技术的应用逐渐成熟。如今，社会经济体系不断完善，机械企业的数量随大众需求的增加越来越多，同时发展规模不断扩大。人工智能技术在机械设计制造中的应用逐渐完善和优化，使得人工智能技术的应用范围不断拓展，最终改变了传统生产模式，由人工制造阶段过渡到智能制造阶段，也提升了机械设计在生产流程中的智能化程度，而且各种生产技术也在更新和升级。机械设计制造领域的发展趋势逐渐向人工智能的深入应用发展。机械生产行业广泛应用人工智能技术，促使生产质量、精度、效率大幅提升。尤其对于污染和风险比较高的工业制造企业，将人工智能化机械运用到一些地下作业，可以有效地提高生产质量，同时保障生产的安全性。

（二）人工智能技术在机械设计制造及自动化中的具体应用

1. 人工智能技术在机械设计中的应用

在现代制造业中，机械设计制造与智能化技术日益发达，设计理念逐渐转变。相比于传统的设计理念，现代的设计理念有较大的差异。在当前的机械设计中，各个环节和层面都融合使用了计算机技术，如果依然应用传统的设计模式，不能够满足当前快速增长的生产需求。因此，必须使机械设计朝多元化方向发展，结合具体的需要，通过人工智能技术进一步开发系统。在设计时，也要提高设计过程的自动化程度，尽量避免在设计过程中出现主观因素影响设计质量的问题。

在现阶段的机械设计过程中，通过采用人工智能技术，可以做到连续、不间断地工作，而且能够持续很长时间，还能够减少人力资源方面的成本投入；同时，基于人工智能技术的机械制造系统具有比较大的储存空间，信息存储方法也更加多样，能够在进行信息调用、数据学习时具有更大的便捷性。现阶段，在很多制造领域都采用人工智能技术开展机械设计，打破了以往人为设计的局限，推动机械设计进入全新的发展阶段。

2. 人工智能技术在机械制造中的应用

在进行机械制造的过程中，许多较大规模的生产公司都开始在机器的生产流程中引入人工智能技术，实现了自动化的控制、处理。在生产实践中，通过应用人工智能，可以大幅度提高生产效率，而且能够显著提高产品生产精度，减少外界因素对生产造成的不良影响，确保产品的高质量生产，在很大程度上，实现了生产水平的提升。人工智能还能够针对具体的生产状况及出现的参数偏差展开自动化的处理和整改，充分满足当前的机械制造的需求。现阶段，在一些工厂的智能化、自动化的车间，都普遍应用了智能机械臂；在一些生产线上，已经进行了多类型机械的合并生产，进一步节约了设备的采购成本，从整体上提高了机械制造行业的产能和生产效率。

3. 人工智能技术在机械故障诊断中的应用

在复杂性较高的机械设计制造及自动化过程中，涉及大量的数据信息计算，一般需要通过诸多计算公式推导获得最终结果，才能为论证和建模提供有效的数据支撑。然而大量的数据计算都以人工计算为主，极易出现计算失误，造成推导结果不准确，这样会耗费大量的时间和精力，还会对生产工作的顺利进行产生不良影响。基于此，在机械故障诊断工作中合理运用人工智能技术，完成各类信息的自动化分类和归纳，可以为计算推导提供依据，能够保证计算的准确性，并促进后续机器的顺利工作。具体应用方式包括以下三种：① 将机器检测到的关键数据信息在人工智能界面系统中记录；② 推理机利用正向推论的推导机制可以得到相应的诊断结果，之后再提出一些针对性的意见；③ 在遇到故障后，可以利用检索功能在以往的故障记录中搜寻相似的故障案例，然后再根据搜寻到的案例进行分析和计算，以便准确有效地诊断机械故障。

4. 人工智能技术在信息处理中的应用

机械设计制造及自动化的信息处理过程中也可以应用人工智能。通常实现信息传递的渠道是电子信息系统，然而根据实际经验，这种信息传递形式的稳定性较差，在大量输入或输出信息时，很容易发生信息传输失败、信息丢失及传输中途断开等问题，从而影响之后信息的正常使用。在信息处理中运用人工智能技术，借助人工智能的精准检测功能实时跟踪监控信息传输，能够提高信息的输入与输出的准确度，为机械设计制造及自动化发展夯实基础。

5. 人工智能技术在计算与数据存储中的应用

人工智能在计算与数据存储中的应用也十分丰富，其中比较有代表性的应用方向是神经网络。神经网络的基本原理是利用对人体神经活动的仿真，形成电子网络系统，这种形式具有较多优点，如神经网络有常优秀的存储能力，同时精确度也相当高。换言之，神经网络可以在人工智能化情况下，实现对数据的分析、计算、对比，而且可以智能化地比较过去的数据和当前的数据，同时能够在保证准确度的情况下处理大量数据信息。机械设计制造及自动化的一些需求与此网络系统非常契合，因此，机械设计制造人员现在非常关注的课题是利用神经网络完成计算机数据存储。

目前，瑞士和日本等国家对神经网络应用的研究较深入，可以在电加工领域熟练应用神经网络，同时通过精准和庞大的计算能力使电加工技术的应用效率显著提高，以保证电加工的稳定性和准确度，为神经网络在机器人设计生产等领域的应用发展提供了有力的理论参考。

6. 人工智能技术在自主识别系统中的应用

数据网络与操作系统都是人工智能技术必备的承载对象，可以让人工智能技术进行实体性表达。在具体驱动期间，人工智能技术的自动识别系统也要搭载传感器设备，以收集和分析在机械设计生产过程和智能化操作中的反馈信号。之后，再将采集的信息和系统数据库信息进行基准对比，以此找到现在信息中存在的问题。此外，在设备运转过程还能够运用超声、无损检验等手段加以检验，全面鉴定系统出现的问题，为整个运维管理工作的进行提供坚实基础。

7. 人工智能技术在机器人方面的应用

智能化科技与机器人设计生产领域的开发有着密切关联，人工智能技术涉及许多前沿科技，如 GPS 定位技术、紧密传感技术、计算机等，在机器人的设计生产领域合理利用这种前沿科学技术能够促进各种科学技术体系的建立，如品质管理体系、智能化生产体系、工程技术信息系统等，使机器人设计生产能够得到综合性管理，使机械制造工艺能够进行多种作业。

例如，通过运用质量管理体系对生产的工程机械产品质量实施严格监管，确保生产设备达到有关国家规范要求，使工程机器的产品质量获得保证。机械制作程序能够通过智能化制造管理系统实现监控，提高机械制造流程中人工智能技术的应用效率，推进机械制造智能化发展趋势，同时也为工作人员监督整个生产过程提供了极大的便利。此外，工程信息系统能够对机器人生产流程中的各种工艺运用加以编排，并能够规定工作人员的操作过程与注意事项等，为工作人员的机械设计生产顺利完成提供参考依据。

综上所述，为了推进机械制造业的发展，提高其智能化程度，需要在其中引入人工智能技术，促进机械制造行业在新时期的发展形势之下不断升级和革新，从整体上提升机械制造的水平和效率，推进人工智能技术的发展，加快工业现代化的发展脚步。

第三节　人工智能与机器人自动控制的研究

目前，机器人已经大量进入人们的生活，如商场、营业厅、银行等场合都会看到智能机器人，它具有导航、业务办理等功能，可简化业务办理步骤，提升办理速度。与此同时，在居民家里，机器人可以帮助人们扫地、洗碗等，而工业机器人可以抓取工件、上料、放料等，机器人时代已经到来。其中，流程机器人（RPA）为一种软件机器人，主要通过模仿用户的手动操作方式，实现计算机桌面业务流程与工作流程的自动化。机器人流程自动化通常部署在企业中，能够给企业带来更高的运营效率，提升业务办理速度，给员工节约更多的时间。然而流程机器人在实现工作流程自动化过程中，由于日常维护不到位、硬件更新不及时等原因造成流程机器人自动化水平较低，为此国内的专家学者们展开了相关的研究。

李辉设计了一种基于视觉技术的工业机器人焊牌流程全自动控制系统。该系统采用 Modbus-TCP 协议，通过码垛机器人将待贴牌产品从仓库中取出并输送到产品运输流水线，视觉系统采集产品运输流水线中产品的焊缝和焊点信息等传输至主控 PLC 向工业机器人下达标牌抓取命令和焊接命令，实现自动化焊牌，但该系统控制精度不高。姚健康等设计了一种履带式机器人避障自动控制系统，利用超声传感器模块来获得障碍标志物与机器人的间隔信息，提出多级积分分离 PID 算法实现转速控制，同时采用模糊控制算法实现避障控制，但控制效果不理想。为解决上述问题，设计了一种基于人工智能技术的流程机器人自动控制系统。

一、基于人工智能技术的流程机器人自动控制系统硬件设计

（一）主控模块

在主控芯片的内部有 32 位的 RISC 处理器。该处理器指令简单，采用硬布线控制逻辑，它采用缓存—主机—外存三层存储结构，使取数与存数指令分开执行，且不因从存储器存取信息而放慢处理速度，具有较好的数据处理能力，可对流程机器人的自动化运行数据进行有效处理，极大地提高了流程机器人的自动化整体控制，具有功耗低、成本低等显著优点。同时，主控芯片片内资源较为丰富，具有大量的 I/O 端口、SDI 端口、SPI 端口以及 USB 端口。主控模块结构如图 7-1 所示。

利用图 7-1 中的端口实现信息交互。主控模块在流程机器人自动化控制过程中主要完成以下任务：实现流程机器人与系统的通信；处理流程机器人在模拟过程中产生的反馈信号；对编码器进行分析与处理；发送电机驱动信号并调整流程机器人的运行速率；检测控制系统的局部放电情况。

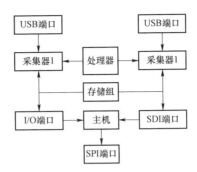

图 7-1　主控模块结构图

主控芯片的工作原理如下：通过 SDI 端口采用 UART 模式检测流程机器人的局部放电信息，然后利用 USB 接口与 SPI 口传输编码器、传感器产生的反馈信号，采用带有捕获功能的 32 位定时器产生电机驱动信号。驱动电机进行工作，采用片上的 I/O 口对主控模块中的继电器进行控制，接收流程机器人在自动化控制过程中产生的流程信息，并加以控制。

（二）电源模块设计

整个流程机器人自动控制系统能否安全、稳定地运行，在很大程度上取决于电源模块。电源模块一般采用多层 PCB 铝基板，功率密度高，体积小，从而节省了系统的占用空间。在整个流程机器人自动化控制系统中，电源模块主要由电池、电源转换芯片与控制电路组成，电源电路如图 7-2 所示。

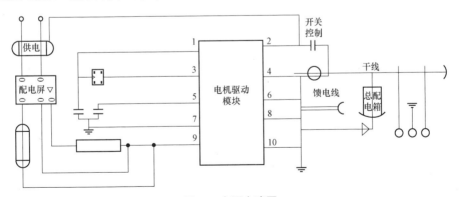

图 7-2　电源电路图

图 7-2 中，电机驱动模块的工作电压为 8 V。该电压转换芯片具有较高的电压转换效率，在放电较快的情况下，还可以实现快速转换。为了监测电源模

块动力锂电池的剩余电量，采用 TBV73AS62 电压传感器进行实时监测；控制电路的核心设备选用 TI 公司的 MGR 固态继电器，可以实时监测与控制流程机器人的业务流程办理。电源模块具有信息转换功能，通过转换可提高电压的使用率，确保系统的各个模块都能获得工作电压。

（三）电机驱动模块

为了对直流电机进行有效控制，采用半导体功率器件进行驱动。大部分的直流电机驱动方式为开关驱动。其中，PWM 脉宽调整最为常见，这种电机驱动方式较为简单、方便。在流程机器人进行自动化运行过程中，直流电机的脉宽调制方式可提高计算机对流程机器人的响应速度，降低电机的功率损耗，增大电机转速，减少了静摩擦力对直流电机产生的负载，使流程机器人的自动化控制水平升高。直流电机的集成芯片选用 SGS 公司生产的 L298，该集成芯片内部含有 1 个桥式驱动器，可驱动电压为 54 V、电流为 4 A 的电机，内部含有 4 通道逻辑驱动电路，可将逻辑电平信号转换为低电平信号，其引脚 3 为逻辑供电电压，引脚 2、引脚 6 为输出端，其中引脚 6 可以控制直流电机。

（四）单片机模块设计

控制系统的单片机采用 ATmega128 单片机，如图 7-3 所示。

根据图 7-3 可知，单片机采用 AVRRISCC 结构，该款单片机指令集较为先进，执行速度快。可为流程机器人在进行指令传输时提供数据基础，单片机内部具有 256 kB 的可编程 Flash，通过非易失性程序可协助流程机器人进行自动化作业。此外，该款单片机还具有数据存储器，可存储流程机器人的控制数据，具有 8 kB 的 E2PROM 寿命，可快速烧写流程机器人的自动化控制程序，优化片内存储空间。

二、基于人工智能技术的流程机器人自动控制系统软件设计

在流程机器人自动控制系统中，可利用人工智能技术实现人机交互与目标内容的识别。由流程机器人执行已默认设置的自动化控制流程，根据对目标内容的识别结果生成一套流程，人工智能技术根据其智能化理论来完善流程机器人的自动化作业流程。基于人工智能技术的流程机器人自动控制系统软件流程

如图 7-4 所示。

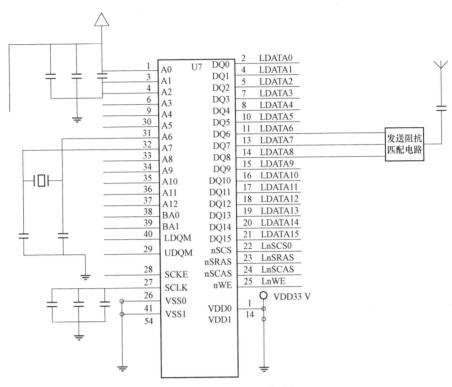

图 7-3　ATmega128 单片机

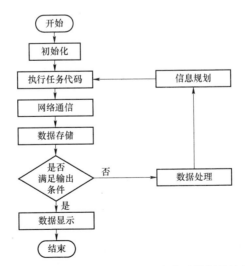

图 7-4　基于人工智能技术的流程机器人自动控制系统软件流程

首先，对控制系统进行初始化操作。对硬件系统中的主控程序、单片机、电源中的 I/O 端口、定时器、寄存器、各种串口进行初始化。初始化后，主控程序进入 while 循环模式，并等待系统发送控制指令，控制系统根据流程机器人的执行状态发送控制指令，主控程序接收指令并响应，根据控制指令内容单片机识别目标任务，分段执行全部的指令。通过应用人工智能技术，可以有效地接收流程机器人在自动化控制过程中产生的流程信息，并对其进行控制，从而提高流程机器人的整体控制能力。利用人工智能技术模拟预设的作业任务，单片机对流程机器人的模拟速度进行分解，计算出此时直流电机的转速，计算公式为

$$v = \frac{P}{\mu mg + ma} \tag{7-1}$$

式中：v 表示直流电机的转速；P 表示直流电机的额定功率；μ 表示摩擦系数；m 表示直流电机的质量；g 表示直流电机的转矩；a 表示直流电机的额定转速。

然后，根据计算出的直流电机转速，流程机器人执行自动程序代码，在上位机的控制下完成移动、蔽障、执行任务等。控制指令接收完毕后由主控程序进行校验，如果准确，则利用人工智能技术设定一套智能化作业流程，并保存控制系统发送的控制指令，流程机器人按照人工智能技术预设的作业流程识别目标内容，通过指令将自动化与智能化相结合，在论域内采用分段控制方式执行自动化作业流程。如果自动化作业流程与原始流程偏差较大，则采用纯比例控制方式进行调试，使偏差短时间内最小化，从而提高流程机器人的运行效果，并通过人工智能技术提升流程机器人的整体控制水平，此时流程机器人的执行效率 F 可表示为

$$F = \frac{v}{\lambda} \sum_{i=1} F_i \tag{7-2}$$

式中：λ 表示流程机器人对目标流程的识别量；i 表示通过人工智能技术预设的流程量；F_i 表示在 i 流程内容时流程机器人的执行效率。

最后，通过系统软件的网络通信、数据存储、数据处理功能实现流程机器人的自动控制。系统软件通过人工智能技术与互联网通信技术，将设置好的企业自动作业流程传送至流程机器人上，使流程机器人执行智能化作业流程，并

对其进行控制。通过主控程序处理流程机器人的执行状态信息，显示当前流程机器人的执行速度与电源模块的电压数值，此时电压 U 为

$$U = \frac{P_j}{I} \qquad (7\text{-}3)$$

式中：P_j 表示系统功率；I 表示电源电流。通过以上步骤可实现流程机器人的自动控制。

参考文献

［1］ 包毅. 智能控制工程的现状和进展分析探讨［J］. 居舍，2018（18）：193.

［2］ 边艳妮. 人工智能技术运用于网络安全防护的探究［J］. 华东科技，2022（10）：63-65.

［3］ 丁国华. 电气自动化控制系统的应用及发展趋势探究［J］. 内蒙古煤炭经济，2020（15）：191-192.

［4］ 郭仁贵. 人工智能在机械设计制造及其自动化中的应用［J］. 机械管理开发，2022，37（12）：323-324.

［5］ 韩莎莎. 基于 PLC 的机械设备电气自动化控制分析［J］. 造纸装备及材料，2022，51（09）：19-21.

［6］ 何子康. 浅谈电气自动化控制系统的应用及发展［J］. 南方农机，2022，53（09）：180-182.

［7］ 洪晓楠，刘媛媛. 人工智能时代网络意识形态安全建设的发展契机、潜在风险与调适进路［J］. 思想教育研究，2022（10）：138-144.

［8］ 黄德晟. 简析智能控制在工业过程自动化控制中的应用研究［J］. 数字通信世界，2021（01）：185，186+233.

［9］ 雷健. 人工智能在水环境监测的关键技术研究与工程实践［J］. 价值工程，2019，38（22）：215-219.

［10］李若飞，达尔仁·阿斯哈提，王振豪，梁爽，张乐华. 人工智能应用于水污染控制过程的研究进展［J］. 智能城市，2019，5（20）：9-10.

［11］刘晶璟. 人工智能技术在食品安全监管领域应用研究［J］. 微型电脑应用，2018，34（06）：40-43.

［12］刘韬. 污水处理智能控制的发展现状研究［J］. 中国高新技术企业，2009（17）：121-122.

［13］刘勇，李学勇. 计算机网络安全风险与控制措施应用［J］. 南方农机，2022，53（21）：191-193.

[14] 陆顺高. 基于 PLC 的机械设备电气自动化控制研究 [J]. 造纸装备及材料，2023，52（01）：32-34.

[15] 潘进. 人工智能技术在电气自动化控制中的应用思路研究 [J]. 电子世界，2022（02）：68-69.

[16] 戚聿东，徐凯歌. 新时代十年我国智能制造发展的成就、经验与展望 [J]. 财经科学，2022（12）：63-76.

[17] 沈佳琪. 基于人工智能技术的网络安全防护系统设计 [J]. 现代传输，2022（04）：64-67.

[18] 苏小阳. 人工智能对我国食品安全监管的影响研究 [D]. 电子科技大学，2022.

[19] 覃京燕. 人工智能与创新设计发展现状及趋势 [J]. 创意与设计，2020（02）：5-9，32.

[20] 王菲菲. 人工智能技术在网络安全防护中的应用优势及策略探究 [J]. 网络安全技术与应用，2022（12）：95-97.

[21] 王可，张辉，曹意宏，易俊飞，袁小芳，王耀南. 面向医药生产的智能机器人及其关键技术研究综述 [J]. 计算机集成制造系统，2022，28（07）：1981-1995.

[22] 王利利. 人工智能背景下的计算机网络安全风险控制 [J]. 网络安全技术与应用，2022（09）：171-173.

[23] 王亚珅，张龙. 2019 年国外人工智能技术的发展及应用 [J]. 飞航导弹，2020（01）：46-50.

[24] 魏潇淑，高红杰，陈远航，常明. 人工智能技术在水污染治理领域的研究进展 [J]. 环境工程技术学报，2022，12（06）：2057-2063.

[25] 吴晓涵. "智能制造"对制造业就业的影响 [J]. 合作经济与科技，2023（07）：106-108.

[26] 夏付欣. 人工智能技术在机械设计制造及其自动化中的应用 [J]. 造纸装备及材料，2022，51（04）：111-113.

[27] 杨春平. 电气自动化控制系统在民营企业中的应用及发展趋势研究 [J]. 现代制造技术与装备，2022，58（03）：192-194.

[28] 杨晓妍. 人工智能技术在电气自动化控制中的应用思路分析 [J]. 华东

科技，2022（07）：140-142.

[29] 姚继平，郝芳华，王国强，程红光，薛宝林，鱼京善. 人工智能技术对长江流域水污染治理的思考 [J]. 环境科学研究，2020，33（05）：1268-1275.

[30] 余庆泽，毛为慧，卢秀萍. 人工智能技术在现代农业中的实践应用分析——基于国外发展动态 [J]. 河南科技，2019（22）：17-19.

[31] 张成梅，王雅洁，陶衡，郝淼，杨鑫. 人工智能与大数据在食品安全信息监管中的应用 [J]. 电子技术与软件工程，2021（06）：152-153.

[32] 张玲玲. 电气自动化控制系统的应用和发展 [J]. 中国设备工程，2022（21）：115-117.

[33] 张茂杰，樊瑞科. 理论、现实与实践：人工智能时代我国网络意识形态建设的三重逻辑 [J]. 石家庄铁道大学学报（社会科学版），2022，16（02）：67-71.

[34] 张培. 国外人工智能领域最新进展 [J]. 中国安防，2019（11）：107-111.

[35] 张涛. 人工智能时代的网络安全治理机制变革 [J]. 河南工业大学学报（社会科学版），2022，38（02）：76-82.

[36] 张彦敏，陈明. 制约中国智能制造发展问题探讨 [J]. 金属加工（冷加工），2023（04）：1-9.

[37] 张玉鹏. 中国人工智能发展趋势现状及其促进策略 [J]. 科技与创新，2022（15）：67-69，72.

[38] 章伟强. 智能化技术加持下的电气自动化控制系统设计与实现 [J]. 电气时代，2022（07）：96-99.

[39] 赵庆澎. 计算机人工智能的发展现状与未来趋势 [J]. 电子技术与软件工程，2018（04）：254.

[40] 钟宏伟，于亮，张耀匀，苏保强，袁珊珊. 基于人工智能技术的流程机器人自动控制系统 [J]. 机械制造与自动化，2022，51（04）：211-214，228.